THE BARTENDER'S MANIFESTO
How to Think, Drink, and Create Cocktails Like a Pro

調酒的技藝

調製技巧×風味入門×100道創意酒譜，
調酒師的職業養成全書

THE
BARTENDER'S
MANIFESTO

How to Think, Drink, and Create
Cocktails Like a Pro

調酒的技藝

調製技巧×風味入門×100道創意酒譜，
調酒師的職業養成全書

托比・馬洛尼（Toby Maloney）
& 暮色時刻（The Violet Hour）酒吧的眾調酒師
及艾瑪・簡森（Emma Janzen）合著
方玥雯 譯

攝影：札克里・詹姆斯・強斯頓（Zachary James Johnston）
插圖：齊蘇・塔塞夫-伊蘭克夫（Zissou Tasseff-Elenkoff）

目次

在暮色時刻，當眼睛與背脊
At the violet hour, when the eyes and back

自書桌抬起時，當血肉之軀的引擎
Turn upward from the desk, when the human engine waits

如計程車一般震動等待時⋯
Like a taxi throbbing waiting...

在暮色時刻，是努力
At the violet hour, the evening hour that strives

為家奮鬥的晚間時光，也把海上的水手們帶回家⋯
Homeward, and brings the sailor home from sea⋯

───────────────────────────

── T. S. 艾略特《荒原》（T. S. Eliot, *The waste land*）[01]

01 譯註：這首詩為暮色時刻酒吧的命名來源。

歡迎來到暮色時刻（The Violet Hour），我的名字是托比‧馬洛尼。我是一名調酒師，而且我超愛我的工作。

出於一些我始終無法理解的原因，我發現有些人並不尊重「調酒師」這個職業。在我職涯的大部分時間裡，人們都覺得調酒只是個暫時性工作，可以一邊做，一邊等待人生真正開始。但在我們調酒師夢想的黃金時代裡，小酒館是城市的重心所在，而調酒師就是小酒館裡的焦點。那個人被認為是無所不能的──講笑話、介紹新朋友和深鎖眉頭傾聽一些悲傷的故事。他們知道什麼時候該說話、什麼時候該閉嘴。他們的技能不會只局限在了解酒譜的配方而已，還包括魅力、個性和同理心。至今，調酒師之間還是會反覆提起傑瑞‧湯瑪斯（Jerry Thomas）[02]戴著鑽石別針、點火調酒，讓觀眾驚嘆不已的那段日子，因為我們知道這一行的專業，絕對不只是拋飲料而已。

我負責照看酒吧、管理一切，讓酒吧正常運作，也讓每個客人都滿意。這不只為了某一個晚上，而是為了客人生命中無數個精采的夜晚。沒有什麼比進展順利的夜晚更棒了。老主顧們瞠目結舌地坐在那，空氣中流竄著阿諛奉承、腎上腺素與安格仕苦精（Angostura）。點陣式印表機發出的啪噠聲定下了節奏，我們就像是追逐機械兔（Mechanical hare）[03]的灰狗。

這簡單的動作看起來像是經過精心設計，而即興發揮的雞尾酒創作誠如你想像地美味。你的動作要與其他調酒師同步，當他們大力往上拋的雪克杯落下時，要趕緊躲開，他在遞飲料給你的過程中，會順手加上吸管和裝飾，同時對同事點頭示意，要吧檯後方遞上一瓶酒。

在酒吧當班，就像在髒兮兮、且不斷撞擊著多岩石淺灘的潛水艇裡，打了 10 小時的英式壁球[04]（Squash）。每個瘀傷與切傷，還有每雙黏踢踢的靴子都是值得的，因為每當有人啜飲那杯冰涼飲料而顫抖或闔上雙眼，抑或是腳趾頭捲曲時，我也都感同身受。這其中交織著讓人興奮的充沛精力、創意、學問、炫耀和友誼，讓我一再受到吸引。

我從 11 歲起就在服務業打滾。一開始從「水下陶器工程師」（Underwater ceramic engineer）[05]做起，我也當過廚師、廚房助手、負責收餐具的雜務工、服務生、門口安管、衣物寄放區管理員、經理、酒吧經理和總經理。我曾擁有幾間酒吧，也賣掉過幾間酒吧，還在數目多到我記不清的酒吧裡點過飲料。

---

02 譯註：美國雞尾酒之父。

03 譯註：訓練獵犬時，會用機械兔引誘獵犬快速奔跑，此處比喻調酒師全力以赴，積極上工。

04 如同另一位托比：托比‧切奇林（Toby Cecchini）在他的著作 *Cosmopolitian: A Bartender's Life* 中所比喻的：像在航髒的潛水艇裡打（美式）壁球／迴力球。

05 即洗碗工。

我在 90 年代初期抵達芝加哥，因為路程遙遠而筋疲力竭，甚至破產。我當調酒師，也進廚房工作，這樣我才有餘裕，得以在每個冬天逃到東南亞享受炎熱的天氣、辛辣的食物和冰涼的啤酒。後來我搬到紐約市，很幸運地馬上在調酒業找到工作，並進入牛奶&蜂蜜（Milk & Honey）、熨斗大廈（Flatiron）、自由之人（Freemans）和勃固俱樂部（Pegu Club）等神聖的雞尾酒聖地，精進自我能力。

2007 年春天，我搬回芝加哥，在威克公園（Wicker Park）對街開了一間酒吧，當時在那裡被搶的機率比買到有機羽衣甘藍還高[06]。我和一次性款待（One Off Hospitality）集團合夥，集團裡的泰瑞・亞歷山大（Terry Alexander）、彼得・加菲（Peter Garfield）和唐尼・馬迪亞（Donnie Madia）負責管理一些我很愛的酒吧和餐廳[07]。我們經歷無數個深夜，為這座城市打造一個絕無僅有之地。

在開幕前幾天，我們到附近一間最精緻的老式小酒吧菲利斯音樂酒館（Phyllis' Musical Inn），投票決定店名。我們所有人把自己的想法丟進一個溼漉漉的啤酒壺裡，然後抽出一張張折起來的紙條，大聲念出來。最後暮色時刻（The Violet Hour）險勝杜松子酒（Mother's Ruin）。

The Violet Hour 一詞來自 T. S. 艾略特的詩《荒原》（The waste land），以及伯納德・德沃特（Bernard DeVoto）的著作《時刻》（The hour）。德沃特透過他迷人卻又帶點暴躁的觀點看待飲酒這門學問，他描述心中完美馬丁尼的比例是 3.7：1，而且製作時，要用有孔的隔冰器，而非那種裹著一圈彈簧的隔冰器；他還說這杯酒一定要在城市喝，不可以在鄉村喝。他挑剔又吹毛求疵，有些想法我們想學，但有些則否。無論如何，我們的確把這份非常具體的願景帶到了「巨肩之城」（City of Broad Shoulders）[08]，而且還成為當地雞尾酒酒吧的先驅，最後也完全如我們預期，成為典範，引領巨大的改變。

芝加哥從未有這樣的酒吧，暮色時刻佔地很廣，像倉庫一樣，大概是牛奶&蜂蜜酒吧實際面積的 5 倍大。我們與善於創新的建築及室內設計師湯瑪斯・施萊瑟（Thomas Schlesser）攜手把這個空間打造成超現實的仙境，一個有著冰凍湖泊色、閃爍燭光和巨大酒櫃的昏暗烏托邦。至於窗簾——對，就是那個「窗簾」！則是選用厚實、有重量的天鵝絨，意味著富麗堂皇與宏偉，這樣的雞尾酒場景是這座城市數十年來，從未見過的。而遠處牆上灼亮的壁爐是另一個亮點，在寒冷冬夜中，用閃爍火光帶給你撫慰。

我們雇用了從未碰過量酒器、也從未站在吧檯後方的員工。我們帶領著這群藝術家與夢想家，把他們打造成餐飲業中的專家，給他們成為調酒職人與巧匠的工具，任他們自由發揮，

06　譯註：威克公園區向來以喧鬧的夜生活與眾多餐飲娛樂選擇聞名，現在則定期有農夫市集擺攤。

07　再加上「煉金術諮詢公司」（Alchemy Consulting）的傑森・考特（Jason Cott）。

08　譯註：即芝加哥。

追求偉大的夢想。他們很早就來上班，而且待到很晚。他們大部分的人其實可以去街上一些比較休閒的酒吧上班，也許早早就能賺到一桶金（工時還比較短），但他們選擇留在這裡，因為這是一個會鼓勵他們成長、玩樂和領先的地方。

起初，大部分的人都覺得我們自命不凡，大概是因為我們真的太招搖了。上班時，我們的員工打著領帶、穿著背心或古著洋裝——在威克公園區悠閒的自然氛圍下，這實在是難以想像的穿著。

在店裡，我們不允許使用手機講電話，也不接受訂位。我們不提供淡啤酒，或用花俏 V 型玻璃杯裝螢光色「馬丁尼」。我們在吧檯後方的酒櫃擺滿了在當時只有內行人才懂的烈酒，如金巴利（Campari）和牙買加蘭姆酒（Jamaican rum），而不是凱特爾一號伏特加（Ketel One）和約翰走路（Johnnie Walker）等常見酒款。

吧檯上也放了好多碗新鮮莓果、充滿香氣的薄荷束和各式各樣的柑橘，而不是放那些用廉價的塑膠托盤、泡在惡臭漬汁裡慢慢凋零的無核紅櫻桃與綠橄欖。我們希望客人忘掉常喝的酒款，嘗試一些新東西，有時這個任務就像把巨石推上該死的山坡上一樣艱難。

其次，我們有店規。是的，我們還把它印出來、裱框，並掛在前廳與洗手間。我們這麼做的靈感是來自紐約知名酒吧「牛奶＆蜂蜜」（Milk & Honey）。在那裡，傳奇調酒師薩沙·佩特拉斯克（Sasha Petraske）認為要讓每位客人都感到舒適，是最重要的事。在牛奶＆蜂蜜酒吧的規則是，一定有位子可坐，音樂的音量讓你可以與同桌的人交談，無需用吼的，且來自各行各業的人，都必須互相尊重。

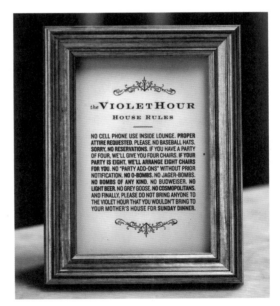

店規

酒吧裡不得使用手機。請注重穿著，不要戴棒球帽。恕不接受訂位。如果你們一組 4 個人，我們就會給 4 張椅子；8 個人，我們就安排 8 張椅子。在未事先告知下，請不要隨意增加人數。我們不調「O- 炸彈」（O-BOMB），也不調「野格炸彈」（Jager-bomb）。任何炸彈酒我們都不調。我們沒有百威啤酒、沒有淡啤酒、沒有灰雁伏特加（Grey goose），也沒有柯夢波丹（Cosmopolitan）。最後，請不要把你不會帶去媽媽家吃週日晚餐的人，帶來暮色時刻。

我們希望暮色時刻也能建立類似的款待氣氛——沒有人會擠在你和你交談對象的中間，揮舞著 20 美元紙鈔，爭奪調酒師的注意，然後從吧檯上拿酒時，試圖把酒撒在你的大腿上。不會有到處閒晃、可疑的男子，想碰碰運氣，四處搭訕女士們，還騷擾整間店裡的人。我們希望創造的（牛奶＆蜂蜜酒吧做得超級好），簡而言之——文明有教養。

到了 2007 年，紐約市的酒吧成功推廣雞尾酒，大眾的接受度愈來愈高，但在芝加哥，我們依舊站在最前線。我了解為什麼人們認為我們是穿著吊帶褲、戴著紳士帽的怪咖。當時，大家普遍認為所有的酒吧都一樣，應該無時無刻迎合所有人、所有場合、可以隨意找位子坐，而且是連想都不用想就能狂飲的地方。

我很愛當地優質的老式小酒吧、啤酒吧、葡萄酒吧和龐克搖滾酒吧，我也喜歡先喝幾個野格利口酒（Jäger）的 Shot，再配施麗茲啤酒（Schlitz），聽著點唱機大聲傳來內閣樂團（Ministry）的音樂。但我不希望這世界上只有這種酒吧可以選，我想要建立一個雞尾酒的專屬之地，一個容許交談，而不是吵上加吵的地方。

結果我們成功了。對於想要深入探索雞尾酒世界的人，暮色時刻成為必去景點，或是當有朋友來玩，可以帶他們去的地方，更是第三次約會 [09] 時，能使出的必殺技。現在，大家為了我們的雞尾酒，從四面八方而來，沒有人會在乎我們沒有伏特加這件事。我們究竟是怎麼做到的？我想追根究柢就是一個簡單的道理：熱忱與做作不會同時存在。如果你熱衷某項事物，努力透過熱切的眼神與狂熱的心將其帶進這個世界，其他人也會共鳴。

暮色時刻的每一名員工都對他們的工作充滿熱情、好奇心與熱忱。我們希望能塑造出調酒是一門嚴肅的專業環境。我當然不是說，每個我們雇用的員工，都要以調酒為人生志業，但我們真的希望他們不要只把它當成一份工作。

這裡是一個讓調酒師不用死板板遵照最佳做法的地方，他們能學習雞尾酒的來龍去脈，根據他們個人愛好與強項來調製，所以他們可以在自在地探索、即興發揮、發明與創作。我們鼓勵每個人都尋找適合自己的一片天，盡量多閱讀，像是雞尾酒歷史和科學之類的文章，還有到處尋找靈感。從顧門的安管、服務生到吧檯助手與調酒師，每個人每天來工作時，都帶著發自內心的渴望來學習，並把這份熱情與其他人分享。

我們也卯足全力打造一個感官體驗——也就是能刺激所有感受的體驗。我們從明顯的五感開始：視覺、嗅覺、聽覺、味覺和觸覺。燭光、考究的服飾、薄荷束、甜草莓和陽光香橙的味道（這些水果都是營業時現切）、冰塊和酒類融合在金屬雪克杯時，所傳來的雜音、屋子中的低聲耳語與碰杯時發出的叮噹聲。雞尾酒的質地、酒杯的重量和舒適高腳椅的座墊——這些全部能組合成一個完整的體驗。

---

09 第三次約會（the third date）通常是曖昧的兩人決定要不要發展正式關係的時機。

它們通常在你不注意的時候，發揮強大的效果。當你把所有元素都安排在對的位置時，它還能發揮另一種效果——時間感，你可能一轉眼就在暮色時刻待了好幾個小時。

　　當然，我們的調酒也「夭壽」好喝，我想這應該是滿腹熱忱下的副產品，也因為我們在調製飲料時，著重獨創性，而不是「正宗」這種模糊不清的概念。當我第一次涉足「精釀雞尾酒」（Craft cocktail）時，全都和經典有關，什麼時候、在哪裡、由誰做，每樣都有確切的答案。那很有趣，我們也從中獲益良多，而且酒商告訴我們，要把已經消失和被遺忘許久的原料重新上市，如老湯姆琴酒（Old tom gin）和紫羅蘭香甜酒（Crème de violette）。

　　突然間，我們能依古法製作「馬丁尼茲」（Martinez）和「飛行」（Aviation）等雞尾酒了。但我們不是只把這些雞尾酒重現在客人面前，而是決定把這些經典雞尾酒當成創作的**發射台**，汲取過去的優點，同時擁抱現在。用詮釋取代反覆死記硬背，用獨創取代正宗。

　　回首過去，我覺得這一路走來，並沒有改變太多。我們對規則是有點鬆散，音樂可能也有點大聲，但在大部分情況下，我們真的很努力想維持最初的那種魔力、那股熱情、那份想為穿過帷幕走進來的人們，創造全方位**體驗**的內在需求。即使經過全球疫情，我們仍設法顧全店務。我想這就是為什麼你現在手裡擁有這本書的原因。

這是暮色時刻，是寂靜
This is the violet hour, the hour of hush

與奇幻的時刻，是所有情感發光、
and wonder, when the affections glow and

勇氣再生的時候，也是影子深入森林邊緣的時候，
valor is reborn, when the shadows deepen along the edge of the forest

而且我們相信，如果我們仔細看，
and we believe that, if we watch carefully,

隨時都有可能會看到獨角獸。
at any moment we may see the unicorn.

——伯納德・德沃特《時刻》Bernard Devoto, *The hour*

本書使用指南

這不是一本放在茶几上，好讓你的朋友或家人在等你調酒時，隨意翻翻的雞尾酒書。這本書深入探討我們每個晚上的工作詳情，並逐一寫下我們在教調酒師如何調製雞尾酒以及調酒師工作細節時，所陳述的內容。當然，是用暮色時刻的方式。簡而言之，這是一本「宣言」！大聲宣告我們的動機、行動、意圖和觀點。我們所想的每一件瑣事都會讓我們的方法更**具體**。

在這本書中，我們不會只告訴你如何讓 1 + 1 = 3，還會教你如何像調酒師一樣**思考**、如何像調酒師一樣**品味**，以及像調酒師一樣**創造**雞尾酒。到最後，你應該就能見樹又見林，因為我們會探討每件事，並分析它們之間如何有關聯，好讓調製雞尾酒的過程與調酒師之間，能譜出美麗的樂曲。

沒有任何細節是太微不足道或不重要的。我們會教你如何借鑑有百年歷史，且在你之前已經有數百萬名調酒師精雕細琢過的雞尾酒準則。我們還會教你精進技巧，以及如何讓吧檯那方「口渴」的人們，對你的創作留下難忘的體驗。

本書的第一部分，會從製作雞尾酒的技巧開始，像是航行在強大的浪中，了解良好技巧的細微差異之處。第二部分則是潛入黑暗的哲學領域，隨後在第三部分，我們會解釋如何充實基礎酒譜的細節，好讓雞尾酒的結構更為複雜，並產出無比的美味。第四部分我們探索調酒的意義，以及如何找到你的個人風格。最後的第五部分，則是往創意核心發射一枚大砲彈，我們會透過工作坊來了解如何把腦中的靈感火花化為實際可行的酒譜。

這本書**不是**雞尾酒入門教學。對於新進調酒師，我們第一件事是給他們一張必讀書單，讓他們在進入「暮色時刻學院」前，先打好基礎。如果你還不知道如何分辨霍桑隔冰器（Hawthorne strainer）與茱莉普隔冰器（Julep strainer）；或分辨 rhum、rum、ron（法文、英文、西班牙文的蘭姆酒之意），以及「亡者復甦」（Corpse Reviver）和「痛苦混蛋」（Suffering Bastard），請先讀一下米漢（Meehan）或摩根泰勒（Morgenthaler）寫的酒吧書[10]、馬丁・凱特（Martin Cate）的走私者海灣酒吧（Smuggler's Cove）和蓋瑞・雷根（Gary Regan）的《調酒學之趣》（*The Joy of Mixology*，暫譯），然後再回來找我們。我們會略過許多基礎知識，因為上面這些作者，已經很詳細地講解此類內容。

這本書裡當然也有酒譜！但與其說這本書會一字不漏地介紹**我們店裡**雞尾酒的調製方法，不如說是希望教會你像暮色時刻的調酒師一樣思考與創作。

10　即吉姆・米漢（Jim Meehan）的《米漢的調酒師指南》（*Meehan's Bartender Manual*，暫譯）和傑佛瑞・摩根泰勒（Jeffrey Morgenthaler）的《酒吧之書》（*The Bar Book*，暫譯）。

⇒ 找到適合自己的方式 ⇐

下面是幾個我們建議的閱讀路徑，可以改變你看這本書的體驗，
請根據你對調酒與調酒師工作的熟悉度，選擇適合自己的路徑，
並沿著這個環狀路線，你會發現一切截然不同。

自己在家調酒的人 以及雞尾酒狂熱份子， 請從「平衡」開始（P.20）	專業調酒師， 請從「靈感」開始 （P.126）	主廚， 請從「靈感」開始 （P.126）	侍酒師和啤酒侍酒師， 請從「儀式」開始 （P.246）	釀酒廠商， 請從「平衡」開始 （P.20）

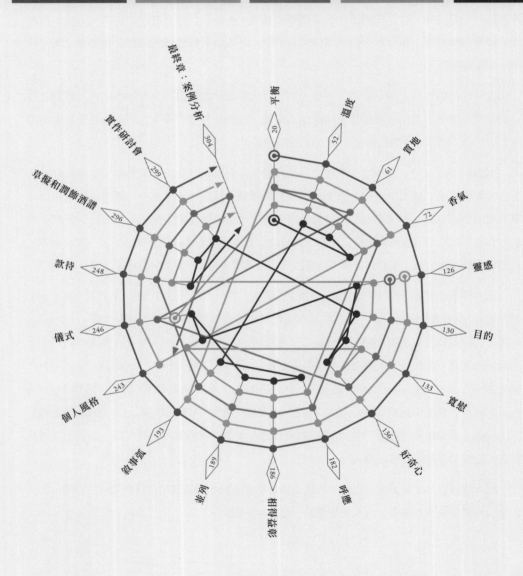

如果你現在就能使用指定的品牌、自製糖漿和鮮為人知的苦精，調製出一杯與本書內容一模一樣的雞尾酒，那很棒，快去做吧！但如果你手邊沒有所有材料，我們會提供查看酒譜的工具和技巧，讓你能做出相同精神的飲品。你最終調出的雞尾酒，可能會和書中所描述的完全不同，但這就是有趣的地方。無論你最後調出什麼味道，應該都具說服力、令人滿足且難忘的，這才是最重要的。

　　把酒譜當成回家作業吧，畫重點，並在空白處寫下自己的想法！雞尾酒分為搖盪型與攪拌型、適合夏天或冬天的，以及使用威士忌、龍舌蘭、琴酒或其他烈酒調製的。在任何情況下，你都能在酒譜上看到更多資訊，像是搖盪法還是攪拌法、糖漿種類、術語、技巧、裝飾圖片和你所需要的冰塊類型。

　　我們用店裡創立的範本來寫酒譜，我們調的每一杯飲料，都是照著這個範本記錄下來。當你拆解酒譜時，你能看到每一項技巧、哲學與潤飾是如何與雞尾酒的其他部分互相關聯。即使把三聯畫（Triptych，見 P.32）的支柱分開，用各個可能的方式搖晃，你還是可以看到「平衡」（Balance）。這樣會讓分析雞尾酒變成像簡單的加法一樣，而不是一個超級複雜的「蟲洞」（Wormhole）。閱讀酒譜配方時，應該要從上讀到下，這樣你才能想像這杯雞尾酒的外觀與味道，但正如你會在調製教學中看到的，雞尾酒應該要反方向進行，先倒最便宜的材料（或是你不想犯錯的材料），最後再加入最貴的。

　　在酒譜中，你也會發現我們很詳盡地解釋其中的思考過程、一些小提醒和訣竅。我當然很樂意做一些誇大不實的商業訊息廣告，宣稱通往完美雞尾酒的道路就和搖盪／攪拌／過濾一樣簡單，但如此解釋許多實質上是複雜的東西，簡直就是胡扯，就像下個指示「把檸檬汁、蛋黃和奶油混合在一起」，然後就期待對方能做出荷蘭醬一樣。細微差異、重視技巧、留心細節，也就是「旅程」，這和目的地一樣重要。開始調酒**前**，先瀏覽一下準備的材料，拿起酒瓶前，讀完調製教學，理清頭緒之後，再倒入各項材料。

　　每間雞尾酒吧都有一套自己的方法，而這本書寫的就是我們的方式。裡頭會有一些你喜歡的理論，也有一些可能會讓你翻白眼，覺得幹嘛放進來。但無論如何，都請你把它讀完，如果你還是徹頭徹尾地不同意，那請你找一晚來暮色時刻，我們就此好好討論，喝個幾杯、聊一聊。調酒這整件事，是一條漫長又曲折的道路——這是一段把手伸出窗外，享受暖暖微風的旅程，是一件人人都樂在其中的事。

PART I

雞尾酒的調製技巧

調出技藝精湛的雞尾酒

現在我要站在詹姆斯・比爾德（James Beard）的高度，告訴你一些創作與調製雞尾酒的祕訣。其實很簡單，你要做的就是在每次調酒時，注意每一杯裡頭各個看似微不足道的小細節。這就是高階調酒為什麼如此困難的原因。它需要耗費精力留意、不能走捷徑，還要多花一些時間，讓雞尾酒好上加好。這整件事沒有魔法可言，只有努力再努力。

當我開始把這一行的眉眉角角告訴調酒師時，我每次都會提到哈蘭·霍華德（Harlan Howard）的故事，他來自納許維爾，是 50 ～ 60 年代的天才型作曲家，創作過超過 4000 首歌曲，並曾**兩度**進入作曲家名人堂。他曾用一句讓所有世代音樂家都有共鳴的話，即主張鄉村音樂不過是「三和弦與真相」。意思是：最好的歌曲往往如此簡單、無處隱藏。就雞尾酒來說，真相就是技巧。**雞尾酒就只是三種材料與真相。**

這個理念的內涵是，就像任何一位優秀主廚會告訴你的一樣，在真正開始執行之前，你必須先徹底了解材料：它們的特性是什麼，會隨著日子或季節有什麼改變，以及如何與其他材料協同合作。接下來你要學正確的技巧，才能讓你最後調出好喝的飲料。這就是方程式中「什麼時候要炒 vs. 什麼時候要烤」的部分。

當你開始探究每個小到不行的調酒細節時，這些簡單的原理就會變得複雜許多。這是因為放進雞尾酒的每樣元素——從冰塊、果汁、烈酒的酒精濃度、甜味劑、裝飾到最後的香氣，就像蝴蝶效應一樣會互相影響。若要維持杯中的和諧，你不可能只單獨改變其中一項元素，所以了解每一項材料與技巧，以及它們之間如何互相影響很重要。三種材料，**還有該死的真相！**

一旦你了解這個道理，並依麥爾坎·葛拉威爾（Malcolm Gladwell）的「一萬小時法則」[11]研究與練習，最後就能達到「隨便拿起一支烈酒、甜味劑和其他材料，就能憑直覺快速調出一杯美味雞尾酒」的境界。你會擁有正確的直覺、變通性和基礎知識，讓你一下子突飛猛進。你會像調酒師一樣**構思**和**品味**，根據一則酒譜配方（Spec）[12]混合出多道酒譜，直接創作出好喝的雞尾酒。

在調製技巧的部分，我們會從「平衡」、「溫度」、「質地」和「香氣」的角度來看雞尾酒。這些是構成一杯好雞尾酒的基本要素，需要特定與熟練的技巧才能做對。這些概念彼此是密不可分的，同時也是**非常危險地**糾纏在一起。如果質地有問題，常常是因為在平衡或溫度搞砸了。很多時候如果你其中一項技巧出錯，有可能讓至少兩個，或也許三個都跟著不對勁，到最後，再好的香氣也沒辦法補救這杯用劣質材料和爛手藝調出來的飲料。

這就是為什麼你需要閱讀每個章節，思考它們之間如何相互影響，才得以鳥瞰雞尾酒技巧的全貌。在你讀前四個單元時，一定要隨時記住至理名言：三種材料和真相。

---

11 譯註：葛拉威爾曾在2008年的著作《異數》（*Outliers*）中提到「一萬小時法則」，即要讓某項技能爐火純青，必須練習一萬個小時。

12 此處指的是材料和分量，不包含調製教學。

✦ 平衡 ✦

當我想到「平衡」（Balance），就會想到朋友兼我最愛的主廚莫妮卡·金（Monique King）。我和她是在威克公園的「靈魂廚房」（Soul Kitchen）認識的，這間餐廳位於達曼北路與密爾瓦基路的交叉口（當地人稱這個路口為 The Crotch〔褲襠〕），那時我的工作是開生蠔、當服務生和調酒。

當時店裡的其中一道熱門菜色是胡桃脆皮鯰魚。魚先裹上第戎芥末醬，接著蘸玉米粉和研磨過的胡桃，再下鍋煎，最後淋上檸檬、奶油，以及煎魚後留在鍋裡的醬汁。我已經試過一百萬次用檸檬搭配海鮮，但酸爽尖銳的芥末和提味解膩的檸檬汁，平衡了富含油脂的胡桃與香甜圓融的玉米粉，讓我 25 年後坐在這裡寫這道菜時，都還是口水直流。

莫妮卡知道怎麼讓油脂、酸味、苦韻和甜味達到完美平衡，這是一項區分頂級主廚與好廚師、普通菜色和珍饈的技能，也是一位調酒師能調製出好雞尾酒的重要技巧之一。在雞尾酒中，酒精、酸、糖（甜）、苦、烈、隱味與濃郁要整體達到平衡，而這種平衡不會在你按照酒譜把材料混合後，神奇地發生。

當你準備好要調一杯雞尾酒時，即使你已經調過數十次的酒款，你還是要考慮每樣材料的特色與表現、把測量和混合的技巧做到位、回想好的平衡是什麼味道，找出可能會發生的問題，並在問題發生時加以修正。

「平衡」並不是單一不變的，它會受到室內溫度、玻璃杯具的種類、冰塊品質、融水量和飲用者變幻莫測的習慣所影響。你必須通盤考量，擬定一些對策，確保調好的酒，從第一口、中段或到最後一口都一樣好喝。這就是如何調出一杯從頭到尾都能盡情享用、精確，而且**整體**達到平衡的雞尾酒。

了解你用的材料

在這個章節，首先我們研究調製雞尾酒時，逐一詳解最常見的一些元素：酒、糖、柑橘和苦精。接著，我們會談談這四個元素如何透過巧妙的搖盪和攪拌，組合在一起。請從頭到尾閱讀本節內容，因為每個部分都具有連動性。讀完後，你應該就能穩定地調出「平衡」的雞尾酒。

酒

當你在學一門運動（如足球）時，你需要學習如何傳球與射門，這樣當你處在壓力之下時，便能不加思索地做出動作。調酒師的主要工具是「酒」，這就是為什麼在暮色時刻，我們非常鼓勵調酒師試喝吧檯後方的每一支酒，了解每一瓶的屬性，而且至少知道一件趣聞，以備不時之需。

* 妙招 *

如何品嚐：簡介

你真的應該學學如何剖析和討論不同威士忌、蘭姆酒和琴酒的風味，這樣你就能對它們的味道有個概念。如果你以前從未品飲過，可閱讀 F. 保羅・帕寇特（F. Paul Pacult）的著作《心靈契合》（*Kindred Spirits*，暫譯），了解更多詳情。底下是一些摘要：

1. 倒進杯裡。

2. 先聞一聞，然後喝一小口。

3. 慢慢地讓酒在整個口腔內滑動。然後吐掉。

4. 重複第三個步驟，然後好好注意香氣。

5. 喝一口，吐掉（也可以不吐），再啜飲一小口。

品飲酒類或雞尾酒時，我們不是只知道口中的**風味**為何，但我認為「風味」卻是在調製雞尾酒時，最不重要的！如果你用好的材料──優質的酒、各式糖漿和苦精，以及新鮮的柑橘（榨汁和裝飾），所調出來的酒應該不會差到哪裡去。因為這些材料的風味，都是辛苦工作的人所提供給你的，從釀酒商到製作糖漿的夥伴，再到大自然本身。你只需依照正確比例把這些材料組合起來，並製作時，不要失敗就好了。

反觀，我們之所以品飲和評估，是出於其他原因。首先是酒裡的酒精濃度高低。酒精濃度（ABV）是決定製作雞尾酒時要用什麼方法，以及需要搭配哪些材料的主要因素。請留意酒的「灼熱感」有多重，也就是當你啜飲時，刺激味蕾的程度。經常這樣嘗試的話，你最後應該就可以根據酒在口腔內的灼熱感，大概判斷酒精濃度是高還是低。請養成好習慣，無論你拿起哪支酒，都能在腦中記住它的酒精濃度。

接下來，我們要傳授一項更有用的技能：如何適當地**描述**你正在品嚐的飲品。因為生動的描述有助於加深記憶！有天，我和嗅覺極佳的華金・西蒙（Joaquín Simó）[13] 一起品龍舌蘭。他聞了一下短陳龍舌蘭（Reposado），品嚐一口後，清晰的陳述：「它讓我想起以前和家人去園遊會中，所賣的棉花糖；在小推車旁的不遠處，會有發出嘎嘎聲的柴油引擎，所以當你開始吃棉花糖時，你感覺到的會是粉紅雲朵、香草、柴油

在描述關於酒的事物時，我們並沒有一組和酒類世界相同的詞彙，都是遇到了才創造出一個語言。如果你說出一些怪得要死的東西，托比總會非常欣賞。就像「阿馬羅・西米拉」（Amaro Sibilla），我每次都會說它讓我想起無花果上繚繞著天主教尾韻，因為其中有線香的元素，讓人聯想到教堂。而我們也根據調飲給我們的感受來談論。

——南蒂妮・廓（Nandini Khaund；2007 ～ 2015[17]）

和油融合在一起的味道。這款龍舌蘭嚐起來就像那樣，但是是一種美妙的風格。」聽他這麼說時，我馬上被帶到那個特定的時間與場景，這為我找到一個永遠記住風味輪廓的方法。

我們的目標是為品飲三階段找到適合的描述：前味（Attack）[14]、中段（Mid-palate）[15] 和餘韻（Finisih）[16]。想像這個過程就像是觀察天上的雲，會看到很像兔子或是龍的形狀，而不像在義式番茄醬中，辨別大蒜和羅勒的味道。你的主觀味覺會與某些東西產生聯繫，而且和別人所感受到的不同。我們每個人都有不同的好惡、對味道的記憶以及個人背景，這都讓品嚐與製作雞尾酒時，引人入勝，也成為無盡的滿足和樂趣。

---

13 死亡有限公司（Death & Co）和流瀉絲帶（Pouring Ribbons）兩間酒吧裡的風雲人物。

14 對於氣味、香氣、味道或風味輪廓的第一印象。

15 品飲體驗的中心。這是能體會到最多味道的階段。

16 蒸餾酒或雞尾酒被吞下後的風味表現。

17 譯註：任職於暮色時刻的年份。

當你品飲時，問問自己正在喝什麼：第一印象如何？這個味道讓你想到什麼？你可以把它和記憶中的某個片段連接再一起嗎？抓住腦中第一個出現的風味，並往前推進三步。例如：你正在品飲的 PX 甜雪莉酒（Pedro ximénez sherry）具有果乾的調性。很棒！那是什麼果乾？杏桃還是櫻桃？咖啡色的葡萄乾或是金色葡萄乾？這些果乾調性是日曬，還是在陰暗的食品儲藏室，與香草一起掛在椽子上晾乾的？果乾最後的味道是偏向果醬般的糖煮水果，還是像和穀麥一起烤的派？盡量天馬行空地去想！例如「走過公園中央的一大片繡球花」，會比「花卉」更能深深烙印在你腦海中。上述問題沒有錯誤答案，只有沒有好好深究的結果。

◆ **範例**
酒：農業型蘭姆酒（Rhum agricole）。
事實：在法屬馬丁尼克（Martinique）使用鮮榨甘蔗汁製成。
表面：青草味。
深入探索：味道像是剛切開的花莖，所流露出來的葉綠素味。
搜索後的發現：帶有雨後泥巴土地所散發出來的青草味，與類似葉綠素的味道；泥土或許是黏土；也有些許熟油和蛋糕麵糊的風味。

為了更深入的講解，我想在每個類型中找出一款基準酒，與其他款互相比對，就像是一個檢驗標準。在日常生活中，每件事都和其他事物相互對照：善與惡、快樂與痛苦，杜松子味的琴酒與偏柑橘味的琴酒等。沒錯，酒的品質會影響我們接下來要說的內容，畢竟人生太短暫，更要好好的品酒。所以我真正想表達的是，根據酒的本身特徵來評斷，並留意它們與其他酒相比的結果，不是硬要比出兩支酒的高下。

我相信每種酒都能找到一款可做為檢驗的基準：我個人認為最典型的波本威士忌（Bourbon）、裸麥威士忌（Rye）、龍舌蘭、梨子白蘭地等。琴酒的話，我的判斷依據是英人牌（Beefeater），我了解英人牌，也很愛它，所以當我喝其他品牌的琴酒時，我會想：「酷，但這支酒（跟英人牌比）的杜松子味稍微少一點，比較多柑橘味，而且還有一些不常見的藥用植物味，酒精濃度也較低。」從這裡開始，我就會嘗試把它用於調飲，以突顯那些特質。

你可以這樣比較每一種酒，另外對利口酒（也稱為「香甜酒」）也要有基本的認識，這樣每當你喝到一款新的，就能把它和你已知的酒相互串聯。「這支法國高山藥草酒（Alpine liqueur）比較像班尼迪克汀（Bénédictine，常簡稱為 DOM），而不是像夏翠絲（Chartreuse），但有著高酒精濃度蒿酒（Génépy）的質地。」誠如愛因斯坦所言：「在相對論中，我們為創意設置舞臺」（諸如此類的話）。

起身嚐嚐手邊所有的蒸餾酒吧！在腦中建立酒類知識庫，記錄品飲日誌！重新喝一些已

經「認識」的酒，看看自己的味覺有沒有改變，因為這有可能發生。一旦你腦海中有一本包含各種風味調性以及趣聞的酒類百科全書後，調製雞尾酒的過程就會變得簡單許多，而且也更容易找出讓雞尾酒中各元素達到平衡的方法。你不需要再去摸索裸麥威士忌和波本威士忌的差別，因為你已經花很多時間練習，現在自然就能使出倒掛金鉤射門。

糖漿

　　糖在雞尾酒界的名聲很差，大概是因為整個 1970 ～ 2000 年代初期有太多過甜的雞尾酒。今天，有許多人認為甜味就是垃圾、不夠成熟，但糖在每杯雞尾酒中扮演關鍵角色，因為它會讓烈酒比較好入口，也能平衡柑橘汁帶給雞尾酒的酸。一杯像樣的飲料中，不可能沒有某種形式的糖[18]。

　　你會看到雞尾酒中有多種類型的甜味劑，而且每一種的甜度或糖度（Brix）[19] 都不同。雖然有些調酒師可能會對以下的說法有意見，但確切的糖度其實並不重要，大概知道糖漿的甜度，以及會如何影響其他元素就夠了。在我心中，我自己有個度數 1 ～ 10 的甜度計，我把簡易糖漿（水 1：糖 1，Simple syrup）設在正中央 5 度的位置，做為測試的中心點。嘗試過其他甜度後，我就會把它放到甜度測量計上和簡易糖漿比較，這樣我在調製或創作雞尾酒時，就會有參考值，可以相應調整烈酒、酸或苦精的量。

　　每一種糖漿也都有除了「甜」以外的特點。例如，紅石榴糖漿（Grenadine）比簡易糖漿甜，但也很酸，所以它在甜度計上，大概落在 7.25。夏翠絲利口酒的風味真的很多元，而金巴利則帶有極佳的苦味，但兩者都是甜滋滋（修道士的果汁和所有該死的東西一樣，酒味都很重），所以分別會落在 2.7 和 4.1。你不能照原比例，單純把簡易糖漿或德梅拉拉糖糖漿（Demerara syrup）換成水果糖漿或利口酒，因為後兩者都比單純的蔗糖和水複雜許多。和所有事情一樣，這非常主觀，所以你需要先弄清楚這些東西在你味蕾上的感覺，而不是死記我的感受。

　　另一個重點是，當我寫這本書而研究甜味劑時，我發現一件有悖常理、完全讓人難以置信的事：用 2：1 比例調出來的糖漿，甜度居然不是 1：1 的兩倍。沒錯，就是這樣！ 1：1 簡易糖漿的糖度是 48％，而 2：1 德梅拉拉糖糖漿的糖度是 64％。所以，德梅拉拉糖調的糖漿確實比較甜，但不是兩倍甜。若調酒選用糖漿時，請務必記住此點。

　　沒有人想調出一杯「太甜」的雞尾酒，不然臼齒都要抗議了。你的問題我了解，所以在雞尾酒裡加糖是為了找出……甜蜜點，讓飲料變好喝，而不是讓喝的人成為牙醫眼中的肥羊。

18　認真來說，喝粉紅琴酒（Pink Gin）和琴瑞奇（Gin Rickey）比喝雞尾酒更自虐（譯註：都未加糖）。

19　一種透過液體比重計（Hydrometer）測量而得到的度數；水或酒精調成的溶液，在給定溫度下的含糖量（譯註：科學家愛用的專業甜度單位）。

⟶ 認識甜味劑 ⟵

相較於其他的甜味，每一種甜味劑都應該進行評估，這樣你才能知道當它與烈酒、酸和苦精混合時，如何達到平衡。我用 1～10 分來評比酒吧裡各種糖漿的相對甜度，這方法對我有用，你也要找到適合自己的方法。並要記住，利口酒、義大利苦酒（Amari）和蒸餾酒本身就含有糖，所以調製雞尾酒時，需考量要選擇什麼樣的甜味劑。

3.75

楓糖漿

它每次都不若我想像中的甜。我給3.75

楓糖漿是美國最悠久的甜味劑之一，也是蔗糖在 19 世紀末變普及且便宜前，最熱門的選擇。楓糖漿是從樹液取而來的，能為雞尾酒帶來迷人、極其細微的泥土香氣。請使用 A 級深色（Grade A Dark）、極深色（Very Dark）或B 級（Grade B）的楓糖漿——顏色愈深、愈原始的楓糖漿，帶有黏性，且和高酒精濃度的烈酒搭配時，更能突顯其風味。

4.75

蜂蜜糖漿

我們調製比例是蜂蜜3：水1，所以對我而言甜度是4.75

蜂蜜是人類史上最能隨手運用的天然甜味劑來源（感謝蜜蜂！）它能增添調飲的風味，帶來濃稠暖心的質地。但它的質地比較重且非常濃稠，所以較難在未處理的狀態下，與其他材料融合。因此，我們每次都會加水稀釋，調成糖漿，以便於使用。我喜歡蜂蜜與水是 3：1 的比例，可以保有其濃稠度，也易於倒出。

5

簡易糖漿

落在正中央5的位置，是其他糖漿在比較時的基準

通常蔗糖、甜菜糖或超市裡最普通的糖，就能調製而成。可用水 1：糖 1 的比例，製成簡易糖漿——這是所有甜味劑中，最出名、最耐用的一種。由於糖在精製成細顆粒、雪白的狀態時，需經過嚴格的加工過程（我們就跳過這恐怖的細節）。一般的糖幾乎沒有任何風味和香氣，這就是為什麼簡易糖漿適合搭配未陳釀烈酒的原因，它能讓酒體和風味變厚實，但不會改變烈酒，或杯中其他出色材料的特性。

6

商業用蔗糖糖漿（Commercial cane syrup）

扎扎實實的6

有時我們會用產自法屬馬丁尼克的 Petite Canne 牌蔗糖糖漿，因為它的質地介於簡易糖漿和德梅拉拉糖糖漿之間。這款糖漿的最佳使用地點是法屬馬丁尼克的海灘，因為那裡有很多農業型蘭姆酒。若要調「陽春派對酒」（Ti Punch），一定少不了這款糖漿。

6.5

德梅拉拉糖糖漿

邏輯上我給7.5，但實際上只有6.5

德梅拉拉糖和普通白糖都是甘蔗製成的。但白糖是極致精煉而成，而德梅拉拉糖則是像原糖一樣，取甘蔗的初榨果汁製成，所以有較飽滿的質地與甜度。用陳年烈酒製作雞尾酒時，我們就會使用德梅拉拉糖糖漿，因為兩者的風味和香氣簡直是絕配。

6.75

紅糖糖漿

製作糖漿時，不要把量杯裡的糖壓得太實，這樣調出來的糖漿甜度可類似於德梅拉拉糖糖漿，是6.75

在蔗糖結晶體外裹一層糖蜜（Molasses），能使糖粒非常濕潤，呈現柔軟又黏著的狀態。而且不用等真的調成糖漿，就會知道它比德梅拉拉糖糖漿和簡易糖漿濃稠，也就是說調成糖漿後，紅糖糖漿的分量會比前兩者重。它非常適合用來緩和飲料中尖銳的苦味和粗糙的辛香特性。

7.25

紅石榴糖漿

有許多種製作方法，甜度落在7.25

這款甜味劑的出現，可追溯到19世紀中期的雞尾酒歷史，純紅石榴糖漿只有混合石榴汁和糖漿而已。許多酒吧只用煮過的，或只用新鮮的石榴汁來自製紅石榴糖漿，這樣做出來的糖漿，風味只有如定音鼓的低音（只用煮過的），或是只有腳踏鈸的金屬撞擊聲（只用新鮮的）。

在暮色時刻，我們把新鮮果汁和煮過的濃縮果汁混合，把新鮮果汁迷人的酸澀特性，與濃縮果汁較深沉、厚實，泥土風味調和在一起。

濃縮果汁所帶來的純粹豐潤，透過新鮮果汁的鮮亮解膩，在味蕾上形成了濃淡合宜、適口的平衡結果。這兩種版本的石榴汁加在一起，創作令人驚嘆的效果，尤其搭配蘋果傑克白蘭地（Applejack）、裸麥威士忌和白龍舌蘭（Blanco tequila）等干型烈酒（Dry spirits）[20] 的時候，你會需要特別稠密的糖漿，好讓嘴裡留下豐厚口感。

若要深入了解糖漿，請見 P.311。

20 譯註：在葡萄酒術語中，Dry稱作干型，意旨酒中的糖量極低，幾乎沒有甜味，嚐起來帶有澀感。

就像廚師做菜時加鹽，多加三顆鹽粒就會讓菜餚過鹹一樣，你在調飲料時，也需找到糖漿多一滴就太甜的臨界點，這樣才能調出豐華的質地。

許多時候你需要做的就是盡量加，加到味蕾受不了的程度——大概是幾滴到十六分之一盎司之間。對早晨特大杯咖啡無關痛癢的糖漿量，很可能就會毀了一杯雞尾酒。

柑橘

檸檬、葡萄柚或萊姆所帶來的酸，能讓雞尾酒的味道亮起來，更重要的是，可以與杯中的烈酒和糖產生對比。就像燉羊腿上的那一球優格，或滿滿一大碗秋葵濃湯裡所淋的一點點 Crystal 辣醬，酸酒（Sour）如果沒有額外加上讓人口水直流的酸度，就不是「酸酒」了。想要卯足全力調出最棒的雞尾酒，你用的柑橘汁一定要新鮮到不行。

這聽起來好像很簡單，但實際做就會發現難處，因為柑橘和它美味的果汁是極難預測的變數，每個地區、季節、月份、小時所產出來的柑橘，或是冷藏或常溫狀態，其品質和酸度都會有所差異，因為果汁一接觸到空氣，就會開始氧化。在暮色時刻，我們覺得柑橘汁的最佳賞味期限是——榨好後，最多 12 個小時。我們做了很多實驗，發現這個計算方法對我們最管用。

有些調酒師（戴夫・阿諾德〔Dave Arnold〕[21]，謝謝你做了這個研究）提出一個理論，他們認為榨好後放了 4 小時的果汁，最適合雞尾酒的，因為有足夠的時間讓酸度變柔和，削減太劇烈的特性，也讓榨汁時所釋出的果皮精油，能擴散到果汁中。

對我來說，這實在是太糾結於細枝末節了。我也曾喝過許多用剛榨好的果汁所調製而成的美味雞尾酒，我不太確定果汁「呼吸」幾個小時後再拿來調酒，會不會更好喝。所以你如果就是那種喜歡鑽研冷知識的專業宅，那麼請便、別擔心、不用怕麻煩。要不要做，最好由你自行斟酌。你可以試驗看看哪種口味最適合自己。

這裡要表達的重點是，把柑橘放入雞尾酒前，一定要先試味道。我曾聽過酒吧怪談——有人用了放四天的果汁，那味道一定像你不小心遺忘在冰箱深處，而且已經發酵的調味料一樣腐臭。

一般來說，你可以判斷萊姆汁是不是放太久了，因為它的顏色會變深，聞起來和嚐起來都很嗆鼻，那不是酸，而是**苦苦辣辣**的，就像是電池酸液或燒壞的保險絲，而不是柑橘味——這是氧化所致。在調酒前，知道柑橘汁的品質是一件要事，因為知道它偏酸或偏甜，你就能相應調整酒譜：如果偏酸，可能就要多加一點糖來達到平衡，反之亦然。

---

21 請參考他的著作《從科學的角度玩調酒：雞尾酒瘋狂實驗室》（*Liquid Intelligence*），了解所有雞尾酒相關科學。

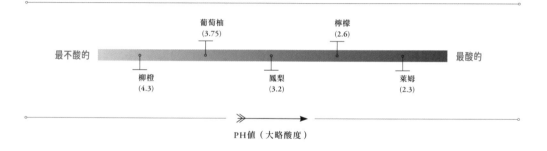

葡萄柚
(3.75)

檸檬
(2.6)

最不酸的　　　　　　　　　　　　　　　　　　　　　　　　　最酸的

柳橙
(4.3)

鳳梨
(3.2)

萊姆
(2.3)

PH值（大略酸度）

芳香苦精（Aromatic bitters）

根據定義，這是用多種香草、香料和其他藥用植物製成的苦精，如安格仕和裴喬氏（Peychaud's），另外還有各式各樣新流派的品牌，如比特方塊（Bittercube）、比特曼（Bittermens）、真的苦（Bitter Truth）和史卡比（Scrappy's）等。

這類苦精被明確指為「非飲用的」（Non-potable），因為它們的用途是提供風味，而不是單獨飲用[22]。就像影片裡的環境音一樣，苦精就是在背景提供支援，增加複雜度，填滿甜、酸和酒味之間的縫隙。

雖然苦精的用量非常少，但它會對雞尾酒產生巨大的影響。即便只是多加了1抖振（Dash），都會破壞整體「平衡」。大部分的商用苦精，通常會隨附可測量抖振的瓶蓋，但這種蓋子很糟，倒出來的量出了名的不準，瓶內所剩液體量的多寡，會影響翻轉瓶身時，倒出的液體量。

暮色時刻剛開始營業時，我們把所有苦精都倒入有刻度的滴管瓶，以準確測量出需要的液體。過了一陣子，我們發現滴管瓶開開關關太浪費時間，所以我們現在用兩種方式：我們充分訓練員工，好應付抖振瓶的缺點；我們把一些最常用的苦精，如安格仕和裴喬氏放在這些瓶子裡，這樣他們就能快速取用。

至於內行人才懂的小眾苦精，因為不太常用到，所以我們就裝在滴管瓶裡。如果酒吧是客滿狀態，那這幾秒鐘累積起來，對於顧客的感受來說，就會產生很大的差別。

根據我的經驗，如果雞尾酒要加苦精，一定要是第一個倒進混合容器內的元素。養成這個習慣，你就不會忘記（相信我，當你忙於太多瑣事時，就很容易忘記加這個、加那個）。而且如果你因為苦精瓶快空了，而不小心失手倒太多的話，還可隨時把杯中或雪克杯裡的多餘苦精倒掉，無需擔心浪費了珍貴的烈酒或其他材料。

---

22 有時我們會用芳香苦精當基酒——用0.5盎司的安格仕或裴喬氏苦精，調出一大杯11盎司的雞尾酒真的很特別。但這個情況並不常見，因為實在太「傷本」了。

可飲用的苦精（Potable bitters）

口語上也稱為「苦酒」，有金巴利、芙內布蘭卡（Fernet-Branca）、亞普羅（Aperol）、吉拿（Cynar）等義大利苦酒，和其國際盟友（多來自法國），如薩勒（Salers）和蘇茲（Suze）。這些基本上都是中性的基底酒，浸了香草、柑橘皮、植物根部、樹皮和香料後，再加點甜，成為利口酒。這類苦精的酒精濃度比芳香調味型苦精低很多——通常是 16 ～ 35% ABV，表示它們非常適合在雞尾酒中扮演「修飾」的角色。

在暮色時刻，我們把這些苦精分為兩類：餐前酒和餐後酒。兩者的酒精濃度、複雜性、苦味程度和含糖量都大相徑庭。大致上，我覺得最大的不同就是其分類名稱所指的：食物。

餐前酒的酒精濃度低，因為是空腹喝，且酒中的苦味通常會與其他成分調和，而變得較為柔和，例如尼格羅尼（Negroni）裡的香艾酒和琴酒，或亞普羅之霧（Aperol spritz）裡的蘇打水與普羅賽克氣泡酒（Prosecco）。

餐前酒會讓你開胃，準備迎接之後的食物，就像比賽前的伸展一樣。調製餐前酒時，要記住酒瓶上的酒精濃度，然後喝一小口看看，把重點放在甜度。許多苦精在濃濃苦味後，會有驚人、潛在的甜度，所以你得減少糖漿的用量，才能達到平衡。

餐後酒的酒味比較重，也比較苦，就像我愛我的朋友與同事一樣。餐後酒適合在大吃一頓和飽腹後，味蕾略感疲乏之際享用。芙內、吉拿、拉巴巴洛（Rabarbaro）或不加冰「純飲」（Neat）[23] 的匈牙利特產「烏尼古」（Unicum），正是你所需要的。但因為這類酒很苦（有時也帶有驚人的甜度），所以如果搭配其他元素，很容易搶味。因此，請隨時注意它們的風味強度和酒精濃度，這樣你才能相應調整，達到平衡。

23　Neat表示烈酒是直接從瓶子裡倒出來就端上桌，常溫或冷冷的喝，不經過搖盪或攪拌稀釋。

三聯畫

　　現在我們要進入實際理論，探討如何透過一個我稱為「三聯畫」（Triptych）的系統，把酒、柑橘和糖組合在一起——這個概念源自於：三幅畫各自獨立，分別有自己的意義，但放在一起時，會形成更有趣的意義。

　　根據我的經驗，**絕大多數**的雞尾酒都是依照模板調製而成的，這些模板本身就已有三種材料，或達到三類材料之間的平衡，再透過稀釋來調和和修飾，以製成雞尾酒。酸酒就是酒、柑橘和糖。攪拌型雞尾酒則幾乎是酒、甜味劑和裝飾。即使是「曼哈頓」（Manhattan）和尼格羅尼之類的雞尾酒，你也可以把相關組成拆成三類。

　　當然，實際操作一定比聽起來複雜，因為三聯畫中的三根支柱是持續變動的。如果你稍微更改其中一樣的分量，其他的元素就會跟著受到影響。你不能只增加雞尾酒中酒的量，但不調整另外兩種成分。但即便如此，我還是喜歡這個系統，因為它讓我們比較容易找到「平衡」。在每杯雞尾酒中，我們都努力讓酒、糖與第三個成分（酸、提味、苦）達到平衡。再說一次，三種材料和真相！

　　誠如許多調酒師都知道的，大部分的現代酒譜都只是一小部分原始酒譜的變化版而已，如酸酒、古典雞尾酒（Old-fashioned）、馬丁尼、曼哈頓等，這就是為什麼我們建議把原始酒譜背下來的原因；最糟的情況時，你可以不看酒譜，馬上變出一杯瑪格麗特（Margarita）或曼哈頓；而最高段的應用則是，把這些酒譜當成新創的基礎，使用一些替代配來來創新。我們稱這些模板為「母雞尾酒」（Mother Drinks）。在此厚臉皮地向蓋瑞・雷根的「雞尾酒家族」（Cocktail families）系統致意——里根於 2003 年在他具開創性的指南型著作《調酒學之趣》中提出這個觀點。

　　之所以要了解「母雞尾酒」的原因在於，要用這個方式觀察平衡，無論你細究的蛋蜜酒（Flip）、酸酒、碎冰雞尾酒（Smash）或其他任何（或所有）介於之間的飲品，都能找出平衡。要找到適合你的平衡、分量、比例和模板，需要一些反覆試驗。不過，一旦你掌握了這些標準，就可以替換任何材料，而且依舊能調出一杯好喝的雞尾酒。

> 要知道一杯雞尾酒有沒有達到平衡，不需要非常敏銳的味覺。創作新雞尾酒時，永遠記住三聯畫的概念，讓我覺得有所保障。
>
> **暮色時刻 前調酒師**
> ——吉姆・特勞德曼（Jim Troutman，2008 ～ 2020）

母雞尾酒

我們在暮色時刻創作雞尾酒時，會使用五款「母雞尾酒」（Mother Drink）做為模板。我把它們想成類似埃斯科菲耶（Escoffier）的五種母醬（Mother sauces）。這位知名法國主廚幾乎為每種醬汁奠下基礎，並命名為：荷蘭醬、貝夏梅醬（Béchamel）、天鵝絨醬（Velouté）、紅醬和褐醬（Espagnole），同樣的道理，對於每位調酒師而言，必須牢記幾款主要的雞尾酒，才能以此延伸創作。

在埃斯科菲耶的醬料概念中，每一種母醬就像是已經塗了底色的畫布，可以用來創造其他醬汁。舉例來說，把龍蒿加進荷蘭醬中，就會得到伯那西醬（Béarnaise）。褐醬加上番茄、洋蔥、甜椒和香草，就成為非洲醬（Sauce Africaine）。

「母雞尾酒」也有類似的應用，簡單說，大部分的現代雞尾酒，純粹就是原始雞尾酒的變化版而已，可能是加了新材料，或使用替代品加以調整。取酸酒當範本，用利口酒取代簡易糖漿，你就會得到一杯「黛西」（Daisy）。把「老廣場」（Vieux Carré）裡的基底干邑白蘭地，換成由香艾酒與蘋果白蘭地，再用核桃苦精（Walnut bitters）取代安格仕苦精，這樣就能調出一杯既熟悉卻又嶄新的雞尾酒。當你了解曼哈頓的框架後，你幾乎就能用所有的酒、苦精和香艾酒，馬上創作出變化版。

用這五種雞尾酒模板當成創作的起點，成為支撐你的靈感與目的的框架，並用良好的技巧打造底盤，最後再透過風味妝點。常常使用、明智地使用它們，如此一來，你的筆記本便能開始寫滿高明的酒譜。

酸酒

早在傑瑞・湯瑪斯教授[24]的年代，酸酒就已經存在了，但他在 1862 年，定義了這杯雞尾酒：烈酒、糖、水和四分之一顆檸檬（即柑橘）。這樣的模式直到今日依舊屹立不搖——一個非常簡單又禁得起時間考驗的範本，你可以在其上構建出一些新的、不同的雞尾酒：黛綺莉（Daiquiri）、月黑風高（Dark and Stormy）、杏仁酸酒（Amaretto Sour）、紐約酸酒（New York Sour）、白蘭地庫斯塔（Brandy Crusta）和長島冰茶，各式各樣，而且持續擴增中。

我們店裡的酸酒酒譜配方如下，對我而言，這達到了「平衡」。蒸餾酒突出地恰到好處，另外再配上等量的糖和酸。你也許喜歡不甜一點（或甜一點）的酸酒。請自行調整用量，並紀錄下來，這樣你就能以此來檢驗各種你能想到的酸酒。

2.0盎司 . . . . 蒸餾酒

0.75盎司 . . . . . . 柑橘

0.75盎司 . . . . 簡易糖漿

---

24 譯註：美國調酒師先驅，又稱為是美國雞尾酒之父。

古典雞尾酒

1806 年，「雞尾酒」這個字的定義首次被印刷成文字，而古典雞尾酒被稱為是「一種會讓人興奮的酒精性飲料，由各種酒、加上糖、水與苦精調製而成。」組合方法超級簡單。在古典雞尾酒中，要達到平衡的三點為烈酒（蒸餾酒和苦精）、甜味劑（糖漿），還有我自己覺得，絕對要加上才會完整的柑橘精油裝飾（酸）。

一杯烈酒如果只加甜味劑，不能稱為雞尾酒，因為缺少能產生對比的第三個要素，也就是帶有香氣的裝飾，就「古典類」的雞尾酒而言，幾乎一定是柑橘皮為雞尾酒添加明亮、銳利、帶酸味的個性——酸酒在雞尾酒本體中即具有此特性。這個「酸」就像是千層麵上的現切巴西利葉，或慢燉牛肉絲塔可上的洋蔥和香菜，不可或缺。

> 2.0盎司 . . . . 烈酒
> 0.25盎司 . . . . . . 德梅拉拉糖糖漿
> 3抖振 . . . . 芳香苦精
> 柑橘皮，擠壓後投入酒中

馬丁尼／曼哈頓

面對其他像是馬丁尼／曼哈頓、尼格羅尼和老廣場之類的攪拌型雞尾酒，你必須探究得稍微深一點，才能找到平衡的三要素。我朋友歐提斯（Otis）喜歡說每個雞尾酒材料在其明顯的特性下，都藏有或多或少的甜與酸，在這點上，我和他看法一致。

香艾酒具有酒味、甜味和酸味；鮮奶油則有著低調不張揚的酸與甜；法式開胃酒（苦酒）也具備這三點，這也是為什麼它們和香艾酒這麼合的原因。幾乎沒有任何材料是只有單一味道的，所以請尋找重疊之處，並找出多種材料能歸類在一起的方法。其中一個例子就是馬丁尼／曼哈頓的範本。就像木馬屠城記裡的海倫，因為美貌而造成上千艘船隻動身而起一樣，這些雞尾酒則啟發了無數的雞尾酒。它們只比古典雞尾酒複雜一點，使用兼具甜度與酒精濃度的香艾酒代替糖。

> 2.0盎司 . . . . 烈酒
> 1.0盎司 . . . . 香艾酒
> 2抖振 . . . . 苦精
> 馬丁尼：擠壓柑橘皮
> 曼哈頓：柑橘皮，擠壓後再加上盧薩多櫻桃（Luxardo cherry）

老廣場

老廣場是曼哈頓與改良版古典雞尾酒的私生子，受孕於燠熱的紐奧良。因為用了較多材料，所以它比「爸媽」更深奧！兩種苦精賦予這杯飲料深度，比較像是秋葵濃湯而不是蛤蠣巧達濃湯。如果你想要非常貼近經典，請用等量的兩種蒸餾酒，加上香艾酒、利口酒、兩種苦精和兩種裝飾。你**最後**擠壓的裝飾會是關鍵，因為它會留下最明顯的香氣。當外頭很熱時，我喜歡先擠柳橙皮，再擠檸檬皮，如果外面天氣變冷的話，就把順序調換過來。

1.0盎司 . . . . 蒸餾酒

1.0盎司 . . . . 蒸餾酒

1.0盎司 . . . . 香艾酒

0.25盎司 . . . . . . 利口酒

2抖振 . . . . 苦精

2抖振 . . . . 苦精

2片柑橘皮，擠壓後投入酒中（若飲料是帶冰端上桌）；

擠壓後丟棄（若飲料是加冰搖拌，濾冰後倒出）

尼格羅尼

每當要形容尼格羅尼時，我都會重新講一次牛仔伯爵的荒唐故事。尼格羅尼伯爵（Count Negroni）有天突然靈機一動，要求忠誠的咖啡師幫他做一杯美國佬（Americano，此處指的是雞尾酒不是咖啡），但要把討人厭的蘇打水變成琴酒。

故事真的發生過嗎？誰知道？又有誰會在乎？大多數人調尼格羅尼的材料都是等量的，但你會看到我們的配方並非如此。我發現大部分的等量材料雞尾酒其實都沒有達到平衡狀態，不是偏甜就是乏味可陳，這麼做只是一種記住雞尾酒比例的懶人法。我反而會研究三聯畫的架構，在每一幅畫之間，找到更好喝的平衡。

經典的尼格羅尼通常會用柳橙片當裝飾，但這對提升香氣的沒什麼幫助，也無法為三聯畫增色。所以我們改用大條的柳橙皮，在雞尾酒上方擠壓，幫助酒杯中濃郁的飲品達到平衡。

1.5盎司 . . . . 蒸餾酒

1.0盎司 . . . . 香艾酒

0.75盎司 . . . . . . 餐前酒或餐後酒（可飲用的苦精）

3抖振 . . . . 苦精

柑橘皮，擠壓後投入酒中

量酒器

我學調酒時，不使用任何量酒器，而是直接把酒從酒瓶倒入器皿中。在夜店裡，能飛快調出柯夢波丹或蘋果馬丁尼才是最重要的，所以沒有時間用其他的方法調。但調製極精密比例的高檔雞尾酒時，就要非常精準，就跟在暮色時刻調的 99% 雞尾酒一樣，只要多了 0.25 盎司，就會毀了一杯調酒。

量酒器會讓你比較好掌握，這就是為什麼我們會用量酒器測量所有材料。如果你正閱讀這本書，你大概已經知道怎麼使用量酒器，所以我們就跳到下一階段，討論如何正確測量——一種我們覺得是暮色時刻特有的操作方式。

疊倒（Stacking）

有時我們會同時在量酒器裡倒一種以上的材料，以確定總量不會超過兩種材料各自分開測量的量，這是為了減少誤差。例如，如果你要調的雞尾酒需要 0.5 盎司的利口酒，以及 0.5 盎司的簡易糖漿——兩者都自帶甜度。你可以用一盎司量杯那頭疊倒這兩種材料，確保導入雞尾酒中，是經過精準量出總量一盎司的甜味劑。

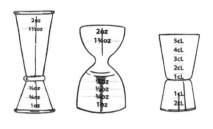

如果你分開倒利口酒和糖漿，很容易不小心各多倒了一些，導致總量接近 1.25 盎司。這等於是在雞尾酒中多加了快 0.25 盎司的甜味劑，破壞整體平衡，無法挽救。你可以在柑橘、義大利苦酒或烈酒上，運用疊倒法，將兩個性質相似的材料一起倒入雞尾酒中。

胖倒 vs. 瘦倒（Fat vs. Skinny）

在大多數的例子裡，找出三聯畫三根支柱的平衡，就和找出你喜歡的比例、精準測量、正確搖盪或攪拌一樣簡單。**但事情並非總是如此**。這就是為什麼每次在**調酒前**，你一定要先用吸管試喝過各種材料，了解它們如何在杯中融合。有時，萊姆太酸或是搗碎的草莓太甜，又或者你手邊唯一威士忌的酒精濃度太高，不是標準的 80。如果上述這些，有任何一項和你酒譜所需不符，你可能需要用「極少、非常非常少量」的液體來調整。

這也是為何我們會在酒譜的分量旁，特別標出「胖」和「瘦」（即在數量旁加上 ＋ 或 －），這是為了辨別什麼時候分量稍微多一點，什麼時候要稍微少一點（通常是讓液體在量酒器表面形成彎液面）[25]。這個道理等同於食譜中所指的「適量調味」。

25　只需記住，唯有標明「胖」時，你才能在倒調酒用液體時，讓表面形成凸起。

✦ **範例：**假設我們要調一杯經典的「側車」（Sidecar），由於我在調酒前嚐過材料，所以我知道今天的檸檬汁偏酸──我會直接把庫拉索酒（Curaçao）倒至量酒器的四分之三處，接著稍微多倒一些（胖）德梅拉拉糖糖漿（用來緩和雞尾酒中的澀味），讓所有材料達到適當的平衡。

2.0 盎司 . . . . 干邑白蘭地		2.0 盎司 . . . . 干邑白蘭地
0.75 盎司 . . . 干型庫拉索酒		0.75 盎司 . . . 干型庫拉索酒（Dry Curaçao）
0.75 盎司 . . . 檸檬汁	變成 →	0.75 盎司 . . . 檸檬汁
0.25 盎司 . . . 德梅拉拉糖糖漿		0.25+ 盎司 . . 德梅拉拉糖糖漿

你還是能在雞尾酒中加總量一盎司（雖然是比較飽滿的一盎司）的甜味劑，但要把糖漿和利口酒的比例稍微調整，削弱檸檬汁太酸的口感。這像是八分之一和十六分之一的差別──只差幾滴，就會徹底改變雞尾酒的風味！

了解搶味

有些材料因為含有太多風味，所以會完全、徹底地主導雞尾酒的風味，而且通常是不好的方式。若用 2 盎司的聖杰曼接骨木花利口酒（St-Germain，花香超級濃郁）或雅柏威士忌（Ardbeg，有滿滿的煙燻和泥煤味）調出一杯平衡的雞尾酒，幾乎是不可能的。

就像你不可能把滿滿 2 盎司的魚露加到一道泰國咖哩中，也不可能在一杯伏特加雞尾酒裡加 0.75 盎司的紫羅蘭香甜酒（Crème de violette），或把太多瑪拉斯奇諾櫻桃酒（Maraschino liqueur）加進像皮斯科（Pisco）這樣優雅的酒中。我們會稱蒸餾酒和利口酒「搶味」：材料太高調大膽，會依用量而加倍影響雞尾酒。

我並不是說這些容易搶味的材料都是不好的，而且絕不能使用。就像我超愛魚露，但我會非常小心控制用量，我甚至會在一開始加少一點，因為如果真的不夠，我知道最後還可以再加一些。

同樣的道理也適用於雞尾酒中的「搶味」材料：知道如何讓它們在雞尾酒中發揮功用，它們就會成為很棒的風味介質。你要做的就是稍微推敲斟酌一下。以下是我們在建構與創造雞尾酒時，使用的一些手法：

> ＊ 妙招 ＊
>
> ### 常見的搶味材料
>
> 苦艾酒（Absinthe）
>
> 義大利苦酒
>
> 高酒精濃度的利口酒
>
> 草本利口酒
>
> 煙燻味極濃的蘇格蘭威士忌
>
> 花香味利口酒
>
> 花朵純露
> （Flower hydrosols，
> 如玫瑰花水和橙花水）

- ✦ **從少量開始：**加的量比酒譜中所寫的量稍微少一點（瘦！），若風味不足，再慢慢增加。

- ✦ **拆分基酒：**減少整體強度，並把會搶味的壞小孩和正經一點的乖乖牌合併在一起。例如，如果你要加一款煙燻味超級濃的梅茲卡爾（Mezcal）到你的瑪格麗特中，請不要用整整2盎司的量，而是改成1盎司的梅茲卡爾和1盎司的白龍舌蘭。

- ✦ **把搶味材料用來潤杯：**把搶味材料改放入杯中旋轉，潤杯後即倒掉，而不要放進雞尾酒中。這樣喝的時候，能自然而然地聞到酒的完美香氣，但又不會讓酒長驅直入。如果雞尾酒最後還加了裝飾，這個方法還能增加香氣的層次，如我們在調「賽澤瑞克」（Sazerac）時，最後噴灑的檸檬精油就能烘托苦精。請注意如果搶味材料的酒精度數較高，潤杯時，杯中需要有點水或冰塊。

拆分雞尾酒的基酒就像做料理一樣，好比你製作義大利青醬時，你不會用羅勒加上味道濃郁的橄欖油，因為這樣味道會太濃烈。請使用其他能夠襯托、平衡強烈調性的材料。畢竟這是一場風味間的拉鋸戰，要看看最後成效如何。你會希望得到一杯平衡，而不是像被打了一個耳光的雞尾酒。

暮色時刻 前調酒師
——史蒂芬・柯爾（Stephen Cole，
2007～2011）

含水量

現在你應該已經了解調酒時的主要材料，以及如何細究每一個材料與其他材料之間，在彼此達到平衡之前，如何互相產生關聯。你知道所用的酒精與其特性、柑橘的品質、糖漿的甜度、苦精與義大利苦酒的特質，你大概已經對每一項元素是否同時包含以下特質，有一定的了解：既有的甜度、酸味、苦味和酒精濃度（如果有的話）。接下來施展魔法的時刻：讓一杯材料變成一杯雞尾酒。而我們走向平衡的最後一哩路（也是最後一根支柱）就是「含水量」。

雞尾酒的唯一法則（沒有例外）是，裡面一定含水，否則不能稱為「雞尾酒」。水是隱形原料，也是最重要的材料，佔了雞尾酒的絕大部分 [26]。水能融合各種迥異的成分，把它們轉換成一致且單一的樣貌，好讓其他材料的風味綻放、緩和酒精含量，也讓柑橘與糖和苦精能結合在一起。水就是讓雞尾酒成為**雞尾酒**的元素，是每杯調飲裡的黏著劑。而我們調酒師也稱含水量為「稀釋」，所以底下我會交錯使用這兩個詞。

在調製雞尾酒的過程中，水在三個階段會發揮作用：酒、利口酒和香艾酒（含酒精濃度）本身的含水量；另外是其他材料，如糖漿和果汁本身的含水量。再來是冰塊融化的程度，當你搖盪或攪拌時，杯中可能已經有的水分，如冰、蘇打水、啤酒、氣泡酒或冰塊。每一樣都非常重要，因為它會確切告訴你該如何搖盪、攪拌或用攪酒棒快速拌合（Swizzle），才能在第一口、中段和最後一口都維持平衡。我們會在這部分深入探討每一個細節，但先談談一些搖盪、攪拌或用攪酒棒快速拌合的通用規則，讓你可套用在每一杯雞尾酒中。

搖盪、攪拌或用攪酒棒快速拌合

無論是新手或是雞尾酒愛好人士，我每次被問的第一個問題一定是：何時該搖盪？何時該攪拌？表面上看來，答案很簡單：含有柑橘、鮮奶油或蛋的，就用搖盪。只含有烈酒、苦精、利口酒、加烈酒（Fortified wines）和其他甜味劑的，就用攪拌。

主要是考量「質地」，關於這點之後會細談。第二個大家老是問我的問題是，**如何搖盪**或攪拌？每個人的動作都不同，所以請找出最適合自己的方法。仔細聆聽冰塊的聲音，感受器皿的溫度，還有練習、練習，再練習！

26　其他數學比我好的調酒師已經推斷出，雞尾酒中稀釋用冰的融水量，最後約佔成品的50～100%。

雪克杯搖杯

90 年代我開始在舞廳調酒時，每個人都用波士頓雪克杯（Boston shaker，或稱「波士頓搖酒器」），是金屬底部配上玻璃上杯。這些器具很笨重，尤其每晚都要搖「一游泳池量」酸衝浪者（Surfers on Acid）[27]，對身體來說，是一大負擔。玻璃杯彷彿吸收所有味道，無論是各種龍舌蘭或杉布卡（Sambuca）利口酒，都要把杯裡殘留的味道洗掉，這要花超久時間；而且最重要的是，它們經過高溫清洗後，杯子就會「一直～～」處於高溫狀態。

所以我去了趟包厘街（Bowery），找到 WinCo 牌出的大搖杯後，我就一直帶著到處跑，直到我發現一款「作弊」搖杯，可以在調酒時裝很多[28]。調酒師的工時很長，下班之後，我通常是全身髒兮兮、滿身汗，而且不知為何超級渴。手上也因為拆開好幾百次搖杯，而到處都是傷口。但這一切都是值得的，兩個金屬搖杯配在一起就是爽。

缺點是它們的容量比較小，但好處是金屬杯好洗，而且降溫很快——要降溫只需要好好拋高，讓它們旋轉一下就 OK 了。金屬搖杯＋金屬搖杯的組合也讓搖盪更直覺。堅硬的金屬會傳來觸感體驗，讓指尖的每個細胞都能感受到溫度的轉變，耳朵裡的每個微小接收器也能聽到冰塊在震盪中碎裂和爆開的聲音。你不需要發揮想像力來設想雪克杯中究竟發生什麼事。相反地，你可以仰賴肌肉記憶和動物本能，因為你和搖杯中移動的內容物之間，只隔了非常薄的一層金屬。

我用小提琴盒來裝我的雪克杯，這個方法是偷師芝加哥黑幫，他們會把他們的湯姆森衝鋒槍（Tommy guns，也可暱稱為 Chicago typewriter）放在小提琴盒裡。小提琴盒配上短帽沿紳士帽，三件式西裝和雙排扣細白條紋大衣，我覺得我就像是個真正的幫派份子。我帶著「金屬搖杯＋金屬搖杯」到牛奶＆蜂蜜酒吧，這種組合因其耐用性、實用性以及傳導低溫的能力，沒有其他雪克杯可以比擬，也因此被全世界的酒吧沿用。在暮色時刻，我們特別選用 Koriko 的搖杯，因為它們作工精良，容量分為 28 和 18 盎司，要調出一杯「拉莫斯」（Ramos）或兩杯酸酒都不成問題。

搖盪和攪拌的時間要多久（以及力道要多強）

這是水和稀釋機制發揮作用的地方，也是你需要根據特定的酒譜，學會調整過程之處。

此時事情會變得有點棘手，因為每杯調飲會依其開始的酒精濃度、接觸到玻璃杯後會如何起變化，以及要端上桌的酒杯內，已盛裝哪些液體，這些都需要不同的方法，無法提出一體適用的建議。

---

27 譯註：90年代經典調酒。

28 我也會用奶昔搖杯，因為大搖杯剛好可以罩住奶昔搖杯，這樣就可以一次製作5杯柯夢波丹或蘋果馬丁尼。

酒精濃度（Proof）

　　每支酒都同時有酒精濃度（即酒精佔的百分比）和水。例如，在一支酒精純度為 100（酒精濃度 ABV 50%）的保稅威士忌（Bonded）[29] 中，即代表有 50% 的水。隨手拿起討喜的香艾酒，則有將近 80% 的水，因為香艾酒的酒精濃度通常是 20% 左右。在加冰塊冷卻之前，要考量雞尾酒的整體配方，先粗略計算酒和水的比例，因為那會在調製過程中，影響你稀釋的多寡、搖盪或攪拌多久（以及力道如何）的許多變數之一。

　　簡而言之，酒精純度愈高，稀釋的比例也就愈多，使其溫和之外，還能把所有材料兜攏成平衡、可入口的雞尾酒。有點像你在一小杯蘇格蘭威士忌或波本威士忌中加水或冰塊，讓它更可口。要稀釋蒸餾酒的量，會根據你倒的是很濃烈、屬於原桶強度（Cask-strength）的，或酒精濃度 80 的平穩款，對吧？同樣道理也適用於雞尾酒。

　　如果你搖杯中裝的是品質良好的冰，那你要做的不是破壞冰，而是控制它，像衣服在洗衣機裡一樣旋轉它，把冰塊擊碎，讓它們能夠快速化成水，好讓雞尾酒降溫並加以稀釋。如果你用對雪克杯，也就是專業的金屬搖杯，那你會感覺到飲料的溫度在下降，接著雪克杯外側會開始結霜，這表示冰塊正融入飲料中，一切準備就緒了。

———————————————————

暮色時刻 前調酒師
——安卓・麥基
（Andrew Mackey，2007 ～ 2020）

———————————————————

29　保稅威士忌是指陳放四年以上、裝瓶時酒精濃度需剛好為50%、由單一酒廠釀造，且在政府監視下的保稅倉庫儲存與陳放的威士忌。搖杯，這樣就可以一次製作5杯柯夢波丹或蘋果馬丁尼。

◆ **範例1**：使用同樣的酒譜，調出兩杯「琴蕾」（Gimlet）。在每個雪克杯裡放5顆冰塊[30]，其中一杯用「海軍強度」（Navy-proof）的琴酒[31]，另一杯用你最喜歡，且為正常酒精濃度的琴酒。兩杯用一樣的搖盪時間。試飲看看用正常酒精濃度琴酒調的那一杯，如果你搖盪得夠久，應該達到巧妙的平衡，就像無風之日的湖泊表面，一致且平靜，沒有會打破禪定的漣漪。

另一杯用酒精濃度超標的琴酒所調製而成的，喝起來會比較尖銳，琴酒味比較重，就像白雪覆蓋的山峰，因酒精強烈的杜松子味道而破壞了流動。如果你做了這個練習，但無法立即辨識出兩者差異的話，請堅持下去。兩者的差別可能很細微，熟能生巧，重複練習有助於你建立標準的鑑賞力。

◆ **範例2**：試著用攪拌型的雞尾酒，進行同樣練習。調出兩種版本：其中一杯用「原桶強度」的威士忌（酒精純度通常為120～130），另一杯用正常酒精純度80的威士忌。在攪拌杯裡裝四分之三滿的冰塊，接著攪拌。攪拌的時間需相同，試飲。不平衡的那杯可能會有尖銳的苦味直衝鼻腔，這是因為融水還沒有滲入酒中。究竟用高酒精濃度威士忌調的那杯，要攪拌多久，味道才會和另一杯一樣平衡呢？答案可能會嚇你一跳。

雞尾酒呈現的方式

如果你把調好的雞尾酒倒在加了冰塊、加冰的蘇打水、啤酒或氣泡葡萄酒的杯子裡，調飲在搖盪或攪拌後，仍會**繼續稀釋**，接著和冰塊或加冰氣泡性材料融合在一起。我喜歡這麼說：冰在融化之後，會因為加水進去而繼續「烹煮」雞尾酒。因為雞尾酒倒在冰上的時間愈長，被「煮」的程度就愈高，會變得又淡又稀（此外，冰融化的速度與其表面面積有關，所以倒進碎冰中的雞尾酒，失去平衡的速度會比倒進放了冰塊的雞尾酒快。先稍微對此有點概念，我們會在第 52 頁「溫度」篇章，加以詳述）。

做為一名調酒師，你必須把一杯雞尾酒搖盪、攪拌或用攪酒棒快速拌合到**從第一口到最後一口**喝起來都對味，不能只是第一口曇花一現而已。你需要考慮雞尾酒在杯裡會如何「休息」，這道理很像煎牛排或烤全雞。調酒師阿貝 · 武切科維奇（Abe Vucekovich）有另一個貼切的比喻，他說這就像花朵綻放的過程。若是要倒在冰塊上的雞尾酒，你要攪拌到花剛開始綻放的程度，因為隨著它和冰塊一起待在杯中，雞尾酒會根據被喝掉的速率與冰的溫度，繼續浸漬與「開花」。如果雞尾酒是加冰搖盪，濾冰倒出，你會希望端上桌時，已經是「滿開」

30　或挑一個你覺得最適合的數量。我們用5顆，且**每次**都用5顆，以保有一致性。你可以建立自己的習慣，當你的搖杯每次都裝一樣數量的冰塊時，你就可以開始憑直覺搖盪。

31　譯註：酒精濃度為57%。

的狀態，喝第一口時，就已經達到完美稀釋。這就是為什麼平衡很難捉摸的原因。每杯都不只有一個靶心，除非你可以通靈，預見雞尾酒的未來，才能相應計算搖盪或攪拌的時間。

◆ **範例：**尼格羅尼可以加冰搖盪，濾冰倒出，也可以倒在冰塊上，對吧！在第一種情況下，雞尾酒端上桌後會漸漸變溫，但稀釋度不會改變，因為杯中沒有冰。如果是加冰搖盪，濾冰倒出的版本，你需要使足全力攪拌或搖盪，這樣倒進碟型杯（Coupe）時才會夠冰，且稀釋得恰到好處。

若想知道我在說什麼，你可以調一杯不加冰、倒進碟型杯的尼格羅尼試試。超隨便的攪拌一下就濾冰倒出，然後馬上喝喝看，5分鐘後再喝一次。注意是否有什麼改變，並評斷這是不是一杯從第一口到最後一口都好喝的雞尾酒。另外再準備一杯尼格羅尼，但這次攪拌的時間，比第一杯長3～4倍，讓雞尾酒稀釋程度更高。理論上，這杯在第一口、中段和最後一口都會比第一杯好喝。你做出來的結果是不是也是這樣呢？

如果尼格羅尼要倒在冰上，那就完全是另一回事了（我們稱之為「敘事弧」〔Narrative Arc〕，在之後的專屬章節會再詳述）。因為雞尾酒倒在杯中的冰上，冰會融化，所以會隨時間，釋出愈來愈多水分到雞尾酒中。在這個情況下，你必須稍微減少濾冰前的攪拌或搖盪時間，讓風味在冰融化時，還能保有味道。

讓我們來做同樣的實驗：以飛快的速度攪拌一杯尼格羅尼，濾冰後倒在裝了冰塊的杯中。試喝第一口，並靜置幾分鐘再喝喝看。第二杯則攪拌久一點，其餘程序不變。請留意雞尾酒在攪拌過程中，因兩階段含水量多寡而有何變化，並決定哪一杯最適合自己（或喝雞尾酒之人）的口味。

敘事弧也和飲用者有關——這就真的是另一境界的調酒了。如果你的客人剛從芝加哥悶熱又潮濕的夏日中走進店裡，那麼第一杯端上桌的「黛綺莉」就應該是加冰搖盪且完全稀釋，因為你知道他會很快喝完，而且你也希望雞尾酒在那個時機點，嚐起來是完美的。但如果你是在家，想要打開《愛之島》（Love Island）或《大英烤焗大賽》（The Great British Bake Off）等節目來看，並整集都慢慢的喝一杯古典雞尾酒，那你在調製時，只需稍微攪拌一下，因為你知道倒在大冰塊上的調飲會隨著你看節目的時間，慢慢變得醇和。

就像踢足球一樣，有時你會把球傳到空檔，即把球踢到沒有人的地方，因為你知道你的隊友正向那裡跑，而且會和球同時抵達。這就是我想像飲用者與雞尾酒最後一口的互動。當你知道隊友跑多快（例如知道飲用者喝的速度），你就會知道要用什麼速度踢球（例如酒在端上桌前要達到多冰，以及稀釋到什麼程度）。

搖盪一杯雞尾酒就像在爐火上煮飯，像是透過火焰等侵略性較強的能量傳遞，分解柑橘和蛋等材料，再把它們完全融合。攪拌則比較像把雞尾酒放進烤箱，讓所有食材透過平均、持續且和緩的能量傳遞，慢慢泡製與融合。

暮色時刻 調酒師
——阿貝·武切科維奇
（2015～迄今）

搖盪和攪拌的類型

在暮色時刻，我們教調酒師要根據雞尾酒呈現的方式，調整他們的搖盪或攪拌的方法。以下我們會概述不同類型的搖盪和攪拌法，從最久、最大力的，到最快、最柔和的。這些通用方法彼此都互相有關聯，所以請先全部看過一遍，才能看到整體面貌。記住，如果你改變基酒的酒精濃度，你可能就得相對應地增加稀釋的時間。

目標：一杯加冰搖盪，濾冰倒出的雞尾酒，如琴蕾或蜂之膝（Bee's Knees）

方法：碟型搖盪（Coupe Shake）

這是所有搖盪中，時間最長，最大力的一種。因為雞尾酒是加冰搖盪，濾冰倒出，酒杯內沒有冰塊，才不會繼續稀釋，因此你在搖盪時，需有足夠的融水量，才能在濾冰前讓雞尾酒達到平衡。請搖盪到你聽到冰塊的尖角開始被磨平的聲音，再繼續多搖一下（聲音聽起來仍要像芝加哥捷運藍線在哈林站〔Harlem〕與坎伯蘭站〔Cumberland〕之間直線疾駛的聲音）。

當雪克杯裡的聲音開始聽起來像巴士在暴風雪後的兩個溫暖天，艱難行進於芝加哥達門（Damen）的半融雪泥中時，就是停止的時候了。杯裡看起來應該是滿熱鬧的，當你試喝時，味道應該要「完美」。如果不是——假使你沒考慮到酒精濃度，導致有些事跑掉了，就再多搖一會兒。

目標：一杯倒在一大塊冰塊或數塊小冰塊上的搖盪型雞尾酒，如瑪格麗特或墨西哥突擊隊（Mexican Firing Squad）

方法：冰塊搖盪（Rocks Shake）

倒在冰塊上的雞尾酒一旦接觸到杯中冰塊，就會稀釋更多。在這個情況下，搖盪的時間需比碟型搖盪少。濾冰前，第二次用吸管試喝時，雞尾酒的酒味要稍微重一點，**接近**平衡，但不完全。如果要用百分比來形容，此時應該要達到 80％ 的平衡，而不是碟型搖盪要求的 100％ 平衡。第一口會是好喝的，但到中段時，它會開始進入全盛時期，直到最後一口，依舊保持平衡。

目標：一杯倒在冰塊和碳酸飲料上的搖盪型雞尾酒，例如湯姆可林斯（Tom Collins）或月黑風高

方法：可林斯搖盪（Collins Shake）

這些雞尾酒杯中，因為加了冰塊和碳酸飲料，所以含水量很高，因此只需要非常短暫的搖盪。在雪克杯中加 3 顆冰塊（5 顆會過度稀釋），只需搖盪到材料混合，快速冷卻即可——可說是碟型搖盪的 15％。第二次用吸管試喝時，雞尾酒的酒味應該比使用冰塊搖盪的雞尾酒，更重、更明顯、也更甜。一旦倒入杯子後，雞尾酒會和蘇打水、薑汁汽水或其他碳酸飲料融合在一起，馬上就會磨掉太過苦澀的部分，甜度也會下降。頭幾口喝起來顯得鮮活濃郁，接著在中段就會達到完美平衡，喝到最後一口時，依舊保有很完整的結構性。

目標：一杯倒在碎冰上的搖盪型雞尾酒，如邁泰（Mai tai）或荊棘（Bramble）

方法：美式軟性搖盪法（Whip Shake）

若要維持碎冰雞尾酒的平衡，你需要確保雞尾酒在搖盪過程中，只吸收到最少量的水，因為它一碰到杯中的大量碎冰時，就會迅速稀釋。添加大約 2 盎司的碎冰到搖杯中，接著用最少的力氣、最小的震動幅度輕輕搖——只要確定材料融合且溫度下降，不會一倒進杯子就融掉太多冰即可。當你用吸管試喝時，應該就像每樣材料稍微冰鎮過的感覺而已。到了飲用者用吸管攪拌，喝下第一口時，所有鮮明的風味都會跳出來，並持續到最後一口。

目標：一杯加冰攪拌，濾冰倒出的雞尾酒，如馬丁尼、曼哈頓或賽澤瑞克

方法：碟型攪拌（Coupe Stir）

加冰攪拌、濾冰倒出的雞尾酒（或冰鎮後倒進冰過的古典杯中〔術語稱為 Served down〕，如

賽澤瑞克），其平衡一目了然，因為雞尾酒一倒進杯子，就不會有稀釋因素來影響平衡。請使勁攪拌（但也不要過度，否則會破壞絲滑的質地），盡早並多次用吸管試喝，直到雞尾酒稀釋到無需再做任何調整，就可以喝的程度。喝到嘴裡時，要感覺像是過冰的白酒，沒有太強的酒味，也不會有灼熱感，只有滿滿舒爽的冰凍感。

目標： 一杯倒在一大塊冰磚或大冰塊上的攪拌型雞尾酒，如老廣場或尼格羅尼

方法：冰磚攪拌（Chunk Stir）

這個方法與下一個「冰塊攪拌」，就意圖與目的看來，幾乎是同一件事。我們之所以區分開來，是因為每一個微小細節都很重要。當你把雞尾酒倒在大冰磚、冰球或大冰塊上時，冰塊會長時間的、緩慢且均勻地融化，並滲入雞尾酒中。請攪拌到差幾圈就完美稀釋的程度。比碟型攪拌的時間稍短一點，但略長於冰塊攪拌的時間。

目標： 一杯倒在幾顆冰塊上的攪拌型雞尾酒，如老廣場、古典雞尾酒或尼格羅尼

方法：冰塊攪拌（Rock Stir）

對於會接觸到杯中數顆冰塊的攪拌型雞尾酒而言，要在雞尾酒開始進入和諧、但酒味還滿強烈時，就停止攪拌。這是因為調飲一倒入杯中，就會被冰塊快速稀釋——它們比大冰磚的表面面積大，表示融化速度會更快，在短時間內會化為大量的水。攪拌這類型的雞尾酒時，一定要認真計算酒精濃度，因為古典雞尾酒的酒精濃度和尼格羅尼大不相同，而尼格羅尼和老廣場也有差別。若和其他攪拌法相比，這類的攪拌時間最短，你能保留最初始的風味。

用攪酒棒快速拌合

這是唯一一種與雞尾酒同名（Swizzling 和 Swizzle〔希維索雞尾酒〕）的混合手法之調酒類型。用特殊工具快速、劇烈的拌合，當你想要含有碎冰的雞尾酒在非常短的時間內冷卻、稀釋並產生理想質地時，就可以用這個方法。這有點像把裹了麵糊的雞肉丟進油鍋裡，碎冰能以超快的速度把雞尾酒「煮」好！

用吸管試喝：如何分析與調整

假設你已經調過無數杯黛綺莉，總是會有微小的東西在百萬分之一的機率下，突然破壞你建立的最佳平衡。這就是為什麼我們教調酒師在把每杯雞尾酒端到客人面前時，一定要分析與調整。這也是我們能在每晚端出品質一致雞尾酒的方法。

無論是材料和混合法，需要視情況不斷的判斷與調整，這樣當晚那杯雞尾酒才會和第一次調出來的那杯一樣美味，不會因為當天的萊姆汁特別酸，或今天用的威士忌酒精濃度比昨天用的高而受到影響。我們藉由調製過程中的兩次吸管試喝來控管。

第一次吸管試喝：第一次試喝是為了確定沒有漏放材料。試喝的時機是所有材料都倒進雪克杯搖杯或攪拌杯中，但還未加冰塊，也未使用任何技巧之前。當你一次要處理 8 杯雞尾酒訂單，然後又有人問你最近的塔可店在哪時，很容易就會忘記這個要加 1 抖振、還是那個要加 0.5 盎司。此時飲料因為未加水柔化，所以味道通常是很隨便、粗糙、熱辣又甜甜的。感受一下其中的甜度與酸度，推測這些因素在第二次試喝時，會有何轉變。請記下這些特性。

第二次吸管試喝：此次是關鍵試喝，不成則敗。仔細思考雞尾酒迄今的演變，並根據之後的呈現方式，決定是否需要在這個時間點作出調整。第二次試喝的時機是在雞尾酒經搖盪、用攪酒棒快速拌合或攪拌後。你要檢視雞尾酒內發生的所有因素，以確定是否碰撞出正確的火花：平衡、質地與溫度。如果其中一項失衡，很有可能其他的也有問題，但在大部分的情況下，都能用相對簡單的方法解決。

我們會在後續章節中，說明如何評估「質地」與「溫度」。現在，讓我們把焦點放在「平衡」，並問自己：我是否已經加入足夠的稀釋，讓這杯雞尾酒的第一口、中段和最後一口都達到平衡呢？如果沒有，就再多搖盪或攪拌一下。酒、糖和酸（或其他相關材料）之間，是否也達到良好的平衡？還沒？那你可能需要再多加一點糖，或多加一點酸，讓整杯酒喝起來更協調。

如果一杯酒過度稀釋，你一定會察覺出來，因為它第一口會很好喝，但喝到最後會很淒慘，像是悲傷的長號、也像是體力大不如前的狀態，充其量只是一杯含酒精的氣泡水。

藉由下面三件簡單的事——試喝、分析、調整，你馬上就能讓雞尾酒有顯著的進步。早日養成習慣，請沉浸在「西西弗斯式的」（Sisyphean）[32] 下山時刻並深思。多花點時間來盡全力調出最好喝的雞尾酒吧！

---

32 譯註：根據希臘神話，西西弗斯（Sisyphus）因觸怒宙斯而被懲罰。他受罰的方式是，需把一塊巨石推上山頂，但每當到達山頂後，巨石又會滾到山腳，於是他就必須跑下山，然後再一次把它推上山。原先眾人將「西西弗斯式的」比喻為「一場永無盡頭又徒勞無功的任務」，但後有哲學家將其解釋為「堅韌面對挑戰，即使失敗也不放棄」。

優質過濾規範

　　我們幾乎一定會過濾雞尾酒，濾掉碎冰、漂浮的渣渣和不需倒入飲料的東西。以下是幾個操作方法，還有一個例外。

搖盪型雞尾酒：我們會用線圈狀的霍桑隔冰器，因為線圈狀金屬網最適合攔截不想倒進酒中的破裂碎冰或一些漂浮物，如薄荷葉或黃瓜。過濾時，「閘門」[33] 關得愈緊愈好，而且把幾乎快空的搖杯快速往下倒，倒到快滿杯為止。這應該是一個短暫、快速、垂直的動作。

　　何時需要「雙重過濾」（Double Strain）：當顧客的嘴唇會直接碰觸到雞尾酒時，我們就會用一般隔冰器和精細濾網過濾兩次搖盪型雞尾酒（即「雙重過濾」），像是用碟型香檳杯裝的雞尾酒、加冰塊且不用吸管的雞尾酒，或是直接喝的雞尾酒，抑或是讓別人直接把酒倒進你口中（Layback）時。

　　雙重過濾可以移除不必要的顆粒物，若是加了蛋白的雞尾酒，蛋白還會更稠密。雙重過濾時，通常會大開隔冰器的「閘門」，因為細網可以攔住從第一層濾掉的東西，同時做為第二層的濾網固定在杯子上方，倒到最後，用雪克杯底部輕敲隔冰器，讓隔冰器的最後幾滴酒流下來，不要反著做，因為如果你是用隔壁器輕敲雪克杯，容易變得一團亂。

攪拌型雞尾酒：我們會用濾網比較大的茱莉普隔冰器，因為攪拌型雞尾酒通常不會有各種碎冰或香草進到杯中。固定隔冰器，讓隔冰器中間凸起的部分像圓頂或倒扣的湯匙。確定攪拌杯裡有足夠的冰塊，這樣才能架高隔冰器，而且隔冰器要好好抵住杯壁，讓酒可以沿著杯壁流下來。

滾動法（Rolling）：我們把唯一一個不過濾的情況稱為「滾動」——也就是在搖盪之後，直接讓雞尾酒連同搖杯中所有材料與冰塊，「滾進」另一個杯子裡。有些酒吧會稱這個技巧

33　隔冰器上會讓液體流出的部分。隔冰匙上有一個小小、突出的金屬片，可用食指操控要讓閘門開或關。

為「倒髒東西」（Dirty dump）。這個方法幾乎適用於軟性搖盪（Whip shaken）後，倒在碎冰上的雞尾酒，如「荊棘叢」（Briarpatch，見 P.86）。在這個情況下，你不需要過濾，因為雪克杯和雞尾酒杯中都有碎冰。例外：雞尾酒杯裡裝的不管是哪種冰塊，或者沒有裝，在軟性搖盪後仍需過濾，避免漂浮的碎冰流入杯中。

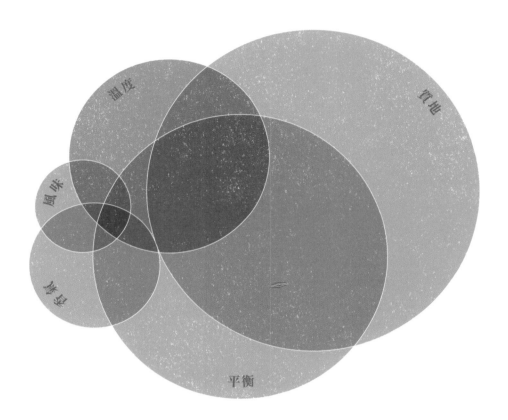

一杯雞尾酒的各個層面

各種機制如何互相關聯：

1. 圓形的大小代表它對一杯雞尾酒的重要性。

2. 圓形重疊的面積大小表示這些層面彼此之間的關聯性大小。請注意：香氣和風味不會影響質地。

3. 這個圖表由左至右，顯示一杯雞尾酒的體驗程序。

❋ 溫度 ❋

回到1800年代中期，作家亨利・戴維・梭羅（Henry D. Thoreau）的澡盆——華爾登湖（Walden Pond）是最早期能取得商用冰塊的來源之一。夏天時，他會在新英格蘭的聖殿裡「活出生命的精髓」裸泳[34]，湖水日後會結成冰，切成冰磚，運到世界各地。

這些巨大的冰磚最後會依照波士頓「冰王」（Ice King）弗雷德里克・都鐸（Frederic Tudor）的指示，運到名流富賈的酒窖裡。因為當時冰的保存期限極短，稀有且昂貴，所以一開始只有上流社能優先使用，後來才成為人人爭奪的東西。很快地，數百噸的冰就運送到世界各地，如加爾各答、法屬馬丁尼克和紐奧良。

就我看來，對於極冰水的迷戀，就是雞尾酒成為美國獨特發明物的原因之一。商用冰塊的起源在美國，從那時開始，我們美國人就對這東西無比狂熱。這個美國人的怪僻能解釋為什麼「溫度」是一項能決定雞尾酒有沒有搞砸的關鍵因素。每個人都知道冰涼的雞尾酒才是好雞尾酒，若稍微有點冰，可就差強人意了。

影響雞尾酒能否能達到恰到好處的「溫度」，因素有許多。你必須考慮材料（酒和其他液體）、冰塊的種類（調製過程用的，以及雞尾酒倒進杯裡會接觸到的冰）、混合的方式（搖盪、攪拌或用調酒棒快速拌合），以及最後盛裝的杯器；系統裡每一個齒輪都會對最終結果造成決定性的影響。當雞尾酒的溫度不對時，就不值得為它浪費時間，所以讓我們充分運用這堂課吧！

---

34 好吧，也許他並沒有裸泳。對於裸泳的推測純粹是作者的臆斷。絕對不要讓真相破壞一則好故事！

冰

　　冰本身就是一種材料，可以確保酒、糖和其他搭配材料的溫度下降並稀釋，使其完全融合且變好喝。冰的品質、大小與形狀、溫度，以及你使用冰的方式，都會決定最後雞尾酒有多冰涼。這就是為什麼我們傾注心力在「製冰計畫」上，使用一台 Just Ice 的 Clinebell 製冰機和多台星崎（Hoshizaki）的機器來製造形狀完美、晶瑩通透的冰，以及一台外觀像史蒂芬・金小說中主角的碎冰機。

　　讓我們簡短介紹冰是如何稀釋與冰鎮飲品。有許多是「科學宅」的調酒師（我這麼說是充滿愛與尊敬，沒有其他意思）已經鉅細靡遺地解釋這部分的科學。以下是精簡版：要讓冰融化，你需要讓它的最外層受熱。藉由把冰放入比它溫度還高的液體中，並施加能量（搖盪或攪拌），迫使冰的溫度上升，讓外層開始融化。當冰融化時，也會讓周圍液體的溫度降下來。這個過程本身還帶有一個事實：融化的水會逐漸滲入調飲中，這就是為什麼戴夫・阿諾德曾說過一句名言：「沒有冰鎮就沒有稀釋，沒有稀釋也就沒有冰鎮。」意指兩者密不可分。

品質

　　若要讓雞尾酒裡的冰達到最佳效果，你需要確定冰的品質是好的。我們定義「優質的冰」是無味的。因為融化之後的水會滲入雞尾酒中，不會對調飲造成負面影響是至關重要的事。因此，我們只用過濾水來製冰。

　　「優質」同時也代表通透的冰，但暮色時刻剛開業時，那時還沒有高級的冰塊供應商販售清澈透明的冰給酒吧，也沒有機器可製造巨大的冰磚，所以我們只能自由發揮，湊合著做。

　　我們的「製冰計畫」就和你理解的一樣「簡陋」（Lo-fi）[35]：用超大型的不鏽鋼矩形容器裝水結成冰，再切成想要的大小。當時我們並沒有帶鋸或鏈鋸，也沒有很酷的起重機或專用的切割室，我們只有一雙手套、一套銳利的工具，以及一顆如戰士的堅毅之心。從那之後，我們已進步非常多，現在我們的冰一貼近杯中的液體，就會像忍者一樣消失。

最佳冰鎮

　　另一項要事是，確保冰塊合乎眼前任務所需的溫度。本質上，冰會在攝氏零度時結冰。但冰的溫度也有可能會更低，具體來說是變成你冷凍櫃內部的溫度。我們酒吧裡的冰一開始的溫度（約 –18°C）會比家用冷凍庫直接拿出來的冰溫度更低（我家的大概是 –12°C）。

35　譯註：簡陋失真、不完美。

這個部分之所以重要，是因為冰的溫度會影響搖盪、攪拌或用調酒棒快速拌合後，要多久才會稀釋。冰的溫度愈低，就需要愈長的時間才會融化，反之亦然。

具體來說，我們在搖盪或攪拌前，會特地把冰的溫度稍微調整一下[36]才使用，至於要裝進杯子裡的，就要用超級無敵冰的冰塊。前者要把結凍的冰還原到攝氏零度左右，這才是最適合調酒的溫度。而過於低的溫度都不適合，理由有幾個。首先，當你把常溫的飲料和溫度太低的冰混合時，冰塊會爆開、破裂和粉碎，會從根本上改變冰塊的表面。這樣會影響搖盪或攪拌出來的一致性。此外，**太冰**的冰塊融化得也不夠快，無法帶給雞尾酒正確的融水量。

這點非常重要，但我幾乎沒在其他地方看到有人這麼做過：當你在搖盪或攪拌前，沒有讓混合用的冰塊回溫到攝氏零度，那麼等到搖杯摸起來冰冰的，讓你覺得可以濾冰時，其實搖杯裡的融水量（稀釋）根本就還不夠讓所有材料融合在一起，達到理想的平衡。

這個非常小的細節通常代表你無法取得最佳溫度或質地（或兩者），此做法是有道理的，這也就是為什麼你絕對要、**一定要**在把混合用冰塊送上雪克杯或攪拌杯的戰場前，先讓它們回溫。我現在在家調酒時，會先在雪克杯裡加 1 ～ 1½ 盎司的冷水，最後不只讓我享受成果，女友也很愛。請和我們一樣，對此有所頓悟！

◆ **範例：** 下次你在家調酸酒時，請試試這個做法：直接用從冷凍庫拿出來的冰塊，調出兩個版本的酸酒，一杯全都用冰，另一杯用同樣的冰塊量，再加上1½盎司的水。搖盪時間都相同，接著你很快就能體會我剛剛在說什麼——適當稀釋（比較多水）的那杯，會夠冰且達到平衡，而另一杯沒加水的，雖然冰，但燒灼感太重且味道太濃，完全失去平衡。

到目前為止，我們所講的，都是特別針對你要用來搖盪或攪拌的冰。至於要裝在杯子裡，**端給**飲用者的冰，又是另外一回事。當我們冷凍一大盤水，用來做大冰塊（Chunk）[37]和冰片（Shard），我們會讓冰稍微解凍一下再切割（這樣會比較好切），但一旦切割成我們要的形狀後，我們就會趕快把冰放回冷凍庫。如果我們讓冰回溫後，直接倒進冰桶裡，那它們就會黏在一起，之後就無法在訂單來的時候，單獨使用一塊冰塊。

但更重要的是，多數倒在冰上的液體已經很冰了——因為我們已經把雞尾酒搖盪或攪拌到很愉悅的的 -6.7°C 左右，所以當酒倒在大冰塊或冰片上時，冰就不會碎裂。調飲會帶著閃亮亮的光芒，往下滑進冰塊中，邀請飲用者喝下第一口，「溫度」恰到好處！

36　當你把冰塊從超級冰的冷凍庫拿出來時，需要讓它們靜置幾分鐘，直到表面出現一層水水亮亮的光澤。

37　Chunk這個字在酒吧也變成一個動詞。當吧檯助手（Barbacks）提到切割這些大冰塊時，他們會說要去 "Chunk ice"，因為切冰的聲音就像—Chunk Chunk Chunk！

我在吧檯裡最喜歡做的事情之一，就是切割古典機雞尾酒要用的大冰塊。我得做上千顆，而這是所有工作中，最能讓我沉思的時刻，也是一個可以認識調酒師助手的好機會；我就是這樣愛上其中一位朋友的。

暮色時刻 前調酒師
——麗莎‧克萊爾‧格林
（Lisa Claire Greene；
2015 ～ 2020）

融化率

最後一件你需要知道有關冰塊的事，就是每一種冰產生稀釋的速率都不同，因為冰塊的**表面面積**會決定你開始搖盪或攪拌後，會有多少融水量，以及冷卻的程度為何。

當你決定雞尾酒中使用什麼冰塊時，這個情報就很實用（就像我們在「平衡」篇提過的，會讓你知道需要搖盪或攪拌的時間）。一般來說，碎冰因為表面面積非常大，所以融化的速度會比一把冰塊快很多（冷卻和稀釋的速度也較快），而一把冰塊的融化速度又會比一個表面面積較少的大冰塊來得快。

記得我在「平衡」篇提過的，「煮」雞尾酒就像煮食物嗎？熱能把生的牛排變成熟的、可以吃的食物。而冰則能讓一杯琴酒、香艾酒和苦精的混合物變成冰涼又好喝的飲品。上述兩者，你都必須選擇對的方法來操作，才能獲得對的結果。你有試過用直火烤、放入烤箱烤、微波或煎那塊牛排嗎？或試過用碎冰、冰塊或一顆大冰塊來攪拌那杯馬丁尼嗎？花了多少時間？用了多少力？最後是倒進碎冰、冰塊，還是大冰塊上？你如何選擇要用哪種冰？以及何時選擇的？最終決定權完全掌握在你手中，你必須根據想製成的飲料來選擇。把所有選項都試做一次，並做出適合自己的決定。

✦ **範例：**如果要充分運用冰塊的相關情報，可試試用完全相同的時間與力道搖出兩杯瑪格麗特。一杯濾冰後倒在冰塊上，另一杯則倒在碎冰上。每隔幾分鐘就試喝看看，看看倒在碎冰上和倒在冰塊上的冰，各自融化的速度為何。這不是說哪一杯比較好，就只是不同而已！如果你想要像奧斯汀的知名酒吧半步（Half Step）一樣，把瑪格麗特倒在碎冰上，當然可以。只是需要調整你的酒譜以及搖盪技巧（請參考平衡篇），以確保這個版本和倒在冰塊上的一樣好喝。

形狀與大小

我們的製冰計畫能確保我們有適合各種情況的正確冰種。以下我們會逐一介紹，從表面面積最小的到表面面積**最大的**（也就是從融化最慢的開始，一路介紹到融化速度超快的）。

大冰塊：把冰切成 3 吋（約 7.6 公分）見方的冰塊；用在加冰的烈酒和其他所有用雙層古典杯盛裝、但不是按照「塞澤瑞克」（又稱為 Served down[38]）這樣搖盪型或攪拌型的雞尾酒呈現，如古典雞尾酒、老廣場和其他加減調整過的改編版。就像是用冰的真空低溫烹飪一樣，大冰塊可以長時間保冰，又不會過度稀釋。

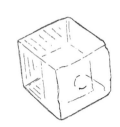

冰片：冰片是長 4½ 吋（約 11.4 公分）、寬 1½ 吋（約 3.8 公分）和高 1½ 吋（約 3.8 公分）的冰，所以剛好可以放進 12 盎司的可林杯中。它們可以在非常長的時間內，以相對慢的速度冰鎮雞尾酒，但不會添加太多水分，適用於所有包含氣泡、使用了果汁和加烈酒而可延長飲用時間的大杯雞尾酒。你也可以在飲品中加入冰塊，但當你把冰塊疊高時，表面面積會比冰片大，所以融化的速度會比單一個冰片快。

冰塊：在暮色時刻開幕時，我們有一台很棒的 Kold-Draft 製冰機（名為露西兒〔Lucille〕）。它和我用過其他的 KD 製冰機一樣棒，只是很常故障，所以我們必須多備幾台來預防萬一，但感覺上總是有那麼一、兩台會壞掉，而且維修費又超貴。我們後來換成星崎的製冰機，到目前為止表現都非常優秀。星崎做的冰塊尺寸小四分之一吋（約 0.6 公分），一顆大概是 1 吋（2.54 公分）見方，所以融化速度會比 KD 做的冰塊稍微快一點。若要裝滿雙層古典杯或可林杯也需要比較多顆，但星崎能非常穩定地製冰，光是這點就大勝了。我們主要用這些冰塊來搖盪和攪拌，因為它們非常堅固，讓我們可以搖得久又大力。

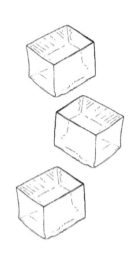

---

38 冰鎮後倒進古典杯中。不要和「純飲」（Neat）搞混。

~ 碟型杯（Coupe）~

~ 側車杯（Sidecar）~

~ 可林杯（Collins）~

~ 尼克諾拉雞尾酒杯（Nick & Nora）~

~ 戴爾莫尼科杯（Delmonico）~

~ 矮腳戴爾莫尼科杯（Footed Delmonico）~

~ 雙層古典杯（Double Old-Fashioned）~

~ 馬克杯（Mug）~

~ 老男人杯（Old Man）~

~ 可愛烈酒杯（Cute shot glass）~

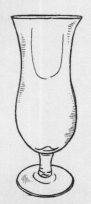

~ 颶風杯（Hurricane）~

~ 高腳戴爾莫尼科杯（Tall Delmonico）~

＊未依照實際比例尺

手敲冰塊： 有時雞尾酒需要形狀大小不規則的冰，在這種情況下，我們會把星崎做出來的冰塊放在手上，再用特別厚的酒吧勺（Barspoon）大力敲，讓冰塊碎裂成小塊。這樣敲出來的冰，看起來很樸實、吸引人，適合像是「卡琵莉希瑪」（Caipiríssima，也就是把基酒換成蘭姆酒的卡琵莉亞〔caipirinha〕）等簡約雞尾酒。這類雞尾酒一開始需要冰塊大力的稀釋冷卻，但後來又會和冰塊共存一陣子。

碎冰： 暮色時刻有一台傳統的 Norlake 製冰機，這個機器有一個旋轉的桶子，再加上鋒利的鋸齒。把冰塊放入上層的漏斗，接著機器就會很大聲地把冰塊磨成大小不一的碎冰，和油炸鍋能快速又劇烈加熱食物的原理相似。碎冰能讓調飲快速冷卻，且因為表面面積很大，所以能迅速釋出融水量以供稀釋。碎冰通常用於希維索（swizzle）、茱莉普（julep）、酷伯樂（Cobbler）等相似類型的雞尾酒。

杯器

很顯然地，杯器因為眾多原因而在酒吧裡顯得舉足輕重，但你用的杯器類型也會影響放在其中液體的溫度。所以，在考慮要用尼克諾拉雞尾酒杯、碟型杯、古典杯，還是愛爾蘭咖啡馬克杯盛裝調好的雞尾酒時，需思考以下幾個重點。

材質

不同杯器的保溫或保冰程度各不同。金屬的茱莉普杯裝滿冰後，能夠快速冷卻和保冰。像薄如蜘蛛網的白酒杯，若和厚重的餐廳用咖啡馬克杯相比，則比較容易受到從指尖傳來熱度的影響。厚的杯子需要比較長的時間才能真正降溫，同樣的溫度要上升也比較緩慢。這就是為什麼你看到慕尼黑啤酒節的參加者，揮舞著那些巨大的啤酒杯——亦是能裝這麼大量啤酒，還得以保冰的唯一原因。因為啤酒杯的厚杯壁能確保飲用者把 44 盎司科隆啤酒（Kölsch）喝下肚時，一直保持冰涼。

表面面積

開口很大的杯器會讓液體較快變成常溫，因為接觸空氣的面積比較大。這就是為什麼裝在尼克諾拉雞尾酒杯中的馬丁尼，會比裝在碟型杯更能長時間保持低溫。因此，有極大表面面積的碟型杯，若和口徑比較小的碟型杯比，也會比較快讓杯中的液體升溫。同樣的道理也可套用在可林杯、洛克杯（Rocks glass）和提基馬克杯（Tiki mug）上。

---

* 妙招 *

杯器是中性的

有些人不知道為什麼，會對雞尾酒的杯器投射特定的性別歧視或恐同形象。有些很欠揍的人會覺得某種酒杯太女性化，或者太像男同性戀在用的，而不想用。這是因為他們認為娘娘腔或男同性戀是比較差的，比缺乏「男子氣概」還要差。你可能會說，**我這樣說就是性別歧視**，但我常想（而且是用想破頭的方式想），假設有一名女性顧客（哪怕只有一個）要求用比較不「男性化」的杯器裝雞尾酒時，我該怎麼解決。這個狀況從來沒有發生過。曾有女性客人要求用特定的杯器盛裝雞尾酒，因為她們覺得那看起來比較優雅，但這給人的感受和上面所說的那件事不同。

溫度

事先冰鎮杯子，是因為把冰涼的調飲倒進熱的杯子裡，會搞砸平衡、溫度、質地或香氣。放進冷凍庫是一個非常好的方法，可以讓杯子均勻冰鎮，尤其是在冷卻的過程中，杯子外圈還能有漂亮的結霜[39]。拿起冰鎮好的杯子時，盡可能握得愈低愈好，這樣才不會把指紋印在杯壁完美無瑕的霜上。此外，杯子可能會很滑，所以請小心拿取。

如果是現點現調的雞尾酒，杯子沒事先放入冷凍庫冰鎮，你還是可以只用冰塊或碎冰，或有時可加入冰塊和水來冷卻杯子。當你同時使用水和冰時，會有更多超低溫的液體接觸到杯子，這樣冰杯的速度會比只用冰塊快，而且也更平均，所以當你需要瞬間讓杯子降溫時，就很適合用冰塊加水。如果你要調的雞尾酒需要用苦艾酒潤杯，例如賽澤瑞克、濃烈的蘇格蘭威士忌、藍嶺曼哈頓（Blue Ridge Manhattan，見 P.156）、有光滑內壁的杯子會比杯子內部乾燥，更容易留住風味，材料的附著效果和稀釋表現也都會比較好。

39　如果你的杯器很脆弱，那就不要放進冷凍庫。冷凍庫是個非常兇險的地方，裡頭的冷凍雞胸可能會變利器，冰塊盒也有可能會把易碎的器皿弄壞。

✦ 質地 ✦

我以前常覺得喝幾乎不加任何東西的咖啡，會讓我看起來很前衛，也更世故。飲料愈不甜和愈苦，我看起來就愈酷。在某個晚上，當我在牛奶&蜂蜜酒吧為營業前準備時，我帶著常喝的咖啡：用紙杯裝的熱咖啡（紙杯上有仿希臘字體寫著：我們很開心為您服務〔We Are Happy to Serve You〕），只加了一點會讓咖啡變成灰色牛奶。薩沙・佩特拉斯克走進來，拿掉杯蓋，喝了一口，結果面部扭曲，接著馬上去拿德梅拉拉糖糖漿和鮮奶油，各加一點到咖啡裡。攪拌均勻後，他喝了一口，就走掉了。

我有點不悅，直到好奇喝了一口，才發現**真的好喝多了**。我可以聞到咖啡香（因為他把杯蓋丟掉了），咖啡的「質地」也完全改變。之前很澀口，現在很滑順，一切大不相同。他把很遜的餐館咖啡變成可以喝的版本——不僅如此！是很好喝。鮮奶油和糖緩解了澀味，他還用調酒師的魔力，調整了整杯咖啡的平衡，創造一杯非常好喝的飲料。

我常常說這個故事，是因為它改變了我對飲食的看法，而且其影響力是其他事所不能及的。我在烹飪學校待的時間，也比不上比薩沙第一次調給我喝的黛綺莉還來得動人。身為調酒師，這件事情也帶給我最深刻的啟發：沒有優質質地的雞尾酒，絕不會好喝，道理就是這麼簡單。

沒有人會用馬毛做睡衣，或用奶薊（Milk thistles）織內衣褲。一杯雞尾酒即便它的平衡或風味完全「走鐘」，或裝飾醜陋還枯萎，而且還裝在骯髒、有缺口的杯子裡——但只要它的質地很棒，就還是能入口。這就是為什麼「質地」是雞尾酒中最重要的一個元素。

在這個章節，我們會從理論來探討其本質，拆解雞尾酒中的各個元素，也說明各種元素如何影響質地。接著我們會探索要調出一杯質地宜人的雞尾酒（或質地出問題時，該如何調整），你需要熟練哪些技巧。

建構質地的積木

就像每個主廚都知道洋蔥、大蒜或蘑菇在炒過後，會比水煮還要來得美味，知識淵博的酒吧工作者也必須了解店中各種酒、甜味劑和其他搭配材料的特性，以及它們的質地會因著使用技巧，而有何變化。

氣泡性飲料

無論是氣泡水、啤酒、香檳、通寧水、可樂或薑汁啤酒，碳酸化（CO2，即二氧化碳）會透過其微小、不斷上升的氣泡，對雞尾酒增添如噴泉般的質地。但並非所有氣泡的強度與應用都一樣，以下是處理各類氣泡性飲料時，需記住的幾個重點，知道這些簡單的事，能幫助你快速選出適合雞尾酒的氣泡性飲料。

◆ 一般來說，強制充填碳酸（Forced carbonation）的碳酸類飲料（如蘇打水、賽爾脫茲氣泡水和通寧水）若和天然發酵的飲料（如葡萄酒、薑汁啤酒、愛爾啤酒〔Ale〕和拉格啤酒〔Larger〕）相比，其氣泡比較大也比較強烈。

◆ 即使是同一類（通寧水、蘇打水、氣泡酒等），其碳酸化的強度也會因品牌而有所差異。

◆ 糖會讓飲料喝起來更飽滿、更圓潤；不同品牌的蘇打水和通寧水，所添加的甜度也不同。

◆ 冷水能溶解的二氧化碳較多，所以溫熱液體中的氣泡會以極快的速度衝出來，但如果液體經冰鎮，氣泡就會緊緊地待在裡頭。

講到技巧，在建構雞尾酒時，請務必從碳酸類材料開始。先倒在杯子最底部，而不是像許多酒吧所做的，最後才倒上。倒在最底部才能讓碳酸性材料和其他材料均勻融合。我們稱這個技巧為「打底」（Bottoming）。

沒有人想要他們的雞尾酒因為沒有融合好，結果第一口是完全沒酒精的蘇打水，而最後一口卻是超濃的酒味。如果你是輕輕地把蘇

第一次加太多氣泡水的情況時，你一定會察覺。就像吹氣球一樣，你想要吹大一點，但過頭時，氣球就破了。因此你調的雞尾酒就沒有「中段」的口感。

暮色時刻 前調酒師
——凱・大衛森（Kyle Davidson，2007～2010）

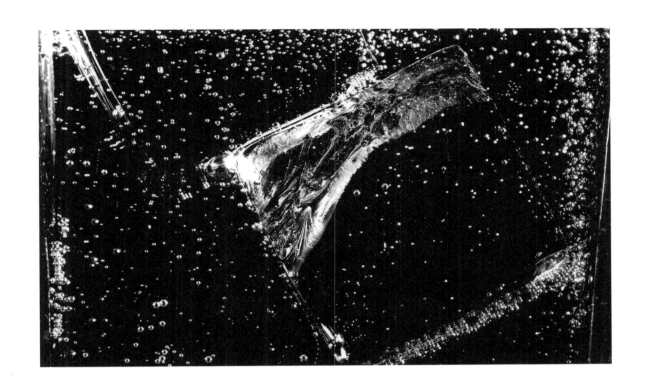

打水倒在雞尾酒頂端，它就不會沉到杯子底部——你會想攪拌，但老實說，這是不必要的施力，因為會把你希望留在雞尾酒主體中的所有氣泡都攪破。既浪費時間，也浪費體力。

「打底」時，沒有硬性規定要倒多少液體——要根據你的杯子大小、雞尾酒的量，以及你用的冰塊種類和數量而定。先從大約 1 盎司的液體往上加。你調製的第一杯雞尾酒免不了會翻車，就像當天煎的第一片鬆餅一樣。你可能在前幾十次調的時候，都無法準確做好「打底」，這是一件需要時間與大量練習，才能慢慢抓到感覺的技巧。

甜味劑與糖漿

許多飲用者常擔心加太多糖漿會讓飲品太甜，但這並不一定（即使你喜歡喝義式濃縮黑咖啡和極不甜的白葡萄酒，也不代表你的雞尾酒得須如此）。「過甜」的雞尾酒多半是因為稀釋不足或缺少酸度。這就像在鍋底醬汁中加入奶油，拌入奶油並不會改變菜餚的風味，反而更會增加討喜的質地。你加的東西並不會讓你嚐到「甜味」，而是讓你的嘴巴裡感受到更圓融、更飽滿、更豐富。

這就是為什麼在第二次試喝時，如果覺得太稀或太薄，我們通常會建議再多加一些糖漿的原因。只需 ⅛ ～ ¼ 盎司就能增加黏稠度。

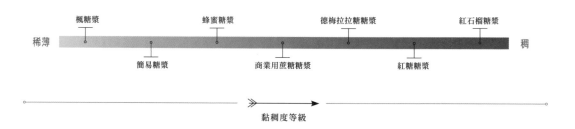

稀薄 —— 楓糖漿 / 蜂蜜糖漿 / 德梅拉拉糖糖漿 / 紅石榴糖漿 —— 稠

簡易糖漿　商業用蔗糖糖漿　紅糖糖漿

黏稠度等級

不同類型的糖，甜度也不同（在口中所感受到的「厚度」或重量也不同），所以你選的甜味劑，會對糖漿的質地造成明顯的影響，最後也會對加了糖漿的雞尾酒產生影響。例如，沉重的德梅拉拉糖糖漿與輕盈的簡易糖漿相比，就是天壤之別。每種糖漿都為雞尾酒帶出不同的重量感。請在你的腦海中，把甜味劑從稀薄到黏稠排成一排，並相對應套用這個資訊。

利口酒

我知道你在想什麼：利口酒在雞尾酒中也算一種甜味劑，所以如果你多加一點，自然會讓雞尾酒的質地變好，但如果你加利口酒的方式，與添加蜂蜜、簡易糖漿或德梅拉拉糖糖漿的方式一樣，它就會對質地產生負面的影響，因為你除了增加糖量外，也增加了風味與**酒精**。

如果你調雞尾酒時，把利口酒做為其中一項材料，若調完後覺得有點太稀薄，請另外添加少量的簡易糖漿或德梅拉拉糖糖漿。這能讓質地變好，還能更加突顯利口酒和杯中其他材料的風味。

蛋

調酒師把生蛋加入雞尾酒的做法行之有年，用的可能是蛋白、蛋黃或全蛋，而這段加蛋的歷史，至少可回溯到 19 世紀晚期，當時蛋蜜酒和費茲（Fizz）在美國早期雞尾酒書籍中，初次展露光芒。這麼做的原因只有一個：質地！

如果使用正確的技巧，謎樣又神奇的蛋就會充滿魔力，以驚人的方式改變雞尾酒的最終口感。雞蛋的每一部分都能好好運用，並在雞尾酒中創造不同的質地效果。

蛋白：這個滑滑、透明的液體能說明蛋白是由 90% 的水和 10% 的蛋白質組成（還有微量礦物質、維生素和葡萄糖），完全不包含全蛋中的脂肪成分。因此，蛋白能讓雞尾酒多一層像雲朵般鬆軟的質地，而不會增加厚重感。想像一下沒有重量的泡沫。

蛋黃：金色的蛋黃是蛋中所有營養素、熱量和脂肪集中的地方，能為雞尾酒增添濃郁度、稠密度和絲滑的質地，是一種天然的增稠劑。

全蛋：蛋白與蛋黃共同發揮作用時，有重量的脂肪和蓬鬆的蛋白質能達到最佳平衡，讓雞尾酒一次擁有厚實感與泡沫，是質地的雙重賽！

所有的蛋：在你開始混合之前，請務必確認蛋是**新鮮的**。有一個無需把蛋打破，就能判斷其新鮮度的方法，那就是把蛋放入水中。如果沉入水底且是側面平躺，就表示蛋非常新鮮。如果蛋在水底直立，那就是沒那麼新鮮，但還可以吃。不過要是蛋浮在水面，就表示已經無法食用。

默劇搖盪（Mime Shake）：蛋的神奇之處在於打散或猛力攪拌後，所發生的轉變（好比廚師已經透過蛋白霜、慕斯和舒芙蕾所了解到的一樣）。

因為蛋白質受到打蛋器或雪克杯等外力，而展開和結合的方式——強制把氣泡帶進液體——會出現均勻的泡沫。這能解釋為什麼無論你加的是蛋白、蛋黃或全蛋，都需搖盪雞尾酒。

我們會分兩階段進行：先不加冰搖盪，以避免過度稀釋，之後再加冰搖盪以冷卻。在全世界的酒吧中，這個順序有個專門術語，稱為「乾搖盪」（Dry

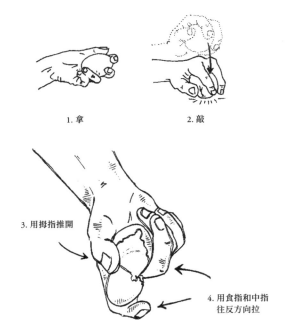

1. 拿　　　2. 敲

3. 用拇指推開

4. 用食指和中指往反方向拉

沒有什麼比一杯加了蛋白，但卻幾乎看不到任何泡沫在頂端的雞尾酒更令人沮喪。你必須使出吃奶的力氣打發，才能做出質地正確的蛋白霜。一旦熟練這項技巧，你就能把苦精倒在蛋白霜上裝飾，強調其質地（也增加香氣）。如果做對的話，苦精只會留在蛋白霜上，非常乾淨俐落。你創造了一個適合漂亮呈現的結構。

暮色時刻 前調酒師
——柴克・索倫森（Zac Sorensen，2011～2020）

Shake）。但我每次都覺得這個詞有點煩，因為雪克杯裡搖的明明就只有液體，所以在暮色時刻，我們稱它為「默劇搖盪」，因為跟加了 Kold-Draft 機器製出的冰塊一起搖盪相比，這個動作安靜太多了。我知道這個（雙關語）笑話很冷，而且比試著要「引領潮流」[40]（Fetch）還糟，但我還是很愛用，我覺得超有趣的。

乳製品

加了鮮奶油的雞尾酒總是被套上莫須有的罪名，被認為太過質樸。但乳製品之所以用於這麼多食品和飲料的原因是：它相當濃郁美味又療癒。冰淇淋、貝夏美醬、打發的鮮奶油、奶昔和香蕉布丁，都有著令人滿意的質地，而這只有在加了乳製品後才做得出來。在暮色時刻，我們付出更多努力，讓加了乳製品的雞尾酒更有深度、更讓人驚豔，而不是表現出一知半解的。

處理乳製品時，要知道不同的來源會創造出不同的質地，這根據所選乳製品的乳脂含量而異。除非杯裡已經帶有其他元素，否則牛奶不常加進雞尾酒裡，但鮮奶油則能為雞尾酒帶來幸福潤澤的口感，如綠色蚱蜢（Grasshopper）、愛爾蘭咖啡（Irish Coffee）、白色俄羅斯（White Russian）和拉莫斯琴費茲（Ramos Gin Fizz）。通常只要搖盪的夠大力、夠快速，就能產生理想的泡沫。但要小心不要過度搖盪。在大部分的情況下，你會希望搖出柔軟、尖端成彎勾狀，而不是扎實的打發鮮奶油。

椰漿

椰子水、椰奶和椰漿之間有著極大的差別。我們調製雞尾酒時，只用椰漿，因為它算是最濃郁的材料之一，能強加在毫無防備的雞尾酒上。和蛋一樣，椰漿也需要強力的搖盪，比平常的碟型搖盪更大力、更久，加的冰也更少，這樣才能和其他材料乳化。

＊ 妙招 ＊

小心水和脂肪

乳製品和椰漿都很快就會油水分離，所以為了獲得最佳效果，加了這些材料的雞尾酒，在端上桌時最好不要加冰，或只加一塊非常大、非常冰的冰塊，減少融水量。

---

40 譯註：這是電影《辣妹過招》中的情節，劇中葛蕾琴（Gretchen）自創一個字fetch，想用來代表「超棒」、「酷」，但蕾吉娜（Regina）吐槽她說：「別以為fetch這個字會大流行，這件事永遠不可能發生！」

水果

如果你曾經吃過超新鮮的鳳梨片或完熟的夏日藍莓，你就會知道新鮮蔬果能為雞尾酒帶來活潑鮮明的風味，這種風味是蒸餾酒和利口酒絕對無法比擬的。但是完整的水果和其果汁很多變，是極難掌握一致性的材料，不只是因為產自不同的季節，有時連裝在同一個容器裡的水果都有不同的風味。

誰沒有被機車的杏桃或很酸的覆盆莓狠狠雷過？水果和蔬菜在熟度達巔峰時，風味最佳，太早或太晚味道都不對，所以一定要試試蔬果的味道，看看是否快要成熟。如果還沒熟，就需要多加一點糖，加強材料的風味。如果過熟，則需要確認風味是否依然可口，並考慮稍微減少糖漿的量（瘦），因為過熟的水果通常含在較多的糖分。

如果你無法取得成熟的水果或想用非產季的水果，你可以改用水果蒸餾酒（Fruit distillate）或利口酒代替，這也是我們常使用的方法。這麼做各有利弊：使用市售商品可保證我們在多年後，還是能完全複製同樣的調製方法，但我也發現沒有東西可以取代新鮮黃瓜或新鮮草莓，即便其他水果也一樣，所以你必須針對每個情況，尋找最適合自己的做法。比如說，如果你用黑莓香甜酒（Crème de mûre）來取代搗碎的黑莓，記得要調整酒精、酸和糖的用量。

我喜歡在加完所有材料後，快速攪拌一下，因為有時候黃瓜碎和柳橙圓片會卡在搖杯底部，導致在搖盪時，無法與冰和液體徹底融合，使得雞尾酒無法發揮百分之百的實力。此外，如果雞尾酒加了搗碎的材料，我一定會雙重過濾，這樣黑莓籽或調皮的草莓碎塊，才不會卡在飲用者的牙縫。如果你有細的濾網，一定要記得雙重過濾。如果你只用霍桑隔冰器，請把閘門關著愈緊愈好，盡量避免不必要的材料進入杯中。

鳳梨

鳳梨汁是雞尾酒的一張百搭牌（Wild card）[41]，因為它又甜又酸，而且果汁的品質會依據你用的是新鮮的、隔夜的，或罐頭果汁而有所差異。鳳梨汁永遠能為調飲帶來迷人、豐厚的泡沫質地。可以的話，請用離心式榨汁機來萃取新鮮鳳梨果汁，因為這樣能讓水果的酸度和甜度都停留在最純粹的階段。

如果不搾汁，把鳳梨搗碎是個快速又簡單的替代方案，效果幾乎和使用榨汁機一樣好，但你搗碎水果的力道需要像憤怒之神一樣，且一定要**雙重過濾**，才能確保那些令人不快的渣渣，不會浮在雞尾酒表面。

41　譯註：原指可以由莊家在發牌前命定的百搭牌，後用來形容事先難以預測，但對局勢發展會起關鍵性影響的因素。

否則會是質地的惡夢，最糟糕的情況是，你手邊沒有對的榨汁機可以處理鳳梨，無法取得榨好的果汁，然後也不想搗碎。必要時，或在寒冷的冬夜裡，你可以用罐頭代替。只是要注意，罐頭鳳梨和新鮮鳳梨比，甜度比較高，且質地比較光滑，本身帶有的酸度也比較低。開罐前先搖一搖（有時會分離），然後用的糖漿量要比酒譜所寫的少一點，以讓雞尾酒達到正確的整體甜度。

柑橘

柑橘汁之所以對雞尾酒質地有這麼大的影響，主要原因是你必須在短時間搖盪中，強制讓果汁與酒譜中的其他材料結合在一起。未經處理過的柑橘，在杯中就是個無趣、毫無生命力的材料——對於任何飲料而言，都是有澀味且令人不快的質地。但經過一陣猛搖之後，會把所有液體兜在一起，引出許多微小的氣泡，有助於連接兩種黏稠度，並在過程中創造出蓬鬆、宜人的質地。這就是為什麼包含柑橘的雞尾酒，我們（幾乎）一定會用搖盪法——一切都為了質地。

正如 1930 年代英國傳奇酒保哈利・克拉多克（Harry Craddock）曾說的，你需要在黛綺莉還在笑你的時候，把它喝掉。一杯經過正確搖盪後的酸酒倒入杯子時，會充滿有活力的氣泡與泡沫，這都要歸功於你在搖盪過程中，把空氣注入液體。隨著雞尾酒靜置，這些特性很快就會消失。沒有人想要喝一杯軟綿綿的酸酒，所以搖盪雞尾酒要一鼓作氣，快點喝掉，這樣你就永遠不會受這個明顯的非海明威式命運所苦。

搗碎的力道以及要做到什麼程度，要視你搗碎的材料而定。如果是薄荷，我會很輕柔，但如果是要用於卡琵莉亞或其他休閒雞尾酒的萊姆角，我就不會這麼講究。你必須隨時留意正在處理的材料，同時隨著過程中的每個步驟，把雞尾酒的精神導入其中。

暮色時刻 前調酒師
——羅比・海因斯（Robby Haynes，
2007 ～ 2013）

關於質地的搖盪、攪拌
和用攪酒棒快速拌合

　　請回想一下我們為了「平衡」會如何搖盪、攪拌、用攪酒棒快速拌合。冰塊融化的水如何結合雞尾酒中的酒精、糖、酸和苦精，形成一杯好喝的調飲，以及在整個過程中，冰如何冷卻雞尾酒，讓它下降到飲用的最佳溫度。兩者綜合（稀釋與冰鎮，或平衡與溫度）才能**創造**出雞尾酒的質地。

搖盪

　　搖盪是可以「活化」雞尾酒，讓它慷慨激昂、準備亮相，好讓飲用者印象深刻。我們搖晃激盪雪克杯中的液體，進而產生由許多跳動微小氣泡所組成的薄網。產生的原因為：①搖晃時，冰會在搖杯中四處撞擊，把空氣引入材料中；②搖盪時，同時也進行冰鎮，隨著飲料愈來愈冰，泡沫質地就會愈來愈緊實，形成一層很棒的泡泡牆。這個特點絕對是含有柑橘的雞尾酒想要達到的，因為酸味受到刺激後，會更加鮮明活潑。

　　如果你在搖盪後，未能得到一層超級蓬鬆的泡沫，有可能是搖得不夠大力。要把這個動作想像成電鑽，而不是緩坡（Lazy waves）。這是一條需拿捏分寸的界線，搖太多，質地會顯得稀薄、若有似無，這表示稀釋過頭了。若搖得不夠，雞尾酒喝起來會很平淡、酒味很重又很甜。練習、練習、再練習，最後你就能在每次搖盪時，都清楚感覺何時正中紅心了。

＊ 妙招 ＊

解決有問題的質地

在第二次試喝時，如果你的雞尾酒有以下狀況：

◆ 太稀薄、有澀味，或水水的：加一些糖漿，讓輪廓更圓融。記住，多加一點糖，不會讓雞尾酒喝起來更「甜」，它只會增強被水過度稀釋的風味，並讓質地回到濃郁飽滿。

◆ 太濃、厚、酒味重或太黏稠：可能是未加足夠的融水量來緩和酒精，還有糖尚未稀釋，所以請再多搖盪或攪拌一下（時間根據飲料最後呈現的方式而定）。

攪拌

操作正確的話，攪拌型雞尾酒（也就是不含柑橘、蛋或鮮奶油的雞尾酒）的質地與濃稠度應該是豐盈、絲滑、極為美妙的。若要帶出這些特性，你要非常注意，在攪拌時，不要讓任何氣體跑進液體中，而且要讓雞尾酒維持在很冰、很冰的狀態，因為當雞尾酒冰鎮時，會變得很迷人。

當你在攪拌時，務必時常試味道。隨時注意在冷卻和稀釋時，雞尾酒質地有何變化。這三者（冷卻、稀釋、質地）是複雜且危險地交纏在一起，所以一旦你的馬丁尼或曼哈頓喝起來太稀時，你就知道水量多了一點，應該立即停止，多加四分之一盎司烈酒，並過濾！一旦發現異狀，就要趕緊懸崖勒馬，這樣雞尾酒才能從第一口到最後一口，都非常滑順。

攪拌的重點是創造出調飲的「質地」。你不會希望酒裡出現氣泡，你要的是像緞帶一樣絲滑濃郁，因為如果你不想要搖盪型雞尾酒，那麼你想坐下來、慢慢喝的，應該是放久了依舊能維持整體性的調酒。請追求有如天鵝絨般的滑順。

暮色時刻 前調酒師
——安卓・麥基（2007 ～ 2020）

用攪酒棒快速拌合

「用攪酒棒快速拌合」是在短時間內，在雞尾酒裡加入巨量的能量，好獲得細緻滑順的質地。透過讓所有材料降到極低溫度，而非在搖盪時冒泡，來達到此目標。你**當然**可以用製作古典雞尾酒的方式來攪拌這些雞尾酒，只是會花比較久的時間，而且杯子外面也無法這麼快裹上驚人的「白霜」（Hoarfrost）[42]。在這種情況下，質地也會不同，不像用攪酒棒快速拌合那樣充滿生氣。

雖然這有點吹毛求疵，但如果我把飲用者應該會不停撥弄杯裡吸管這點考量進去的話，在雞尾酒端上桌之前，我用攪酒棒快速拌合的程度就會稍微保留一點。當飲用者邊和朋友聊天，邊不斷攪動雞尾酒時，他們就是在做某種程度的「快速拌合」，所以既然他們自己可以「搔到癢處」，何不讓他們自己成就完美的質地呢？

---

42 當盛裝非常冰的飲料時，杯器外頭會有結晶的冷凍水凝結。

香氣

普魯斯特搞錯了，應該是剛出爐瑪德蓮的**香味**，把他捲入之後 1,200 頁的回憶中，而不是輕輕蘸了熱茶後、入口的風味。

我們的嗅覺超越了演化需求，不只能告訴我們身處危險，也讓我們知道去哪找尋下一餐。香氣是一個能勾起回憶和情緒的強大工具。房地產仲介會利用餅乾的香氣，把房子營造像家的感覺。啵啵冒著滾泡，能讓你擺脫冬夜寒冷的雞湯，其香味比燒得劈啪作響的火爐，更加療癒。

製作與飲用雞尾酒時，誘人香氣也能喚醒記憶。你是否曾注意到，當你踏入一間酒吧時，空間有一股特有的香氣？牛奶＆蜂蜜酒吧的空間總有布格陳年蘭姆酒（Brugal Añejo）和萊姆汁的味道，而暮色時刻則聞起來有柑橘、薄荷和黃瓜的味道，因為那些「口渴」的老主顧，穿過帷幕的前幾個小時，調酒師們正奮力切著水果、拔摘香草，以及把當晚要用的東西就定位。

把一陣精心計畫的香氣引入雞尾酒中，能讓雞尾酒聞起來香香的。雞尾酒是冷飲，會抑制天然香味——因此**需要**額外添加香氣元素，讓一切充滿生命力。一把新鮮的薄荷、經過擠壓而噴出大量柳橙皮油，或者是輕輕噴一點沁涼的苦艾酒薄霧，都能讓雞尾酒比其材料加總更具吸引力。這能誘惑飲用者靠近酒杯、勾起回憶，或玩弄飲用者對於下一口的期待。它讓雞尾酒具有更多面向，進而提升飲用體驗。

要引見與操控雞尾酒香氣的方法有很多，讓我們開始吧！

柑橘

　　從活潑的豬尾巴造型檸檬皮，捲曲的掛在馬丁尼杯杯緣，到讓風情萬種的尼格羅尼更優雅的那片柳橙皮[43]，裝飾就是畫龍點睛，是讓雞尾酒真正成為多感官體驗的最後機會。因此，小看裝飾可是該罰的重罪，會被恥辱與嘲笑。

　　若要為雞尾酒添加香氣，最明顯、也讓味道最具有戲劇性變化的方式，就是在雞尾酒上方擠壓檸檬、柳橙或葡萄柚的皮油。這是一項自雞尾酒發明以來即有的儀式，也是一項我操作過上百萬次的儀式。這份純粹的魔法總是讓我震撼——一道來自果皮的揮發性油脂，只是靠著手指輕輕一拍，就能散發出陣陣柑橘香氣。在暮色時刻，我們的柑橘皮油哲學，由此**開始**。

　　一個比較高階的技巧，是思考特定種類的柑橘香氣如何與雞尾酒相輔相成。假設你的杯中裝滿用深色威士忌為基底調成的雞尾酒，柳橙皮則能帶出烘烤香料的暖香。這是一段很療癒的旅程，兩者能愉快地融合在一起，完全不起衝突。若放入檸檬皮的香氣，則會改變整段體驗。你會先聞到如陽光般，快活清亮的檸檬香，但當你低頭品飲時，香氣則轉為深沉，伴隨著溫暖的香草與香料調性。你對雞尾酒的期待，從看到、聞到、喝到，整段過程就像坐雲霄飛車似的，有著意想不到的樂趣。這並不是說用柳橙皮不好，有時你會希望香氣與雞尾酒相得益彰，但有時，你會想做出對比。你可以自行決定哪一種最適合談論過的雞尾酒，並付諸行動。

　　現在進入更高階的層次。調酒上放的檸檬、葡萄柚或柳丁皮所呈現出來的細微差異，可能會滿驚人的。根據所搭配的元素，柑橘的香氣會讓調飲比不加任何裝飾來的甜或不甜。

◆ **範例：**調一杯雞尾酒，隨便什麼都可以。分裝到幾個杯子裡。把手邊有的各種柑橘都拿來剝皮。瘋狂一點，到各大超市搜刮品質最好的柑橘：檸檬、柳橙、葡萄柚和萊姆。

　　首先，先喝喝看未加任何香氣的版本，知道純粹狀態下的味道為何。接著取其中一種柑橘的果皮，在雞尾酒的上方擠壓出一些皮油，再喝一口，看看有沒有任何改變。調飲喝起來是否更苦／不苦、甜／不甜。在你的想法和感知中，它如何轉變？重複同樣的步驟，測試每一種果皮，並留意每一種柑橘如何對雞尾酒產生出完全不同的影響。選用不同的柑橘皮，喝起來就像是完全不同的雞尾酒，對吧？

43　我知道柳橙圓片是經典裝飾，但它無法增加香氣，因此我們改用某些類型的柳橙皮捲。

神奇吧！

　　讓我們再具體一點。以下是每一種柑橘的介紹，以及我發現它們美妙的皮油能對雞尾酒發揮何種效用。

檸檬：檸檬精油在隆隆作響的瓦格納歌劇中，是聲音高亢的女高音，是夏日第一杯自製檸檬水。它能夠為飲料帶來一陣如陽光般的清新，且通常會讓飲料喝起來比較不甜，也會增添一點淡淡的、類似松樹的草本香氣。

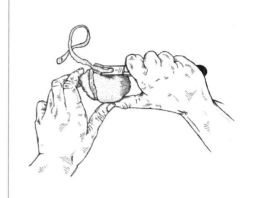

萊姆：萜烯（Terpenes；在植物、所有柑橘類、大麻與啤酒花中能找到的香氣複合物）使得萊姆皮的香氣能讓人聯想到花香與香料辛香。在暮色時刻，我們很少使用萊姆皮，因為我們覺得沒有太多種雞尾酒能透過萊姆的香氣加分，但我有喝過好喝的農業型蘭姆酒加萊姆圓片。

柳橙：在柳橙身上會同時看到舒適與獨斷專行。一部分像是火堆前的毛毛拖鞋，另一部分則完全是善於交際的，像是在週六下午兩點前，已經要喝第五杯「含羞草」（Mimosa）。柳橙皮會讓人產生溫暖與甜味的錯覺，再摻入奶奶會用的香料與花香元素。

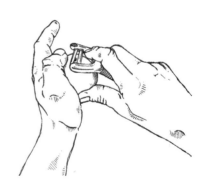

葡萄柚：不會太甜，也不會太鹹，葡萄柚皮先生介於中間，香氣中帶有淡淡的明亮麝香味。它有著熱帶「雨林」的調性，但沒鳳梨或百香果這麼重，比較像是綁得剛剛好的紗籠裙對上華豔的夏威夷裙。

更多處理柑橘的小技巧

◆ 帶香氣的裝飾是個變幻莫測、棘手的東西，在切完後，很快就會失去誘人的鮮度。在暮色時刻，我們只有在收到訂單時，才會開始切柑橘皮，而不會在開店前先備好。因為現切只不過多花一分鐘，但換來的鮮度絕對值得。

◆ 用柑橘皮油裝飾雞尾酒時，要特別注意擠在哪裡，以及要用多大力擠壓。新手往往會在飲料上方的不到幾公分處，大力擠壓，這會造成精油沉到表面底下，而非輕輕地浮在表面。你不會希望一次噴出一大堆柑橘皮油，否則會蓋過杯中其他細微的變化，這是不被樂見的。

◆ 想要在柳橙皮上點火，增加香氣與視覺效果嗎？首先，先把水果洗淨，去掉灰塵、蠟和貼紙。擦乾後，從皮最厚的地方（接近兩端），切出一個美金 25 分大小 " 、有著厚厚的白色內部果皮的圓片，但可不能帶有柳橙「果肉」。果皮朝下，在火焰上方 3 吋（約 7.6 公分）處，慢慢加熱（在火焰上方來來回回移動）。**不要烤到變黑色**。把火固定在杯緣旁，刻意擠壓一下果皮，讓精油在飲料上方點燃。記得把用過的柳橙片丟掉，因為它已經無法發揮視覺或香氣效果了。

◆ 一提到擠壓果皮的動作，我喜歡把它想像成影印機（蓋子下），從一端「刷到」另一端的燈光。平均又穩定，不會有一端特別快或特別慢。要平衡！

◆ 此外，我拜託大家，請不要用剛擠壓過的果皮來摩擦整圈杯緣。這麼做很不專業，又很噁心。擠壓過的果皮已經完成它的任務了，請把它丟掉。

在昏暗的酒吧裡擠壓皮油並不容易，所以我每次都會把蠟燭移到杯子附近，這樣我就能看到皮油漂浮，或觀察它會隨著室內冷氣的風向，噴到左邊還是右邊。這麼做看起來超蠢，但很管用。

暮色時刻 前調酒師
——柯克 · 艾斯托皮納（Kirk Estopinal，2007 ～ 2008）

譯註：直徑約24公釐。

⇛ 柑橘裝飾的造型簡介 ⇚

在暮色時刻，我們對於擁有許多種樣式的柑橘裝飾感到自豪。
不同的造型有助於區分外表類似的雞尾酒，避免在送上桌時搞混；
或當客人看到點著燭光的托盤上，那杯漂亮的雞尾酒，
一定會問「那杯是什麼」時，而給錯答案。

柑橘皮

簡號果皮

缺口果皮

打結的豬尾巴皮捲
加上莓果

打結的豬尾巴皮捲

雙結籃

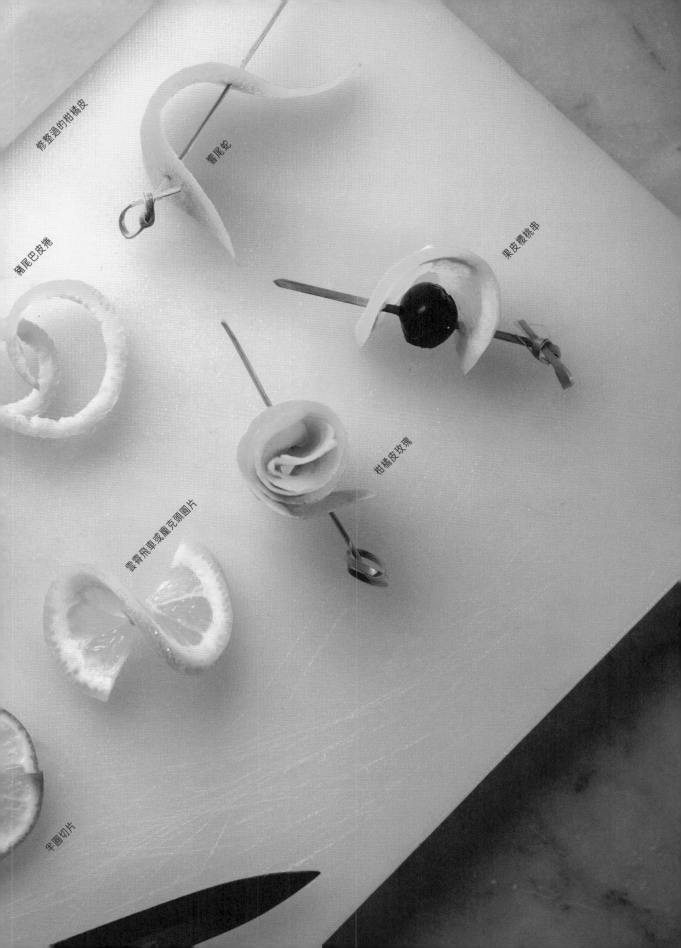

修整過的柑橘皮

蠍尾蛇

豬尾巴皮捲

果皮櫻桃串

雲霄飛車或龐克頭圓片

柑橘皮玫瑰

半圓切片

薄荷

香草會散發香氣，所以昆蟲才不會吃它，不過同樣的香氣，對人類來說則是美味的象徵。就像卡布里沙拉（Caprese salad）中的羅勒和羊腿上的迷迭香枝一樣，新鮮的香草也能為雞尾酒帶來美妙香氣。但眾多的香草中，我們目前使用最多的還是薄荷，這個選擇完全是以香氣為考量。

薄荷有許多種（《食品與廚藝》（*On Food and Cooking*）的作者哈洛德·馬基（Harold McGee）說大概有 600 種），但最常用來裝飾雞尾酒的是綠薄荷（Spearmint）。胡椒薄荷（Peppermint）只有單一的薄荷醇香氣，但綠薄荷的香氣很多元、複雜性也高，這也是為什麼茱莉普和莫西多（Mojito）之類的雞尾酒一定會加綠薄荷。

和柑橘皮一樣，薄荷葉表面的腺體也儲存了精油，所以為了發揮這種香草的最大效用，無論是一大把或一小枝，都可在飲料上方用吸管或手背輕輕拍打葉面，讓精油落入飲料中。不用太大力，只需輕輕拍幾下就好！我們稱之為「好好拍拍薄荷」。

如果你要在杯裡搗碎薄荷，只要把它拉高到杯壁即可，不用真的搗碎（調酒師常用 "bruising" 來代表輕搗薄荷，但這是嚴重的用詞不當，因為 bruising 這個字間接暗示要用很大的力氣[45]）。當你在搗薄荷時，也請你多花個一秒，把薄荷葉拉高到杯壁，繞內部一圈，讓杯子裡全都沾染上薄荷的香氣——這是一種優雅的手法，大部分的人在處理薄荷時，不會想到這點。

另一個我們在暮色時刻的做法，就是把苦艾酒或苦精噴在薄荷葉上，讓嗅覺享受得到狂野的新維度。當薄荷遇到苦艾酒時，其清涼效果會變得無與倫比，而苦精則會增加埋在深處的甜味，和薄荷香氣分庭抗禮。在選擇要噴灑與傳遞什麼在薄荷上時，心中要同時記住你當初在創作雞尾酒時，希望它有什麼特色，因為有些組合成效比較好，有些則否。

例如，在「嶄新的拉姆」（The New Rahm，見 P.280）中，安格仕苦精遇到薄荷枝，就形成

> 把香氣想成整體體驗的一部分，也是調製調酒時的好方法。你不知道杯子裡會出現什麼，所以當你吸氣時，會發現這個看不見的裝飾，但這份出乎意料會讓人覺得很棒。
>
> **暮色時刻 前調酒師**
> ——史蒂芬·柯爾（Stephen Cole，2007～2011）

---

45 譯註：bruise在英文中有「瘀傷」，出現傷痕之意，所以作者覺得用這個詞，就好像要把薄荷搗出傷口的感覺。

了爆炸性的對比——調飲本身充滿陽光與海風，所以這美味的對比，發揮奇妙的效果。另一方面，虎標萬金油（Tiger Balm，見 P.207）有點類似莫西多的改編版，其中加了四分之一盎司的布蘭卡薄荷（Branca Menta）。在裝飾上，則是一片加了一滴薄荷酒的薄荷葉，這會讓薄荷從狗熊變英雄。這是一個超酷的連動，巧妙地讓薄荷的風味發揮到淋漓盡致，效果完全是單調的搗碎所不能及的。

苦精

我們都知道安格仕與裴喬氏等芳香苦精在雞尾酒中的角色，就像多蜜濃厚醬汁或肉汁清湯，因為它們含有滿滿的香草、樹皮、植物根部、果皮和其他多種藥草，所以可用來強烈地影響雞尾酒的香氣。

苦精做為增香型的工具，主要是用在加了蛋白的雞尾酒中，因為苦精能穩定地留在雞尾酒表面，並貼在飲用者充滿好奇心的鼻子下，所以能為大部分的雞尾酒增添另一層複雜度。同樣地，苦精也能為不含蛋的雞尾酒，帶來香氣的層次。

要牢牢記住，你選來幫雞尾酒增加光彩的苦精，必須依照它會如何與杯中材料互動來運用。宛如一縷陽光的皮斯科酸酒，由皮斯科、蛋白和檸檬汁（或其他種類的柑橘，根據你飲用皮斯科酸酒的所在地而定）所構成，在你加幾滴安格仕苦精於表面後（若能用產自祕魯、有香蕉麵包風味的阿瑪歌村丘族苦精〔Amargo Chuncho〕，效果會更好），會出現極具魅力的新意義。

濃濃的烘烤香料能和飲料產生絕美的對比，為整體產生全新的個性。請選能夠「呼應」（見 P.182～184）、「相得益彰」（見 P.186～188）或「並列」（見 P.189～192）雞尾酒中風味與香氣的苦精，接著就準備迎接各種驚嘆吧！

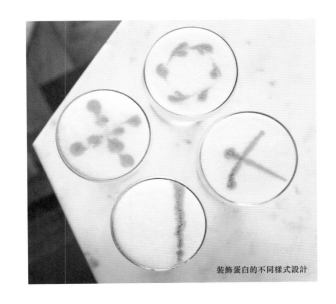

裝飾蛋白的不同樣式設計

鹽和香料

如果你有聽過「潘趣酒」（Punch）這個名字由來的故事（來自印地語中的「五」，代表雞尾酒中的五種成分：酒、酸、糖、水和香料）[*]，你就知道香料從一開始就在調飲中佔有一席之地。今日依舊如此，尤其是談到要為雞尾酒增加香氣時。一般來說，我們會取決想帶給感官的衝擊，用肉桂或肉豆蔻來達到效果。

請記住，已經磨碎或乾燥包裝的香料，若加在長時間烹煮的料理中，是沒問題的，但若要讓雞尾酒的香氣完全跳出杯外，你必須在最後一刻才現磨香料，好讓香氣揮發。

鹽： 鹽是世界上最普及的調味料之一，也可以幫助提振雞尾酒的風味。鹽會讓酒和糖漿的風味更「純」，讓人感覺到是鮮甜，而非死甜，還能壓制苦味。請少量使用！

肉桂： 雖然肉桂有很多種，但我們通常只用這兩種來調雞尾酒：熱辣、有胡椒味，來自東南亞的西貢肉桂（Saigon，取其風味），以及薄如紙片的錫蘭肉桂（Ceylon，取其香氣）。一般來說，雞尾酒表面有肉桂香氣的話，會讓人覺得飲品比較不甜，所以如果你的雞尾酒非常甜，這會是一個很棒的小妙招，來增加對比。它和威士忌與蘭姆酒等蒸餾酒搭配的效果也非常好，理由和下一段提到的肉豆蔻相同。

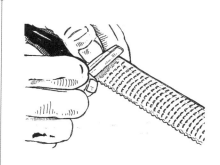

肉豆蔻： 肉豆蔻有木質、溫暖的調性，讓人會產生飲品比實際上更甜的錯覺。撒一些肉豆蔻在濃烈、豐厚、圓潤且用威士忌和蘭姆酒調製而成的雞尾酒表面，會很有趣，因為一想到這些蒸餾酒在木桶中陳放時，所蘊含的香料風味，類似肉豆蔻的香氣，你就會如滾雪球般，在飲用體驗中，獲得新的層次感。

---

46 聽故事的時候，請配一個shot的龍舌蘭和一小撮鹽。

調酒的技藝

漂浮

　　誠如我們在經典的月黑風高、皇后公園希維索（Queen's Park Swizzle）和紐約酸酒（New York Sour）中所看到的，義大利苦酒、苦精、利口酒、葡萄酒和蒸餾酒也可以漂浮在雞尾酒表面。它們在雞尾酒組成的最頂端，漂浮在飲用者靠近杯子時，最先會聞到的東西，帶著盛氣凌人又愛賣弄的姿態。但漂浮同時也具有戲劇性又短暫的生命，因為每喝一口，表面液體和其香氣就會往下沉，離鼻子愈來愈遠（取決於飲用的速度，以及是否使用吸管）。

　　漂浮某種成分時，你需要找出「定義層次」（Defined strata）[47]。漂浮愈密實強烈，香氣就愈濃郁，這就是為什麼「打底」技巧在需要漂浮的雞尾酒中，尤其重要。如果你在製作月黑風高時，把萊姆汁、薑和蘭姆酒搖盪完後，倒入杯中，再倒蘇打水在最頂端——蘇打水會漂浮在上面，而頂端的「黑帶」（Blackstrap）只會擴散成薄薄的液體，不會形成你預期「好的、緊密的一條線」。然而，如果你先倒蘇打水，具有厚重黏稠度的薑、萊姆和蘭姆酒就可以抓住漂浮。這樣的順序讓黑帶可以漂浮在一朵緊實的雲上，而不是又鹹又髒的有害物上。

　　此外，製作漂浮時，你還要注意該液體的特定重力，因為那也會改變你的進攻計畫。例如，葡萄酒的酒體就比蒸餾酒稀薄，可用量酒器或實體物品，如湯匙背，擋在葡萄酒與雞尾酒的最頂端之間，以確定它順利漂浮，而不是沉入杯子裡。

　　若要取得漂浮物的最濃烈香氣（通常也會被當成另一道裝飾），如皇后公園希維索上的薄荷束，你需要壓制這個濃烈的香氣。這要依據你最先或最後做什麼來斷定：先用充滿煙燻味的蘇格蘭威士忌潤杯，接著擠壓一下檸檬皮，讓檸檬香氣先佔有優勢，而蘇格蘭威士忌帶著響亮刺耳的風笛聲，從後方趕上。根據材料的揮發性，以及你在處理材料時的力道大小，香氣消逝的速率也會不同。

※ 妙招 ※

花邊（Lacing）

這是另一種類型的「漂浮」，我們有時會使用。做法是把深色液體倒在加了碎冰的淺色雞尾酒上，讓深色液體隨時間慢慢往下流。這麼做只會微微影響香氣（和平衡），但主要是為了塑造華麗的視覺。

47　一杯雞尾酒中的不同層體驗。

潤杯

氣味與宗教儀式相關聯的起源已不可考，但歷史真的非常悠久。無論是焚燒香草、線香、烤供品或把祈願者丟進火山，氣味都與敬畏感有關（是真的敬畏，而不是哇、驚嘆！）因為它是**看不見**的。為了在雞尾酒中創造類似效果，我們會「潤杯」，這個詞是指在倒雞尾酒前，用利口酒、苦精或蒸餾酒沖洗空酒杯的內部。

處理潤杯的方式有幾種。第一種是選用已存在於雞尾酒主體的關鍵風味或成分，強調氣味的元素。也可以用酒譜中沒有的材料來潤杯，引進一層全新的體驗——像是惡作劇的手法。

就技巧而言，你可以使用噴霧瓶[48]來操作，但我們潤杯時，是用精選的液體和碎冰，因為冷水有助於酒附著在玻璃上，形成完美一致的塗層。這個方法在處理濃烈的材料，如蘇格蘭威士忌或苦艾酒時特別有用，因為水能夠「活化」酒精，讓苦艾酒或苦精的香氣與風味以更深刻的方式綻放。

潤杯速度要快，馬上就進行下一步！操作時，不需特別謹慎，因為猶豫通常只會造成液體流到杯外。此外，請在水槽或垃圾桶上操作——你要讓液體在杯子裡繞圈，不能流出來，但萬一不幸發生了，最好還是有可以接住酒的地方。

最後，要注意「洗線」（Wash line）[49]。你的目標是讓潤杯的最高點稍微超過最後雞尾酒的最高點，這樣香氣才會停留在頂端，而非埋在調飲中不見蹤影。

完全潤好杯壁後，就可以倒掉杯中剩下的液體和冰，接著聞聞看。想想看你要調的雞尾酒——你希望這個潤杯是誇大又明顯的，還是讓它喃喃細語？這兩個做法沒有對錯，完全看你想要創造出什麼樣的雞尾酒。

如果你需要多增加一點點液體，此刻就再潤一次杯，完全沒問題；有時低酒精濃度的利口酒需要加強第二次，才能讓氣味達到對的強度。潤完杯後，就可以把剛搖盪或攪拌好的雞尾酒倒入杯中。

---

48 我必須提一下，寫到這裡時，其實是個悲傷的一天，因為發明噴霧瓶的人過世了，他將化為一縷輕煙。

49 酒液或雞尾酒到杯口的距離。

第一部分

酒譜

接下來是 25 種暮色時刻原創的雞尾酒酒譜，可展現調酒的運行機制。**你的**工作是調製、品嚐並分析它們。當你這麼做時，記得要像做精細針線活般，小心翼翼地衡量。要練習吸管試喝，尤其是第二次——我們已經在每一道酒譜中，告訴你要觀察與注意的重點，所以在準備所有材料以及開始調製**之前**，請先從頭到尾好好閱讀調酒教學指引。

每次都用一樣數量的冰塊來搖盪（我們建議 5 顆）或攪拌（把冰裝到攪拌杯的四分之三滿）。當你搖盪太久或不夠久時，雞尾酒會有何變化？質地太厚或太甜？如果要改造這些雞尾酒中的其中一杯，會如何運用香氣？請把雞尾酒調到最合你口味的程度，接著幫朋友或鄰居調一次，這樣你就可以真的把技巧牢記在腦海。然後，靠！一定要記得冰杯！！！

寂靜與奇幻
HUSH & WONDER

約 2007 年

這杯雞尾酒的名字引自美國歷史學家伯納德‧德沃特（Bernard DeVoto）的名言，我們的店名暮色時刻也來自同樣的出處。這是一杯溫暖，帶了一絲絲香草味的戴綺莉，裡頭偷偷藏了葡萄柚苦精和濃濃的花香。我覺得這杯幾乎可以當成店裡的「招牌雞尾酒」，因為它貼近我們大部分的核心理念：幾乎未經調整、用現代的方式演繹一杯非常鮮明的母雞尾酒。沒有繁複的手法，但風味卻極其複雜；需要扎實的技巧，才能發揮其完整、驚人的潛力。

——托比‧馬洛尼

各就各位

杯器.......碟型杯

冰 ....無

裝飾.......無

方法.......碟型搖盪

配方

2.0 盎司.....瑪杜莎經典蘭姆酒
（Matusalem rum clásico）

0.75 盎司....萊姆汁

0.75 盎司....簡易糖漿

3 抖振......葡萄柚苦精

羅斯曼與雲特紫羅蘭香甜酒（Rothman & winter crème de violette），潤杯用

把碟型杯放入冷凍庫中。取搖杯：先倒苦精，再倒簡易糖漿、萊姆汁和蘭姆酒。試喝，推斷紫羅蘭香甜酒會如何讓整杯雞尾酒變得圓融，且與杯中其他液體融合後，如何讓雞尾酒的感覺甜一點。從冷凍庫取出碟型杯，並用紫羅蘭香甜酒潤杯。紫羅蘭香甜酒的酒精濃度低，所以潤杯時，無需先在杯中加冰，但請在水槽或垃圾桶上操作，這樣你才能好好傾斜杯子，酒液才不會回流。

加 5 顆冰塊，進行**碟型搖盪**。試喝。需要再多加 0.125 盎司的萊姆汁，讓味道更鮮明嗎？搖盪的時間是否夠久？讓搖杯中產生足夠的泡沫且充滿生氣。**雙重過濾**。倒入杯中，但不要超過杯子的三分之二，這樣才有足夠的表面空間讓潤杯發揮在雞尾酒中的功用。如果雪克杯裡還有多的雞尾酒，可倒進「側車杯」（Sidecar）[50]，這樣就能繼續保持冷卻，但不會漂浮在雪克杯搖過的冰塊中。

---

50 一個小型器皿，可用來盛裝碟型杯或尼克諾拉雞尾酒杯裝不下的雞尾酒。

母雞尾酒：第 33 頁 ＊ 簡易糖漿：第 311 頁 ＊ 潤杯：第 83 頁

荊棘叢
BRIARPATCH

約 2008 年

我很愛經典的「荊棘」雞尾酒。它很順口，充滿水果味，但又不會太無聊。這杯「荊棘叢」是對迪克・布拉索 [51]（Dick Bradsell）的當代經典大作及其他特定作品所調製的變化版。這類作品大多是一杯琴費克斯（Gin Fix）加上一種水果成分而已，就像是大人版的粉紅檸檬水。由於黑莓糖漿裡有大量的安格仕苦精，所以能為這杯雞尾酒大大加分。——托比・馬洛尼

各就各位

杯器.......可林杯
冰 ....碎冰
裝飾.......黑莓；打結的豬尾巴檸檬皮捲
方法.......美式軟性搖盪、滾動

配方

2 盎司 ......英人牌琴酒
0.75 盎司 ....檸檬汁
0.5 盎司 ....簡易糖漿
0.25+ 盎司 ...黑莓糖漿，花邊用

在雪克杯中混合簡易糖漿、檸檬汁和琴酒。將 0.25 盎司的黑莓糖漿倒入量酒器中，把它放在你要送上調飲的地方旁邊，這樣就能為即將到來的期盼時刻做好準備。試喝。搖杯裡的酒應該不會太甜，因為最後會倒入糖漿花邊。拿出可林杯，裝進四分之三滿的碎冰。在搖杯中裝 2 盎司碎冰，開始**美式軟性搖盪**。把搖杯中的所有材料**滾進**可林杯中。碎冰的量會減少，所以如果你希望有滿溢的冰涼感，可以再疊上更多碎冰，並倒入黑莓糖漿。

裝飾：用刻花刀刨出豬尾巴檸檬皮捲，把檸檬懸在飲料上方，這樣皮油就可以噴附在飲料表面。不要害羞，我們需要大量的皮油，形成厚厚的一層。把豬尾巴皮捲打個結，再把黑莓塞進打結空心處，放入飲料中當裝飾。

---

51 譯註：迪克（1959～2016）是英國知名調酒師，他因在調製雞尾酒展現無比創意而聞名，是雞尾酒界的傳奇人物。

黑莓糖漿：第 312 頁 ＊ 美式軟性搖盪：第 46 頁 ＊ 花邊：第 81 頁

轉瞬之間
NEW YORK MINUTE

約 2015 年

這是改編自美國作家老查爾斯・H・貝克（Charles H. Baker）的經典之作：泛美快艇（Pan American Clipper）。大部分的材料都與原版相同，只在比例上有些微改變，並加了伏特加。紅石榴糖漿與蘋果白蘭地搭配起來的效果真的很好，1 抖振的苦艾酒也發揮獨特效果，把所有材料兜攏在一起，就像把新鮮香草加到沙拉一樣。這是一杯給不喝伏特加之人的調酒，而對於雞尾酒愛好者，複雜度則剛剛好，可以好好享受。而對於偶爾喝一下雞尾酒的人，這杯也剛好能讓他們「喝懂」。——艾莉莎・海特（Alyssa Heidt）

各就各位

杯器.......尼克諾拉雞尾酒杯

冰 ....無

裝飾.......無

方法.......碟型搖盪

配方

1.5 盎司.....伏特加

0.5 盎司....萊爾德 BIB 蘋果傑克（Laird's bottled-in-bond applejack）

0.75 盎司...檸檬汁

0.75– 盎司...紅石榴糖漿

1 抖振......聖喬治草本苦艾酒（ST. george absinthe verte）

冰鎮碟型杯。在雪克杯中混合苦艾酒、紅石榴糖漿和檸檬汁，然後疊倒蘋果傑克和伏特加。試喝。要特別留意苦艾酒的量，只能是 1 抖振——極少的量，因為一旦在搖盪過程，加入稀釋後，苦艾酒會淡化到幾乎消失在其中。它存在的意義只是為了增加一絲絲複雜度而已——畢竟這不是一杯「苦艾酒雞尾酒」！加 5 顆冰塊，開始**碟型搖盪**。試喝。夠不夠甜？再多加點紅石榴糖漿會不會更好？蘋果傑克的甜度很低，所以可能需要在這個時間點，多加一點甜來提味。**濾冰**。無裝飾。

紅石榴糖漿：第 311 頁 ✳ 疊倒：第 36 頁 ✳ 搶味：第 37 頁

放蕩主義
THE LIBERTINE
— 約 2008 年 —

這杯調酒的靈感來自於海明威風格的雞尾酒，也就是把苦艾酒與氣泡葡萄酒相融，如「午後之死」（Death in the Afternoon）。我想要調一款步驟很少的簡單雞尾酒，所以我用野莓琴酒漂浮把兩者融合在一起，當它像蔓延的蜘蛛網一樣往下流入雞尾酒時，能增加驚人的視覺效果。——羅比·海因斯

各就各位

杯器.......颶風杯

冰 ....手敲冰塊

裝飾.......黑莓；豬尾巴檸檬皮捲

方法.......可林斯搖盪、滾動

配方

0.5 盎司.....保樂苦艾酒

0.75 盎司....檸檬汁

0.5 盎司.....簡易糖漿

2 盎司......不甜的氣泡葡萄酒，打底用

0.25 盎司....普利茅斯野莓琴酒（Plymouth sloe gin），漂浮用

在颶風杯中放入約 5 顆手敲冰塊，接著倒入幾盎司氣泡葡萄酒讓杯子開始冷卻。在雪克杯中，**可林斯搖盪**苦艾酒、檸檬汁、糖漿和 3 顆大小一致的冰塊。試喝，如果太甜，多加 0.5 盎司的氣泡葡萄酒，會有助於達到平衡。如果你覺得苦艾酒的味道不夠重，可在這時候多加一點。

把搖杯中的所有材料**滾進**到準備好的杯子中。把野莓琴酒倒入量酒器或小瓶子，這樣做是為了之後要把酒緩緩倒入雞尾酒表面時，會比直接拿 750 毫升的大罐子倒來得容易。

琴酒的量足以讓雞尾酒看起來很酷。你在刨細長檸檬皮時，噴附皮油到雞尾酒表面——這是展現香氣明亮且清爽的關鍵步驟，接著扭轉檸檬皮，讓它看起來像豬尾巴，並插入杯中當裝飾。最後，在豬尾巴檸檬皮捲旁邊擺上黑莓。

簡易糖漿：第 311 頁 ＊ 可林斯搖盪：第 46 頁 ＊ 打底：第 62 頁 ＊ 漂浮：第 81 頁

果園
ORCHARD

—— 約 2008 年 ——

這杯酒刻意設計為簡單版的「側車」，是一杯直截了當、平衡得宜的酸酒，讓我想起現摘蘋果又酸又甜的滋味。我喜歡這杯酒裡蘊含著不同層次，屬於記憶中的風味——讓人想起新鮮蘋果、焦糖蘋果和蘋果派或烤蘋果奶酥裡的香味，而且這些風味全都非常協調。——凱·大衛森

各就各位

杯器.......碟型杯

冰 ....無

裝飾.......11 滴多香果利口酒
　　　　　　（Allspice dram）

方法.......碟型搖盪

配方

2 盎司 ......萊爾德 BIB 蘋果傑克

0.75 盎司 ...檸檬汁

0.5 盎司 ....布利斯波本桶陳楓糖漿
　　　　　　（Blis bourbon barrel-
　　　　　　aged maple syrup）

0.25- 盎司 ...聖伊莉莎白多香果利口酒
　　　　　　（St. elizabeth allspice dram）

冰鎮碟型杯。測量檸檬汁，倒入雪克杯中，再倒入楓糖漿，蘋果傑克及多香果利口酒量完也倒入。挑 5 顆外型好看的冰塊，放入搖杯。蓋上上杯，進行**碟型搖盪**，先慢慢搖，試著建立起節奏，並讓雪克杯中的冰塊繞著杯壁移動。

試喝看看多香果利口酒的強度是否會讓雞尾酒的質地變得不討喜。如果不大甜，可再加 0.25+ 盎司楓糖漿，或 0.25- 盎司德梅拉拉糖糖漿。**濾冰後**倒進碟型杯，加上裝飾。

寬慰：第 133 頁 ＊ 楓糖漿：第 26 頁 ＊ 胖倒／瘦倒：第 36 頁 ＊ 碟型搖盪：第 45 頁

電線上的鳥
BIRD ON A WIRE

—— 約 2011 年 ——

這是一杯威士忌版的「雛菊」，因為加了西洋梨利口酒，所以多了一番趣味。就像一片好吃的派，搭配肉桂具侵略性的辛香，以及西洋梨較細緻柔和的特性，波本威士忌帶進所有暖烘烘的香草味與烘烤香料的風味，而費氏兄弟苦精又強化得恰到好處。如果你用安格仕苦精的話，可能會激起一些更複雜謎樣的風味，但費氏則帶來如飲料機般的簡樸感。這杯酒很適合愛吃甜食，但又不想讓人知道的人。——羅比‧海因斯

各就各位

杯器.......碟型杯
冰 ....無
裝飾.......豬尾巴檸檬皮捲
方法.......碟型搖盪

配方

2 盎司 .....水牛足跡波本威士忌
　　　　　（Buffalo trace bourbon）

0.75 盎司 ...檸檬汁

0.75 盎司 ...羅斯曼與雲特果園西洋梨利口酒
　　　　　（Rothman & winter
　　　　　orchard pear liqueur）

0.5 盎司 ....肉桂糖漿

9 滴 ....費氏兄弟經典芳香苦精
　　　　　（Fee brothers old fashion
　　　　　aromatic bitters）

冰鎮碟型杯。拿出雪克杯，量好苦精倒入搖杯中，加入肉桂糖漿和西洋梨利口酒，兩者的分量都要量得非常精準，才不會調出「太甜的」雞尾酒。把檸檬汁、波本威士忌和 5 顆冰塊倒入搖杯中。**碟型搖盪。**試喝，如果需要多一些甜味，可試試德梅拉拉糖糖漿，而不是加更多肉桂糖漿，因為後者除了增加甜度外，還會改變雞尾酒的風味。

雙重過濾，且隔冰器的閘門要關上，這樣才能盡量擋住搖杯中的冰。以捲度漂亮又緊實的豬尾巴皮捲做為裝飾（用刻花刀在雞尾酒上方刨出細細長長的果皮，這樣水果的皮油就能噴附在雞尾酒表面。把果皮扭緊，讓它看起來像是韋伯〔Wilbur〕[52]的背面，接著把豬尾巴皮捲插入酒中，讓調飲看起來更吸引人）。

---

52 譯註：電影《夏綠蒂的網》中的小豬。

肉桂糖漿：第 312 頁 ＊ 碟型搖盪：第 45 頁 ＊ 豬尾巴皮捲：第 77 頁

芳心終結者
THE HEARTBREAKER

約 2018 年

這杯酒可稱為「類法國 75」（French 75）或「類柯夢波丹」，但無論是哪一種稱呼，它都是一杯有趣且具挑逗性的夏日伏特加雞尾酒。寓言野櫻莓利口酒（Apologue's Aronia Liqueu）是一項非常莓果導向的材料，會讓我想起石榴，所以這兩種材料馬上就可以進行配對，再透過檸檬汁提味。伏特加有助於增加酒精濃度，但野櫻莓才是主秀。這是一杯活潑、微帶柑橘味的雞尾酒，味道很清爽，因為加了氣泡葡萄酒的搖盪型伏特加雞尾酒，口感很豐富。

——托比·馬洛尼

各就各位

杯器.......林杯
冰 ....冰塊
裝飾.......葡萄柚玫瑰
方法.......可林斯搖盪

配方

1.5 盎司.....伏特加
0.75 盎司....檸檬汁
0.75 盎司....寓言野櫻莓利口酒
0.75 盎司....紅石榴糖漿
不甜的氣泡葡萄酒，打底用

取一只可林杯。加冰，接著倒入 2 ～ 3 盎司氣泡葡萄酒打底——如果你希望成品甜一點，就加 2 盎司，想要不甜一點的版本，就加 3 盎司。因為會有氣泡衝上來，所以可能要分幾次倒完所需的量。置於一旁備用。在雪克杯中混合紅石榴糖漿、檸檬汁、野櫻莓利口酒、伏特加，以及 3 顆冰塊，接著進行**可林斯搖盪**。

試喝。現在應該會甜到讓你牙齒痛，不過一旦把搖杯中的雞尾酒與不甜的氣泡葡萄酒混合後，味道就會達到平衡。**濾冰**。裝飾時，請先噴一些皮油在雞尾酒表面，再把葡萄柚皮捲成玫瑰造型。

紅石榴糖漿：第 311 頁 ✳ 可林斯搖盪：第 46 頁 ✳ 葡萄柚玫瑰：第 77 頁

愛爾蘭奶酒
IRISH CREAM

—— 約 2008 年 ——

會有這杯酒，是因為我被交辦要為冬日酒單的「風味糖漿」延伸創作一款雞尾酒。這不是我常喝的雞尾酒類型，所以托比和我協力構思出這杯非常簡單的愛爾蘭奶酒變化版。

這不是你奶奶家中的杯子裡，會出現的貝禮詩奶酒（Baileys）加冰！它是一杯清新、蒸餾酒為主的餐後酒，舒服、溫暖、清新又平衡。優質的愛爾蘭威士忌加上蘭姆酒，會形成出色的蜂蜜鮮美特質，再由利口酒引出香草調性，而柳橙皮則能添加一些煙燻柑橘香氣。對於不想要太厚重的餐後調飲，這杯非常合適。——珍·洛普（Jane Lopes）

各就各位

杯器.......雙層古典杯
冰 ....冰塊
裝飾.......柳橙皮，用火燒過後丟棄
方法.......冰塊搖盪，滾動

配方

1 盎司 ......傑瑞水手香料蘭姆酒
　　　　　　（Sailor Jerry spiced rum）
1 盎司 ......知更鳥愛爾蘭威士忌
　　　　　　（Redbreast irish whiskey）
0.5 盎司....里刻 43 利口酒（Licor 43）
0.5 盎司....德梅拉拉糖糖漿
1 盎司 ......鮮奶油
3 滴 ....安格仕苦精

在雪克杯中加入鮮奶油，接著疊倒德梅拉拉糖糖漿和里刻 43 利口酒，再疊倒威士忌與蘭姆酒，並倒進搖杯。加 5 顆高品質的冰塊後，進行**冰塊搖盪**。試喝：在鮮奶油的濃郁、德梅拉拉糖糖漿和里刻 43 利口酒形成的甜味之間，應該能達到不錯的平衡。現在看看冰塊，如果大部分是完整無損，就可以把杯中所有材料**滾進**至雙層古典杯中。如果冰已經搖碎成千萬片，可改為**濾冰**後，倒進放了冰塊的酒杯。請自行選擇適合的方法。在雞尾酒上方直火燒一下柳橙皮，接著把果皮丟棄（因為已經不漂亮了，不能又著當裝飾）。

德梅拉拉糖糖漿：第 311 頁 ＊ 冰塊搖盪：第 46 頁 ＊ 火燒柳橙：第 75 頁

變戲法的小馬
TRICK PONY

約 2011 年

這是一杯伏特加酸酒的改編版,再加上當季杏桃與葡萄柚所帶來的春日風味。我很喜歡「公雞美國佬」(Cocchi Americano),也喜歡伏特加讓雞尾酒更錯綜複雜,做為整體的支撐。人人都愛伏特加,也愛小馬,但當一杯「伏特加蘇打」(Vodka soda)像是變不出新把戲的小馬時,我們這隻小馬倒是真的懂一些戲法。——蘇西·霍伊特(Susie Hoyt)

各就各位

杯器.......碟型杯
冰 ....無
裝飾.......檸檬半圓切片
方法.......碟型搖盪

配方

1 盎司......伏特加
1 盎司......公雞美國佬
0.75 盎司....檸檬汁
0.75 盎司....葡萄柚汁
0.125 盎司...瑪莉白莎 MB 杏桃利口酒(Marie brizard apry apricot liqueur)
0.5 盎司.....簡易糖漿

冰鎮碟型杯。把葡萄柚汁和檸檬汁**倒入**雪克杯中,疊倒杏桃利口酒和簡易糖漿,至 0.5+ 盎司。加公雞美國佬、伏特加和 5 顆冰塊。進行**碟型搖盪**。試喝,如果有一點太突兀且稀薄,就多加一點糖漿。要克制加更多利口酒的衝動,如果加太多,會添加風味、酒味和含糖量,反而讓雞尾酒的問題愈來愈複雜,而不是加以修正。

如果你能嚐得出杏桃風味,且感覺喝起來很飽滿,而不是稀稀淡淡的,那就是完成了。**雙重過濾後**,倒進冰鎮過的碟型杯。加上檸檬半圓切片做為裝飾,讓它開心地漂浮在雞尾酒表面。

簡易糖漿:第 311 頁 ✳ 半圓切片:第 77 頁 ✳ 疊倒:第 36 頁

鼴鼠
EL TOPO

約 2012 年

帶辣味的調飲很受歡迎，而且如果你在自己的「軍火庫」內，擁有可靠好酒譜的話，更是能夠在關鍵時刻派上用場——這杯酒正因如此，已經成為酒吧中最受歡迎的雞尾酒之一。

這個酒譜是我在 PKNY 酒吧（R.I.P.）喝到「戈登的玻里尼西亞早餐」（Gordon's polynesian breakfast；由琴酒、萊姆、黃瓜、辣醬和鹽調製而成）之後想出來的。我把琴酒換成龍舌蘭，並加了草莓，再用一點浮在雞尾酒表面的梅茲卡爾來取代鹽。它集合了甜、酸、辣、水果味、鹹和煙燻味，夫復何求？——派翠克・史密斯（Patrick Smith）

各就各位

杯器.......雙層古典杯
冰 ....大冰塊
裝飾.......草莓和黃瓜片
方法.......冰塊搖盪

配方

2 盎司 ......短陳龍舌蘭
            （Reposado tequila）
0.75 盎司....萊姆汁
0.5+ 盎司...簡易糖漿
0.125 盎司...惡魔果汁（Jugo del diablo）
1 片.......黃瓜片，切半、搗碎
1 顆.......草莓，切半、搗碎
0.25 盎司....梅茲卡爾，漂浮用

把大冰塊放入雙層古典杯中。從惡魔果汁開始，先試試看有多辣，再倒非常少的量進搖杯中，如果加太多辣醬，會讓味覺完全爆掉。這杯調酒必須小心翼翼地踩在辣和甜之間，所以盡量試著在無酒精狀態就達到平衡，才有辦法喝完一杯。

接著把黃瓜和草莓放入辣醬中，**搗碎**。倒入糖漿、萊姆汁、龍舌蘭，以及 5 顆冰塊。劇烈地**冰塊搖盪**。試喝，你會希望甜味與辣味達到你喜歡的平衡。如果覺得太辣，可再多加一些糖漿。**雙重過濾後**，倒進裝了大冰塊的雙層古典杯。倒一些梅茲卡爾，使其漂浮在表面，再加上裝飾即完成。

簡易糖漿：第 311 頁 ＊ 惡魔果汁：第 315 頁 ＊ 並列：第 189 頁 ＊ 漂浮：第 81 頁

可憐的麗莎
POOR LIZA

約 2007 年

你知道要做出一瓶西洋梨生命之水（Eau-de-vie）[53]，需要 20 磅（約 9 公斤）的西洋梨嗎？對我來說，很明顯可以從烈酒多汁的顆粒口感中感受到，這杯雞尾酒喝起來像是一顆完美的西洋梨；那種軟到像奶油一樣好切，稍微用力一擠，就像搭著高山草原上的格紋毯子一樣，滑進嘴裡。夏翠絲酒在這裡貢獻的複雜度就像它在「香榭麗舍」（Champs-Élysées）中扮演的角色一樣。這杯酒在酒單上的價位並不低，但卻是一杯殺手級的「莊家選擇」（Dealer's choice）[54]。──托比・馬洛尼

各就各位

杯器.......碟型杯

冰........無

裝飾.......柳橙圓片，用火燒過後丟棄

方法.......碟型搖盪

配方

2 盎司......清溪西洋梨白蘭地
　　　　　　（Clear creek pear brandy）

0.75 盎司....檸檬汁

0.25 盎司....綠夏翠絲

0.5 盎司.....簡易糖漿

3 抖振......裴喬氏苦精

把碟型杯冰鎮到超・級・冰。將苦精倒進雪克杯，用量酒器小杯那側疊倒簡易糖漿和夏翠絲，再倒進搖杯，接著加入檸檬汁和生命之水。快速試一下味道。加了夏翠絲代表需要長時間的**碟型搖盪**，才能馴化這個酒精純度 110 的利口酒。加入 5 顆冰塊一起搖盪。試試西洋梨風味與藥草香氣融合的情況如何，如果味道不夠鮮明，可多加幾滴夏翠絲或苦精（根據你比較喜歡的風味）。

雙重過濾後倒進碟型杯，並加上裝飾。如果你對火燒柳橙的技術還不純熟，請先離酒杯遠一點操作；或是直接在杯上操作，讓柑橘油滴在表面。那股香氣就是你的裝飾，所以一旦柳橙圓片完成它的工作後，即可丟棄。

53　譯註：生命之水為白蘭地之稱。

54　譯註：原為牌局用語。在撲克牌遊戲中，由莊家決定下一輪遊戲形式的規則；用於酒吧中，表示客人讓調酒師自行發揮，幫忙設計一杯適合的雞尾酒。

簡易糖漿：第 311 頁　✳　疊倒：第 36 頁　✳　火燒柳橙圓片：第 75 頁

小混蛋
THE STROONZ

約 2015 年

這杯餐後酒減少基底烈酒的用量，增加義大利苦酒的量。葡萄柚和吉拿義大利苦酒（Cynar）混在一起的味道很棒，但葡萄柚汁的酸度不一——即使是同一週採收，風味也大有不同，這也是為什麼我們在這杯調飲中，加入檸檬汁做為「急救」。如果覺得葡萄柚汁的味道不夠清亮，可多加一些檸檬，讓酒體飽滿一點。這杯酒的名字是來自義大利裔美國人的方言，意思是「小混蛋」（Little asshole）。——伊登·勞林（Eden Laurin）

各就各位

杯器.......可林杯

冰........冰片

裝飾.......缺口柳橙皮，擠壓後投入酒中

方法.......可林斯搖盪

配方

1.5 盎司.....吉拿義大利苦酒

1 盎司......歐佛斯特波本威士忌
　　　　　　（Old forester bourbon）

0.5 盎司.....安提卡古典配方香艾酒
　　　　　　（Carpano antica vermouth）

0.25+ 盎司...檸檬汁

0.5 盎司.....葡萄柚汁

0.5 盎司.....德梅拉拉糖糖漿

蘇打水，打底

準備好杯子，加冰塊，倒入兩根手指高的蘇打水打底；這杯雞尾酒會加入材料，所以只需要一點點氣泡。量好德梅拉拉糖糖漿，倒入雪克杯，疊倒檸檬汁和葡萄柚汁。當然，你一定已經先試過葡萄柚汁的味道，了解其酸度和苦度，才知道如何微調檸檬汁的用量（如果葡萄柚汁的酸度不如往常，那就多加一些檸檬汁）。

現在疊倒剛剛好 2 盎司的安提卡古典配方香艾酒和吉拿，接著倒歐佛斯特。試喝，要確定果汁與德梅拉拉糖糖漿達到平衡，再留意葡萄柚和吉拿的苦味。放入 3 顆冰塊後，進行**可林斯搖盪**。試喝，推斷從蘇打水和冰塊來的些微水量，是否會抵銷現有的大部分甜味。此時嚐起來的味道，要有些稍甜。**濾冰**。加上裝飾。

德梅拉拉糖糖漿：第 311 頁　✳　可林斯搖盪：第 46 頁　✳　打底：第 62 頁　✳
疊倒：第 36 頁　✳　缺口果皮：第 76 頁

老傑克
THE ELDER JACK

約 2008 年

聖杰曼利口酒（St-Germain）首次在市面上出現後，每個人都開始在用這款酒。這杯調飲的（英文）名字玩了一點文字遊戲——取了接骨木花（Elderflower）利口酒裡的 Elder，以及蘋果傑克（Applejack）裡的 Jack。它用了許多新鮮材料，是杯清爽、純粹、又平易近人的春日雞尾酒。蘋果傑克帶來很棒的五爪蘋果風味，而聖杰曼的花香與自製紅石榴糖漿提亮了整杯酒。最後裝飾的活力皮油，可平衡三個元素。我超愛這種無形卻效果佳的裝飾。

——史蒂芬・柯爾

各就各位

杯器.......碟型杯

冰........無

裝飾.......柳橙皮，擠壓後丟棄

方法.......碟型搖盪

配方

2 盎司......萊爾德 BIB 蘋果傑克

0.75 盎司....萊姆汁

0.5 盎司....紅石榴糖漿

0.125 盎司...簡易糖漿

0.5 盎司....聖杰曼接骨木花利口酒

7 滴.......香橙苦精

冰鎮碟型杯！將苦精倒入雪克杯，因為紅石榴糖漿比簡易糖漿更黏稠，所以倒入雪克杯前，要先量好紅石榴糖漿。接著加入簡易糖漿、萊姆汁、聖杰曼和蘋果傑克。放 5 顆冰塊入搖杯，進行**碟型搖盪**。

試喝。如果太甜，可試著多加一些萊姆汁（或如果想要瘋狂一點，可加 1 抖振安格仕苦精）。**濾冰**並加上裝飾。要確定雞尾酒表面有足量的皮油，盡量讓它均勻附著，因為皮油的香氣有助於平衡這杯酒的甜味，而且皮油和紅石榴糖漿搭配的效果也很好，能拉提出香橙苦精的迷人調性。

紅石榴糖漿：第 311 頁 ＊ 簡易糖漿：第 311 頁 ＊ 搶味：第 37 頁

冰山美人
STONE COLD FOX

約 2015 年

每次芝加哥的漫漫長冬一結束，我總是想直接跳進類似這杯可以在露台暢飲的雞尾酒中慶祝。這杯酒介於皮斯科潘趣（Pisco punch）和經典的邁泰（Classic mai tai）之間——兩種酒都是可以立即制服炎熱天氣的調酒。

在設計酒譜時，我很堅持要用紅酒漂浮（像紐約酸酒），所以我把酒吧的招牌紅酒（House red）倒在這杯已經很飽滿、類似邁泰的調酒上——看起來漂亮，而且喝的時候，不用思考太多。這個酒譜無論在什麼季節，都能施展魔法，變出海灘氛圍。——艾莉莎・海特

各就各位

杯器.......炫風杯（Cyclone）

冰 ....冰塊

裝飾.......帶葉薄荷嫩枝和柳橙圓片

方法.......美式軟性搖盪

配方

2 盎司 ......皮斯科混釀（Pisco acholado）

0.5 盎司....蒙特內哥羅義大利苦酒（Amaro montenegro）

0.75 盎司....萊姆汁

0.5 盎司....鳳梨汁

0.75 盎司....杏仁糖漿（Orgeat）

1 盎司 ......蘇打水，打底用

0.5 盎司....酒體輕盈的紅酒，漂浮用

冰鎮酒杯。依序把杏仁糖漿、鳳梨汁、萊姆汁、義大利苦酒和皮斯科，倒進雪克杯，再加入 2 盎司碎冰，快速進行**美式軟性搖盪**，讓搖杯中液體冰鎮和混合。**濾冰後**，倒進冰過的酒杯，接著加冰塊，但不要加到滿杯，預留點空間給葡萄酒漂浮。

加上柳橙裝飾：這是仿照桑格莉亞（Sangria）的做法——不需花太多功夫，所以你可以把柳橙圓片放入雞尾酒中，等它在酒中靜置一段時間後，再把它吃掉，這是一劑健康的維生素 C。

現在輪到薄荷上場：把薄荷枝拿到酒杯上方，用吧匙柄或吸管輕拍，這樣有助於精油的芳香複合物落在雞尾酒的表面。將薄荷枝以 6 點鐘方向直直地插入酒中，旁邊加支吸管。沿著吧匙背面或用量酒器緩緩倒入紅酒，讓它漂浮在表面。

杏仁糖漿：第 314 頁 ✳ 美式軟性搖盪：第 46 頁 ✳ 漂浮：第 81 頁 ✳

倫敦的青蛙
LONDON FROG

約 2019 年

我到暮色時刻工作之前，曾做了三年半的咖啡師。為了向這段歷史致意，我想做一杯受「倫敦之霧茶拿鐵」（London fog latte）所啟發的雞尾酒，於是產生了這杯「倫敦的青蛙」。茶拿鐵中蘊含所有的佛手柑香氣與淡淡檸檬調性，都來自充滿單寧的伯爵茶。

這杯雞尾酒裡的每個元素都刻意仿效這些風味，而蛋白則能提供蒸汽牛奶的豐盈奶泡效果。最後達到甜、（由單寧造成的）乾澀感，與苦味的平衡成果，適合喜歡伏特加，但想來點變化的人，也適合喜歡細緻義大利苦酒和柑橘風味的飲用者。——麗莎·克萊兒·葛林

各就各位

杯器.......矮腳戴爾莫尼科杯

冰 ....無

裝飾.......檸檬皮，擠壓後丟棄

方法.......默劇搖盪、碟型搖盪

配方

1 盎司 ......伏特加

0.5 盎司....蒙特內哥羅義大利苦酒

0.75 盎司...檸檬汁

0.5 盎司....義大利佛手柑利口酒
　　　　　　（Italicus bergamot liqueur）

0.75 盎司...伯爵茶糖漿

1 顆.......蛋白

在雪克杯大杯那端，依序倒入伯爵茶糖漿、佛手柑利口酒、檸檬汁、義大利苦酒和伏特加。在小杯那端，倒入分蛋後的蛋白（不要蛋黃和繫帶）。**進行默劇搖盪**。試喝。糖漿和佛手柑利口酒應該能綜合出很濃的佛手柑基調；蒙特內哥羅義大利苦酒的複雜度應該會帶來溫暖的焦糖質感。如果檸檬汁不小心下手過重，會需要加一點佛手柑利口酒才能平衡回來。

把搖杯打開，讓所有的雞尾酒留在大杯中，接著舀 3 顆冰塊進小杯。**碟型搖盪**到完成。**雙重過濾後**倒進雞尾酒杯。刨檸檬皮，在充滿泡沫的雞尾酒頂端擠壓出皮油，並丟掉。馬上端上桌品嚐。

伯爵茶糖漿：第 313 頁 ＊ 蛋：第 64 頁 ＊ 柑橘香氣：第 73 頁 ＊

瓊與亨利
JUNE & HENRY

— 約 2016 年 —

冰涼、辛辣、果香、酒味、清新與文雅，這個酒譜的靈感來自「茱麗葉與羅密歐」（Juliet & Romeo；見 P.306）。這是一杯不需要惱怒也能喝的辛辣雞尾酒，也是一杯不需要因為第一次喝而緊張的農業型蘭姆酒調飲。你可以很明顯地喝出利口酒中的安丘辣椒風味，即使對於味覺敏感的人，也不會覺得太辣，我認為是黃瓜融合了這一切——它讓辣椒沒那麼火辣，而且與農業型蘭姆酒的植物、草本調性，搭配得相得益彰。——大衛·龔薩福（David Gonsalves）

各就各位

杯器.......雙層古典杯

冰 ....碎冰

裝飾.......帶葉薄荷嫩枝、黃瓜片 3 片、鹽

方法.......默劇搖盪和美式軟性搖盪

配方

1 盎司 ......最愛農業型白蘭姆酒（La favorite rhum agricole blanc）

0.75 盎司....萊姆汁

1 盎司 ......安丘辣耶斯利口酒（Ancho reyes liqueur）

0.75 盎司....簡易糖漿

3 片.......黃瓜片，搗碎

1 枝.......帶葉薄荷嫩枝

輕輕地在黃瓜片的邊緣裹鹽，接著丟進雪克杯中，**搗碎**。放入薄荷嫩枝（要克制想搗碎的衝動）、萊姆汁、簡易糖漿、辣椒利口酒和蘭姆酒。簡易糖漿和萊姆汁的量要很精準；測量蘭姆酒和安丘利口酒時，就像要動手術一樣，比精準更精準。準備裝飾：把 3 片漂亮的黃瓜片像扇子一樣打開（好似有一手好牌一樣），接著拿一枝薄荷，從黃瓜種籽處刺穿，再於邊緣裹上鹽。置於一旁備用。

默劇搖盪。完成後，加 2 盎司碎冰，再**碟型搖盪**。在雙層古典杯中裝滿碎冰，雞尾酒**雙重過濾後**倒進杯中，倒的時候，以繞圈的模式，讓酒細細地淋在冰塊上，好獲得優秀的稀釋效果。使用茱莉普隔冰器，舀冰到杯中，盡量壓實，冰量愈多愈好，用隔冰器把尖端修整成漂亮、平滑的冰山形狀。最後，一口氣插入吸管和裝飾。

茱麗葉與羅密歐：第 306 頁　✳　簡易糖漿：第 311 頁　✳　默劇搖盪：第 65 頁

痛苦的朱塞佩
BITTER GIUSEPPE

約 2009 年

有時，雞尾酒會告訴你該做什麼，而不是你告訴它要做些什麼。某個晚上，一位我認識的義大利主廚來酒吧想喝一杯。我想他應該會喜歡吉拿曼哈頓（Cynar Manhattan）。我也不知道哪來的靈感（現在看來很不合理），因為那是把帶甜味的義大利苦酒加到其他甜的風味中，但無論如何，我知道需要加些其他東西來平衡。當時，我正嘗試用不同配方調「陽春派對酒」，所以用了許多小小的萊姆圓片。

記得我把一顆檸檬切成圓片，但因為切得比較大片，導致需要不斷加更多酸度倒酒中，結果我就不停地試喝，想把我亂調的東西修正過來。結果，我整整用了 0.25 盎司的檸檬汁和驚人的 6 抖振香橙苦精，才把所有材料融合在一起。

我希望能為這杯酒的起源給一個好一點的故事，但我當時就像無頭蒼蠅一樣，到處亂竄，試著調出一杯好喝的雞尾酒，沒想到效果出奇的好。——史蒂芬·柯爾

各就各位

杯器........雙層古典杯

冰 ....大冰塊

裝飾........檸檬皮，擠壓後插入

方法........冰塊攪拌

配方

2 盎司......吉拿義大利苦酒

1 盎司......安提卡古典配方香艾酒

0.25 盎司....檸檬汁

6 抖振......香橙苦精

把 1 塊大冰塊放入雙層古典杯中。將苦精倒進攪拌杯（6 抖振是很大的量），但大量的苦精會同時增加酒精濃度和複雜性，不過這杯雞尾酒的情況非常需要這樣的配置。倒入檸檬汁，接著是香艾酒，最後是吉拿義大利苦酒。試喝，專注在淡淡的檸檬味如何與義大利苦酒的苦味發生作用，同時又讓香艾酒喝起來沒那麼甜。

加冰到攪拌杯的四分之三滿，接著進行**冰塊攪拌**。在過度稀釋前，再度試喝——趁雞尾酒還有點烈時，倒入古典杯中，因為和冰一起靜置後，味道會變淡。**濾冰後**倒進裝了 1 塊大冰塊的雙層古典杯。擠壓檸檬皮，讓雞尾酒的表面附著充滿如陽光香氣般的皮油。接著，皮面朝內，以 11 點鐘方向插入果皮，做為裝飾。

香氣：第 72 頁 ✳ 三聯畫：第 32 頁 ✳ 冰塊攪拌：第 47 頁

外頭凶險
IT'S A JUNGLE OUT THERE

約 2019 年

為了改造我最愛的雞尾酒之一：叢林鳥（Jungle Bird），我用了泥土煙燻味特別重的義大利煙燻藥草苦酒（Sfumato），並製作了以巴薩米克醋為基底的草莓鳳梨果醋糖漿（Shrub），來為這杯調飲增添明亮的熱帶感。我很愛義大利苦酒和草莓鳳梨果醋糖漿的組合，果醋糖漿能提供精彩度，而且能漂亮地平衡義大利苦酒的核果類水果調性。這杯雞尾酒很適合想要喝點清新、具有熱帶風情且追求新意的人。——伊凡潔琳·阿維拉（Evangeline Avila）

各就各位

杯器.......雙層古典杯
冰 ....冰塊
裝飾.......鳳梨葉、草莓
方法.......冰塊搖盪

配方

1.5 盎司.....陳年蘭姆酒
0.5 盎司.....卡佩萊義大利煙燻藥草大黃苦酒
　　　　　　（Cappelletti amaro sfumato rabarbaro）
0.5 盎司.....萊姆汁
0.75 盎司....鳳梨汁
0.5 盎司.....草莓鳳梨果醋糖漿

疊倒草莓鳳梨果醋糖漿和義大利煙燻藥草苦酒，再倒進雪克杯中。分別量完萊姆汁和鳳梨汁後，也倒入雪克杯。加蘭姆酒，快速試試味道，把注意力放在果醋糖漿中的醋與萊姆汁如何平衡鳳梨和草莓的甜味。

放 5 顆冰塊後，**冰塊搖盪**。試喝，目標是不要讓義大利煙燻藥草苦酒的煙燻苦味太搶戲，它應該要與鳳梨和草莓的熱帶調性達到平衡。**濾冰後**加上裝飾（要確定草莓已經熟了，而且是現切，才能給予致命的一擊）。

草莓鳳梨果醋糖漿：第 315 頁 ✳ 疊倒：第 36 頁 ✳ 冰塊搖盪：第 46 頁 ✳ 擺放裝飾：第 301 頁

萬惡之源
ROOT OF ALL EVIL

約 2012 年

我們很容易就會加太多的材料到雞尾酒中，所以學習用愈少的材料來調酒，是很有挑戰性的。這杯雞尾酒是我對這個精神的最佳詮釋。這杯酒很適合愛喝「寶石」（Bijou）的人，夏翠絲與麥根沙士（root beer）的組合，也許看起來不太對，但它們真的是天造地設的一對。

——派翠克・史密斯

各就各位

杯器.......雙層古典杯

冰 ....大冰塊

裝飾.......比特方塊麥根沙士苦精 5 滴

方法.......冰磚攪拌

配方

2 盎司......雷森老湯姆琴酒
　　　　　　（Ransom old tom gin）

1 盎司......刺菜薊義大利苦酒（Cardamaro）

0.25+ 盎司...綠夏翠絲

把酒杯冰鎮到外杯壁結滿迷人的冰霜。拿起攪拌杯，開始測量夏翠絲、刺菜薊義大利苦酒和琴酒，要注意量太多、太少都不行，因為這三種都是非常特別的材料，如果你量得不夠精準，而搞砸了味道，那真是暴殄天物。

在攪拌杯裡裝四分之三滿的冰，接著進行**冰磚攪拌**。每攪拌一陣子就試喝一下，直到稀釋和冰鎮都到位——你會知道好了，因為此時夏翠絲和琴酒沒那麼烈了（但只能稍微和緩一點，因為之後還要倒在冰塊上），且刺菜薊義大利苦酒的甜味也能與前兩者分庭抗禮。**濾冰後**，倒進放了一塊大冰塊且冰鎮過的杯子，最後輕輕在雞尾酒表面點上苦精做為裝飾。

搶味：第 37 頁　✳　冰磚攪拌：第 47 頁　✳　苦精裝飾：第 79 頁　✳

世界盃
THE WORLD CUP
 約 2008 年

這杯利用橘子皮的精油與香氣，是改編自卡琵莉亞的調酒，可以慢慢啜飲並加以分析，單純咕嚕咕嚕喝下肚也可以。托比每次都把基底酒視為雞尾酒的「蛋白質」，並以它做為基礎來建構和展示，所以在這杯酒中，它就是「卡沙薩」（Cachaça）。諾尼諾義大利苦酒（Amaro Nonino）和橘子則是很棒的配角，完美突顯「黃金之母」（Mãe de Ouro）的花香、青草香和怪奇甘蔗香特性，但又不會過於搶味。我很喜歡這杯調酒中蘊含的和諧與演變。

—— 凱・大衛森

各就各位

杯器.......雙層古典杯

冰 ....大冰塊

裝飾.......無

方法.......冰塊搖盪

配方

2 盎司 ......法曾達黃金之母卡沙薩
（Fazenda mãe de ouro cachaça）

0.5 盎司....諾尼諾義大利苦酒

0.25 盎司...德梅拉拉糖糖漿

1 塊 ....萊姆角（¼ 顆萊姆），
切半後搗碎

1 顆 ....小橘子，切成 6 等份，搗碎

1 抖振 .....雷根香橙苦精
（Regans' orange bitters）

先把萊姆放到雪克杯中搗碎，接著放入橘子，再次搗碎。依序加入德梅拉拉糖糖漿、香橙苦精、諾尼諾義大利苦酒和卡沙薩。加入 5 顆冰塊，進行**冰塊搖盪**，要確定冰塊能夠突破搖杯中大量的柑橘碎粒，成功融化稀釋。仔細**濾冰後**，倒進放了 1 塊大冰塊的雙層古典杯。因為搖杯中有許多搗碎的柑橘，所以過濾時可能需要比平常多費一點力，但這杯酒值得你費工濾出每一滴美味。

德梅拉拉糖糖漿：第 311 頁 ✳ 搗碎：第 68 頁 ✳ 隔冰器閘門：第 50 頁

窒息的藝術
ART OF CHOKE

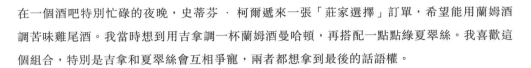

約 2008 年

在一個酒吧特別忙碌的夜晚，史蒂芬 · 柯爾遞來一張「莊家選擇」訂單，希望能用蘭姆酒調苦味雞尾酒。我當時想到用吉拿調一杯蘭姆酒曼哈頓，再搭配一點點綠夏翠絲。我喜歡這個組合，特別是吉拿和夏翠絲會互相爭寵，兩者都想拿到最後的話語權。

從那一刻開始，我玩興大開——薄荷引出夏翠絲中的所有香草味，而且老實說，我真不知道怎麼會想到要加萊姆，但它能與薄荷結合，產生骨牌效應。那時，我們全都非常投入於製作酒單上的雞尾酒，所以遇到這些隨機的「莊家選擇」時，通常需要加以提煉，才能明確傳達它們的意思。這杯調飲已證明它很適合用來當做改編的範本。如果史蒂芬沒有給我那張訂單，也許這一切就不會發生。——凱 · 大衛森

各就各位

杯器.......雙層古典杯

冰 ....大冰塊

裝飾.......帶葉薄荷嫩枝

方法.......冰磚攪拌

配方

1 盎司......阿普爾頓白蘭姆酒
　　　　　　（Appleton white rum）

1 盎司......吉拿義大利苦酒

0.25 盎司....簡易糖漿

0.25 盎司....綠夏翠絲

0.25 盎司....萊姆汁

1 枝.......帶葉薄荷嫩枝

用 1 塊漂亮的大冰塊冰鎮雙層古典杯。取一枝葉子很茂盛的薄荷嫩枝，折半以釋放精油，接著放入攪拌杯中。把薄荷精油整個摩擦攪拌杯的底部，然後裝冰到四分之三滿。疊倒簡易糖漿和夏翠絲，再加萊姆汁。把量酒器顛倒過來，疊倒蘭姆酒和吉拿。因為吉拿的酒精濃度低，所以不太需要攪拌。

在攪拌杯裡裝冰到四分之三滿，進行**冰磚攪拌**。試喝，注意萊姆汁有沒有讓三種甜味劑變得比較不甜，如果還是太甜，可多擠一點萊姆汁。再攪拌一下，試喝。現在應該能感覺蘭姆酒和夏翠絲的味道變得柔和。**濾冰**。把裝飾用的薄荷嫩枝拍一拍後擺上。

簡易糖漿：第 311 頁 ＊ 疊倒：第 36 頁 ＊ 冰磚攪拌：第 47 頁 ＊
拍打薄荷枝：第 78 頁

黃金時代
THE GOLDEN AGE

約 2007 年

我們的第一份酒單上，大部分都是經典雞尾酒，只有一些是挑戰極限——如這杯不經意的創作。它發生在晚上 11 點左右，就在我們正式開業的前一晚，我當時已經累得半死，所以完全不記得發生什麼事。他們告訴我，我突然有想法，接著就到處收集所需，接著就在睡眠不足的神遊狀態下，完成這杯酒。

蛋黃加上碎冰，在 2007 年是怪到不行的組合（嗯…現在依舊很罕見），但這杯酒真的非同凡響，禁得起時間考驗。調酒前，記得先問賓客有無過敏，或是否為純素主義者，在他們喝了幾口之後，再告訴他們裡面有蛋黃。——托比·馬洛尼

各就各位

杯器........可林杯
冰 ....碎冰
裝飾........檸檬半圓切片、櫻桃
方法........美式軟性搖盪、滾動

配方

2 盎司 ..... 瑪杜莎經典蘭姆酒
0.75 盎司 ... 檸檬汁
0.25 盎司 ... 簡易糖漿
0.5+ 盎司 ... 利奧波德兄弟密西根酸櫻桃
利口酒（Leopold bros. michigan tart cherry liqueur）
1 抖振 ..... 檸檬苦精
1 顆蛋黃

把蛋黃丟進雪克杯中，不要猶豫，就是要弄破它！倒入苦精。疊倒簡易糖漿和櫻桃利口酒，兩者總量不超過 1 盎司。接著倒檸檬汁和蘭姆酒。先大略攪拌一下（或默劇搖盪），確定蛋黃融入了（尤其當蛋黃撞擊搖杯，還沒破掉的話）。試喝看看！根據你用的櫻桃利口酒，你可能需要再加微量的簡易糖漿；試著想像一下，如果之後倒在碎冰上（會讓雞尾酒變得極不甜），會變成什麼情況。在可林杯中裝四分之三滿的碎冰，**美式軟性搖盪**後，把搖杯中所有材料慢慢**滾進**杯中，讓碎冰有時間好好迎接酒液。繼續疊碎冰到快接近杯緣的高度。檸檬圓片應該要讓這杯調飲看起來像頂著龐克頭的造型，並在頂端加上一顆櫻桃。

蛋：第 64 頁 ✳ 疊倒：第 36 頁 ✳ 胖倒／瘦倒：第 36 頁 ✳ 半圓切片：第 79 頁 ✳

金屬花
METAL FLOWERS

 約 2014 年

我很愛經典的陽春派對酒，但農業型蘭姆酒有時很烈，所以現在這杯可說是刻意做成清淡版的陽春派對酒。

利奧波德兄弟的酸櫻桃利口酒能讓蘭姆酒的草本調性比較溫和，但又不會讓它們完全消失，而萊姆則能讓整杯酒的味道變得很「乾淨」。有時，用非常少的材料調一杯經典雞尾酒，能使得相當有趣的東西「曇花一現」——如果你要說這杯酒不是陽春派對酒也行。最酷的是，它也不需要是！——安卓‧麥基（Andrew Mackey）

各就各位

杯器.......雙層古典杯

冰 ....碎冰

裝飾.......萊姆圓片、柳橙半圓切片

方法.......用攪酒棒快速拌合

配方

2 盎司 ......內森農業型白蘭姆酒
（Neisson rhum agricole blanc）

0.125- 盎司 ..萊姆汁

0.5 盎司.....利奧波德兄弟密西根
酸櫻桃利口酒

0.5 盎司.....德梅拉拉糖糖漿（TVH+）

3 抖振 ......櫻桃苦精

這是一杯「希維索」，所以我們直接在酒杯中製作。取一個雙層古典杯，甩入 3 抖振苦精。疊倒德梅拉拉糖糖漿和櫻桃利口酒，接著依序加入萊姆汁和蘭姆酒。試喝。萊姆汁在這邊的功用不是要嚐到萊姆味，而是要提亮整杯調飲，讓櫻桃風味從「櫻桃派」變成「新鮮現摘」。

裝碎冰到杯子的四分之三滿，雙手像祈禱一樣合十抓住攪酒棒或酒吧勺，開始**快速拌合**。試喝。根據你的杯子的大小和裡面的冰量，你可能需要多加一點德梅拉拉糖糖漿。最後，疊上碎冰，在杯緣加上萊姆圓片和柳橙半圓切片裝飾即完成。

TVH+：第 311 頁 ✳ 碎冰：第 59 頁 ✳ 用攪酒棒快速拌合：第 47 頁

吞雲吐霧
THE ART OF SMOKE

———— 約 2008 年 ————

這杯雞尾酒改編自凱·大衛森的「窒息的藝術」（見 P.115）。他為那杯酒建立非常出色的框架，而且我認為自己引入的變化也很有趣。在創作這杯酒時，我很喜歡大膽突出的味道——就像用三原色畫的許多畫作。梅茲卡爾和吉拿是領銜擔當，給了這杯雞尾酒煙燻和帶苦味的骨幹。夏翠絲和巧克力苦精則畫龍點睛，讓風味產生細微的差異和廣度。

—— 麥·萊恩（MIKE RYAN）

各就各位

杯器.......雙層古典杯
冰 ....大冰塊或冰球
裝飾.......帶葉薄荷嫩枝、7 滴巧克力苦精
方法.......冰磚攪拌

配方

1 盎司 ......迪爾馬蓋－維達梅茲卡爾
　　　　　　（Del maguey vida mezcal）
1 盎司 ......吉拿義大利苦酒
0.25- 盎司 ...萊姆汁
0.25 盎司 ...綠夏翠絲
0.25 盎司 ...德梅拉拉糖糖漿
15 滴 ......裴喬氏苦精
1 條 ....葡萄柚皮，潤杯用

準備好雙層古典杯，大膽地把葡萄柚皮油擠進杯中。放入 1 大塊形狀不完美的冰塊或冰球，因為小冰塊在大容器中，看起來會很奇怪。放入苦精、德梅拉拉糖糖漿，再加萊姆汁。加入夏翠絲，確保測量很精準（如果出錯而加得少了，還沒關係，因為這種利口酒的味道真的非常重），接著加吉拿和梅茲卡爾。

加冰到雙層古典杯的四分之三滿，接著進行**冰磚攪拌**。在稀釋程度還差一點點就完美的程度時停止。你會知道何時該停止，因為能感覺到梅茲卡爾的濃烈已經稍微緩和，而且吉拿的甜味也跑出來了。裝飾，小心地滴上巧克力苦精（除非你喜歡大量巧克力香味，那粗手粗腳也可以）。

德梅拉拉糖糖漿：第 311 頁 ＊ 冰磚攪拌：第 47 頁 ＊ 薄荷 / 苦精裝飾：第 78 頁 ＊
搶味：第 37 頁 ＊ 胖倒 / 瘦倒：第 36 頁

尾穗莧
LOVE-LIES-BLEEDING

— 約 2018 年 —

這杯雞尾酒是我想和「窒息的藝術」（見 P.115）較量一番，用了超級苦的基酒，並把梅茲卡爾當成修飾，讓風味突破極限。主味來自美思苦艾酒（Punt e Mes）和梅茲卡爾——充滿烘烤巧克力、煙燻，甚至是墨西哥混醬（Mole）的調性。來自亞普羅和葡萄柚苦精的葡萄柚味道，與萊姆交織後，能打亮調飲的輪廓，也有助於平衡。

這是一杯加了點變化的夏日餐後酒，對於喜歡酒味重梅茲卡爾雞尾酒的人，會是好選擇，更是喜歡苦味調酒之人的必選。而對於想要體驗上述兩者驚人之處的飲用者，更是不容錯過。——利未・泰瑪（Levi Tyma）

各就各位

杯器.......雙層古典杯
冰 ....大冰塊
裝飾.......葡萄柚皮，擠壓後投入
方法.......冰磚攪拌

配方

1.5 盎司.....美思苦艾酒
0.5 盎司.....梅茲卡爾
0.5 盎司.....刺菜薊義大利苦酒
0.5 盎司.....亞普羅
0.125 盎司...萊姆汁
2 抖振......比特方塊牙買加 2 號苦精
　　　　　　（Bittercube jamaican
　　　　　　no.2 b itters）

在雙層古典杯中放入 1 塊大冰塊冰鎮。在攪拌杯裡，混合萊姆汁、苦精、亞普羅、刺菜薊義大利苦酒、梅茲卡爾和美思苦艾酒。加冰至杯子的四分之三滿。進行**冰磚攪拌**。試喝。那股微微淡淡的萊姆味，應該要能抑制甜味。如果你需要多幾滴萊姆汁來馴服糖量，也可以，只是要很小心調整。這杯雞尾酒有著我們想保留的絲滑黏稠感，所以，請慢慢將雞尾酒**濾冰後**，倒在雙層古典杯的冰塊上。

以葡萄柚皮做為裝飾，先擠壓皮油，接著在介於 11 ～ 1 點鐘方向，插入果皮。看著它，想想在一杯攪拌型雞尾酒中，出現萊姆有多奇怪。聞一聞、喝一小口，重複整個過程。

疊倒：第 36 頁 ＊ 冰磚攪拌：第 47 頁 ＊ 搶味：第 37 頁

PART II

品味哲學

用扣人心弦的背景故事來概念化雞尾酒

杭特・S・湯普森（Hunter S. Thompson）曾一字不差地打出《戰地春夢》（*A Farewell to Arms*）和《大亨小傳》（*The Great Gatsby*）[56]，所以他知道寫出曠世鉅作是什麼感覺。如果這不是致力於技藝，我不知道還有什麼算是。

關於湯普森的作品，我最喜歡的部分是，他想盡辦法了解生而為人最核心的部分，同時避免任何想要美化實際情況的欲望。他的每個故事都讓我們知道人性有多混亂和愚蠢。此外，在閱讀他的作品時，透過他對人類原始精神與發自內心的考驗，我們這群讀者最後會感覺到比我們自身更強大的部分產生連結，並了解自己的癖好、強項和性格缺陷。

簡而言之，他很擅長以活潑又戲劇性的風格說故事，這點不是所有作家都能做到的，但這也是我最喜歡的書所蘊含的關鍵元素。如果不花費心力來喚起人類精神和所有冒險，故事就只是乏味的怪談而已。

———————————————————◆———————————————————

56　譯註：杭特・S・湯普森是一名記者與作家，他把逐字打出這兩本著作當成一個寫作及了解寫作風格的練習。

雖然大家不會用同樣的、充滿詩意的方式來述說雞尾酒，但如果你能找到把宇宙真理和深刻意義灌輸在雞尾酒上的方法，它就不單單只是一杯材料，而是更能觸動人心。

就像一杯用你小時候家中飯菜常用的香料所調成的雞尾酒，或是一杯風味會讓你想起放春假到羅薩里多（Rosarito），卻因為喝了太多龍舌蘭，而在沙灘弄丟駕照的時光。

無論是引發一些舒心的懷舊之情，還是著墨於比較明顯的參考值，從說故事角度出發的雞尾酒，（多半）都能將如「馱馬」（Workhorse）般的酒譜，變成利皮贊（Lippizaner）[57]種馬等級的神奇調酒。有些東西會像火花一樣點燃一個想法或感受，在你喝下最後一口後，仍深植腦海中。

若要學習如何做出這樣的雞尾酒，你必須從基本功開始。要精通各種酒譜，愈多愈好，而且需要一練再練，要留意截至目前為止，我們所提到的每個細節。不僅要學經典款，也要學你在走私者海灣（Smuggler's Cove）、死亡有限公司（Death & Co）、僅限員工（Employees Only）和暮色時刻等知名酒吧中最愛喝的調飲。

如同湯普森所做的，你要分析和消化每個字、每個逗號和每個措辭，這樣才能由裡到外，徹底了解這門技藝。把基礎打好後，就可以開始更深入學習，這也就是我們要在這章節說明的內容。

酒譜同樣也需要一個身分。沒有的話，各個材料會各自爭寵，就像被靜電干擾的電視：一團凌亂醜陋、過度複雜的細絲。把 5 ～ 6 種材料丟進搖杯，就期待得到最好的成果可是行不通的，因為幾乎無法創作出值得喝第二次的調飲。一杯能夠表述某種想法的雞尾酒，比雞尾酒自身的價值還強大。

在這章節，我們會詳細解釋多種哲學與理論，透過扣人心弦背景故事而建構出一杯雞尾酒。從靈感乍現開始，我們會告訴你套用規範和背景，進而創作出一杯雞尾酒的方法，不只確認是否做到平衡、溫度、質地與香氣，也能在情感和思想層面上得到共鳴。

這章節不是用紅外線溫度計或折射度計就能測量出有形元素。它們是觸及創意學的理論，也展現了說故事的精神。它們向哲學借了一點，也和音樂沾上一點邊，又包含少量文學與些許的心理學。我們願意在身上刺酒吧勺，就像鐵匠穿上圍裙一樣，驕傲地擔下調酒師臂章，追求調酒的極致標誌。

透過這章的靈感、意圖、寬慰和好奇心課程，我們要深入鑽研雞尾酒的弦外之音。我們會富有詩意地談論某些組合能喚起強烈回憶的原因，並且教你如何用雞尾酒說出超棒的「民間」故事 [58]。

---

57 非常優秀，以雜技而聞名世界的馬種。

58 意指荒誕不經，誇大事實經過或結果的故事。著重在想像力，而非文學意涵。

✦ 靈 感 ✦

據稱艾爾 · 卡彭（Al Capone）[59] 曾在芝加哥百萬個地方豪飲私酒，以及用鼻子輕蹭著那些殺手級美腿。這就像在紐奧良的法國區有許多別緻的 B & B 旅館，聲稱自己是知名的「旭日之屋」（House of the Rising Sun）一樣，數目誇張的多。

卡彭最著名的出沒地點中，其中有一個名為「綠色磨坊」（Green Mill）的爵士樂俱樂部。那是一個真實的芝加哥地標，許多大人物從它 1907 年做為路邊餐館開業以來，就已深陷於它的壁畫和紅色長型沙發中。

90 年代造訪時，讓我覺得自己很成熟世故且處事圓滑。我常去看派翠西亞 · 巴柏（Patricia Barber）用吧檯後方的小型三角鋼琴彈奏簡樸的爵士樂，每當她演奏到〈夏日時光〉（Summertime）時，我的心就會停止跳動。她爬進那首歌，彷彿是一隻「湯湯」（Tauntaun）[60]，透過她的演繹，讓歌曲更廣為人知。

直到好幾年後，我才了解「好的藝術家懂挪用，偉大的藝術家擅剽竊」（Good artists borrow, great artists steal）。這句話代表一位偉大的藝術家會拿取某樣東西，並依據自己的想法加以轉換，到最後，你甚至無法想像它竟然不是原創。

我們可以看到許多有趣的翻唱歌曲，像藍草音樂樂團（Bluegrass）[61] 唱了 AC/DC 樂團的歌曲，在這之後有許多翻唱，讓大家以為這些歌本來就是這樣唱的（感謝辛蒂 · 羅波〔Cyndi Lauper〕唱了〈女孩只是想玩樂〉〔Girls Just Want to Have Fun〕）。

我想這就是我們試著在暮色時刻對經典雞尾酒做的事，如同派翠西亞從蓋希文（Gershwin）[62] 那裡獲得靈感，並照著自己的方式創造了新穎又美妙的詮釋，我們並不想百分之百重現這些經典款在「禁酒令前」（Pre-Prohibition）的模樣；我們想做的是，用自己的方式，對這些原創作品加以「翻唱」。

如果沒有這些特定的靈感，我們的計畫（用我們的行話來說）就只是「一場極為糟糕的鬧劇」。沒有靈感、核心想法或背景故事的雞尾酒，和啤酒加萊姆沒兩樣。當雞尾酒傳達一個背景故事、一段旅程或一個靈魂時，它就變成在當下值得好好享受，之後能好好回味的體驗。

---

59 譯註：芝加哥黑幫份子和商人。

60 譯註：電影《星際大戰》裡的虛構生物，主要用於騎乘。

61 譯註：屬於美國南方音樂的一種，靈感來自英國與愛爾蘭，是一種具有實驗性的民俗音樂，融合了爵士、古典，甚至是電音；代表樂器為原聲吉他，小提琴、班卓琴和曼陀林。

62 譯註：喬治·蓋希文（George Gershwin）是橫跨古典、爵士及百老匯音樂劇的神人。

這就是為什麼每個酒譜都必須有它的根源，必須有所根據，而且如果它依據的東西比「F**k，這真好喝」更有內涵的話，這杯雞尾酒就會超棒。也就是說，我們構思的方式和我們如何將它們從概念化為成果，會造就一杯「像樣」的雞尾酒，或是一杯「絕佳」的雞尾酒。這就是為什麼我們要從「靈感」開始談起。

尋找靈感

在酒吧，我們每隔三個月就會更換新酒單，以符合春分、夏至、秋分與冬至等節氣。每一季到中期時，調酒師就會開始構思下一季的清單。早期，我們並未為創作設限，結果每個人端來的調飲都差不多，導致我們大概有十幾個雞尾酒風格、精神和個性上的空缺要補。

現在我們會把一些提示清楚地寫在紙條上，丟進帽子裡，再啟動整個流程。從最初的提示開始，靈感可以有無數種形式：一段記憶、一首最愛的歌、一個季節或一段心境——一切都很公平。

試試看！從一個想法開始。任何想法都可以。愈怪、愈天馬行空愈好。把它寫下來，並把那個模糊印象**超越**第一個簡單的選項，以找到更有分量的靈感。這個流程不需要完整的論述，只是一陣快速的腦力激盪。

例如，假設你想要調一杯受到秋天啟發的雞尾酒，這是一個很大又很抽象的出發點，所以要深入研究，找到更具體的元素：你最愛秋天的什麼時刻？例如，你在鄰居的蘋果園，第一口咬下現做肉桂甜甜圈蘸熱蘋果酒的印象。把廣泛的概念濃縮，就能為你提供一條比較直接的路徑，可以用來結合材料，更清楚地說明記憶。

讓我們再試一次：如果比較廣泛的想法，是做出一杯味道像樹林中步道的雞尾酒。你可以問自己幾個問題，讓那個概念更為聚焦：這個迷人的樹林步道位置在哪裡？義大利高山森林中的動植物群看起來、聞起來和嚐起來就和新英格蘭的截然不同，所以受到前者啟發的雞尾酒，可能會用義大利渣釀

> **＊ 妙招 ＊**
>
> ## 可運用的出發點
>
> 靈感可以來自許多形式，從今天午餐的剩菜到好友噴的花香古龍水，但不是每次都能突然靈機一動，輕輕鬆鬆就有想法。下面是一些提示，可當成靈感的來源。
>
> | | | |
> |---|---|---|
> | ✦ 心情 | ✦ 顏色 | ✦ 季節 |
> | ✦ 地方 | ✦ 食物 | ✦ 記憶 |
> | ✦ 歌曲 | ✦ 畫作 | ✦ 小說 |

白蘭地（Grappa）和芙內義大利苦酒（Fernet）來製作。而靈感來自後者的，則可能會包含野生藍莓和裸麥威士忌。

　　把原來的想法再擴充一點，也許這個樹林步道位於太平洋西北地區，但下了一陣雨剛剛澆熄你的營火。這樣的風味要如何詮釋？你要如何組合材料來說這個故事？瞄準廣泛原始想法中的單一特點，能為發展風味建立一個更有趣的基礎。

　　要讓自己的想法超越字面解讀，因為這樣的設計往往效果不佳。如果我看到一杯用大量紫羅蘭香甜酒調的、名為「紫雨」（Purple Rain）的雞尾酒，我會覺得這樣的成品標準太低了。我**完全**想像得到這杯酒會是什麼味道，就像〈親愛的妮基〉（Darling Nikki）歌詞一樣，缺乏細節。還記得黑色雞尾酒風靡一時的年代嗎？你只能用墨魚汁、義大利黑杉布卡利口酒（Black sambuca）或活性碳[63]等物，調出黑色的雞尾酒——這些東西全都是出於新奇，而非因其風味而選擇。想想黑色的雞尾酒**為什麼**當初會被創造出來？如果可以把色彩搭配得更有感染力，你的作品將更具意義和深度。

　　如果你的目標是「創作出一杯深色雞尾酒，和我最愛的歌德搖滾黑膠唱片的男低音一樣黑暗」，其中一個把靈感提升到另一層次的做法，就是像個「具有聯覺的人」（Synesthete）一樣思考：例如義大利苦酒加上香艾酒，就像每個律動感推動節拍往前一樣，完成這杯雞尾酒。

　　抓一瓶讓喉嚨緊縮到不行的裸麥威士忌，來符合聲音低沉沙啞的主唱，用黑帶糖蜜苦精（Blackstrap bitters）產生的殘響給點刺激，最後在表面擠點檸檬皮油，當成裝飾，就像疊音鈸一樣。現在，你有了一杯曼哈頓的改編版，充分說明你對黑暗的偏好，而不只是無聊的伏特加蘇打，以及加上黑色食用色素染色而已。

暮色時刻能做出最棒的雞尾酒，因為這些雞尾酒相對簡單——針對經典做改編，依照每位調酒師的個人靈感來升級。例如加玫瑰水到「南方」（Southside）——茱麗葉與羅密歐，或把麥根沙士加進「曼哈頓」——伍爾沃斯曼哈頓（Woolworth Manhattan）。我想，透過特定的靈感，每位調酒師不尋常的性格怪僻都會在他們調的雞尾酒中顯現出來，讓這一切大大不同。

暮色時刻 前調酒師
——亨利·普倫德加斯特
（Henry Prendergast，
2007～2013）

63　一個會與某些藥物產生不良效果的材料。不適合提供給毫無戒心或知識不足的顧客。

⊰ 意圖 ⊱

景觀建築師弗雷德里克．勞．奧姆斯特德（Frederick Law Olmsted）超級酷，他設計了許多公園和城市可以與人類互動（或反過來）的交會點。他致力於創造許多戶外空間，讓人們都能輕鬆又自在地享受其中。

為了達到這個目標，他在設計中利用了「意圖」（Intention）的力量。透過深入了解每個計畫的背景——把天氣及其變化、當季花卉、生長在該地區的動物群、來訪者（無論是當地的松鼠或是遠道而來的商務客）。每個地方的人、事、時、地、物，以及當時什麼東西最合適，都納入考量。

他運用常識和同理心來建立公園、林蔭大道和住宅開發——實際上超過一百座公園和休憩空間，其中包括布魯克林的展望公園（Brooklyn's Prospect Park）。直至今日，仍被認為是最棒的創作之一。

我想說的是，靈感之後就是意圖了，你要自問該如何轉化靈感，並創作出受此靈感啟發的產物。範圍與目標——是調酒師戴上工程帽，考量材料、天氣與特定人士該如何互動的時候，許多選擇都是在通盤考慮這三者之後所做的。這杯調飲會在何時與何處被喝掉？為什麼？如何？這些好問題都可促使你開始動作，因為它們會啟動之後的研究與開發程序。

也許是你要用來盛裝雞尾酒的玻璃杯、冰塊的狀態、苦味到酒味的平衡、稍微起泡質感、或是完全深沉醇口的質地？是加冰搖盪、濾冰倒出還是直接倒在碎冰上？加薄荷還是鼠尾草？是在提基茅草屋（Tikiesque）還是阿岡昆圓桌（Algonquin Round Table）喝？肉桂或肉豆蔻？這些選擇全都是由意圖決定，端看你希望賓客怎麼享用這杯雞尾酒。當你把同理心與常識一起列入考慮時（如同奧姆斯特德所做的），神奇的事情就會隨之發生。

讓我們來看看幾個可以使用意圖概念來協助引導靈感的方法，讓想法從蝌蚪的狀態到完全成熟——嗯，我是說，成為一杯雞尾酒。

建立意圖

要開始這段旅程的初始步驟之一，是考慮你的對象（受眾），也就是說，會收到這杯雞尾酒的飲用者。從暮色時刻開業第一天起，我們就把目標放在讓人們跳脫無所不在的紅牛與伏特加，並踏進新的風味體驗。

我們用裸麥威士忌而不是波本，來製作店裡全部的威士忌雞尾酒，好讓人們可以安心自在地擁抱粗糙的穀物顆粒感。接著我們放了 6 種琴酒調酒到酒單中，滿足想要探索杜松子風味奧妙的客人。這論及我們身為酒吧的精神，也讓創作雞尾酒變得更容易，因為我們知道大局的樣貌為何。

我們的「意圖」會隨著時間改變。現在我們提供超級親民的雞尾酒，例如簡單且適合在陽台喝的雞尾酒，以及像「烤雞」一樣能賣很好的酒，還有用奇怪、昂貴材料，如濃烈的義大利苦酒和泥煤味超重的蘇格蘭威士忌所調的大膽創新酒款。酒單中間的三分之一則有多種不同的風格和風味。我們的動機是讓各種不同類型的客人都開心，同時也稍微把他們推出舒適圈，這樣就能輕易創造出滿足各種需求的酒單。

意圖也該套用到更個人層次。一個調酒師會犯的最大菜鳥錯誤，就是調出只有**他們自己**喜歡的雞尾酒。如果只是自己在家，為了週日早午餐調一杯，倒無所謂。但如果你是為了其他人創作，就應該考慮**要喝這杯調酒的對象**以及**什麼樣的調酒**可以討他們歡心。你是要調酒給剛開始了解威士忌的人嗎？或是要調給很懂威士忌，想要試試濃苦風味的人？這會影響你是要調「曼哈頓」或「黑曼哈頓」（Black Manhattan）。

雞尾酒的**何時**與**何處**——情節背景與場合，在研發過程的這個階段也應該被納入考量，以確保你腦中的想法能在雞尾酒被飲用的時刻，化為現實。

＊ 妙招 ＊

意圖提示

意圖會大大影響靈感如何實現。試試以下這些我們在酒單會議中提出，而且不會出錯的提示，可藉此看看有什麼新發展。

＋ 搖盪／伏特加／外面天氣會很熱（It's Gonna Be Hot Out）

＋ 搖盪／易懂／琴酒

＋ 攪拌／鹹鮮／琴酒

＋ 阿夸維特（Aquavit）／任何調製方式

＋ 搖盪／龍舌蘭／不加梅茲卡爾

＋ 搖盪／蘭姆酒／大膽創新

＋ 法國 75（French 75）的改編版／用啤酒調

＋ 可飲用的苦精／搖盪／清爽

＋ 攪拌／威士忌／友善且熟悉

＋ 農業型蘭姆酒／攪拌

＋ 搖盪／大膽創新／威士忌／狩獵（Safari）

你是要為黃金海岸周邊地區的家庭聚會調酒，還是要在朋友的地下室，幫芝加哥獨立音樂節（Riot Fest）的慶功宴調酒？你期待的是一款能在油膩大分量的餐點之前，先刺激飲用者感官的餐前酒，還是在告別單身派對中，把好幾個 Shot 的烈酒直接倒在一起？

吉姆・特勞德曼（Jim Troutman）為「孤星之州」德州的炙熱夏日創作了一款名為「德州安妮」（Tex-Anne，見 P.169）的辣味瑪格麗特。而麗莎・克萊兒・葛林在創作「艱鉅的任務」（Tall Order，見 P.199）時，所秉持的意圖則是希望能創作一款讓賓客欣賞義大利煙燻藥草苦酒幽深調性的瑪格麗特。兩者都從以龍舌蘭為基酒的酸酒開始，但根據情勢，以及吉姆與麗莎所期望的飲用者類型，而往截然不同的方向發展。

意圖是研發的起跑線，因為許多時候，無論你的意圖動機為何，一杯雞尾酒的**影響**會因飲用者而異。時間倒轉回 90 年代初期，當時我住在泰國，在一間海邊的度假村工作，為客人送上蘭塔島最美味的食物。

我們用巨大的鋁盅裝飯，約比桌面高 10 吋（約 25 公分）。我很快就發現它們是潘趣酒碗的輕量、可堆疊版本。藉由那個容器，我想出一杯稱為「惡魔之杯」（Devil's Cup）的雞尾酒，目標對象鎖定在肚子餓，希望等食物上桌時，能有一杯飲料可以轉移一下注意力的人。

我們在吧檯後方有 43 支波本威士忌和 17 瓶皮斯科。如果有人用「水牛足跡」來調他們的威士忌酸酒變化版，我們在品嚐酒單的會議過程中，就會詢問原因。我們這麼問不是因為這個選擇錯了或不好，而是真的想知道：「為什麼要選這支酒？為什麼不選 X、Y 或 Z？」而且那不是一個反問句，而是期待有答案的提問。如果你用了一種材料，必須是深思熟慮後所做的決定，而且要能與調飲中的其他所有材料一起產生效果。

暮色時刻 前調酒師
──歐文・吉布勒
（Owen Gibler，2011 ～ 2012）

直接在容器裡倒一品脫威士忌，一整瓶雪碧、一些鳳梨汁和一點點椰子水，超省事的，而且不用杯子，而是直接插上吸管。有個晚上，我忙翻了，所以我把惡魔之杯的裝備搬到桌上，直接調了起來，接著我也沒有在客人面前好好把吸管一根一根插好，而是抓一把放在中間，讓吸管隨意倒向四方，接著說：「開始！」

讓我吃驚的是，每個人都加入戰局，抓起一根吸管，就大口大口喝了起來。就這樣，從一個小小的靈感變成一場比賽。雞尾酒在 15 秒內就被喝個精光。我歡呼，他們大笑。我一開始的意圖──做出一大杯可以讓許多人忙上一陣子的飲料，瞬間變成局面相反但非常好玩的東西。

寬慰

幾年前的一個冬夜，我和女友去芝加哥田徑協會飯店，會一會強人保羅・麥吉（Paul McGee）打理的酒吧「牛奶間」（Milk Room），他讓整個酒吧充滿復古情懷，不只是在那搖一搖攪酒棒而已。

這個地點的前身是個小又神祕的地下酒吧——現在的名字則取自一段充滿事業野心的紳士們"，可以在「禁酒時期」過來取得「牛奶」（非法烈酒）的時期。我點了杯處理極好的老廣場，用威士忌、干邑白蘭地、香艾酒和 D.O.M. 調製而成。

甚至在嚐味道前，我感覺自己彷彿被「傳送」到某處了。酒聞起來和我以前常去騎馬的馬廄中馬具室的味道一模一樣。讓我聯想到擦亮的皮革、馬鞍皂、潔淨乾燥的稻草、肥沃土壤和風乾的木材。它喚起了一段很強烈的感覺記憶，像打嗝一樣震動我的身體。我幾乎可以看到在陽光下揚起的塵土微粒，和聽到「卡西迪」（Cassidy）的嘶鳴聲。

這是透過情感來體驗一杯雞尾酒。具體來說，喚起了幸福、懷舊或祥和的感覺。這個理論最終是與杯中物為何，以及它會如何與飲用者產生共鳴有關。當你聞到或嚐到第一口時，會發生什麼？這杯酒是否把你帶到一段特殊的時光或地方，或引發一些疑問或擔憂？**心靈是否和身體一樣受到刺激**？這就是雞尾酒轉化成超越自身價值的時候。而且光想到它，都會卡在心頭好幾天。

有一派想法是說，當你對正在吃喝的東西有正向情緒反應時，那樣東西就會變得比較美味，更讓人樂在其中。這就是為什麼我們有時會藉由尋找雞尾酒能否引起寬慰，來做為靈感的切入點。想想你媽媽拿手巧克力碎片餅乾的酥脆感、夏日剛割過青草的清香、暴風雨後，空氣中遲遲不散的溼熱，這些都是熟悉又友好的東西。

要找到把這些情緒轉化成雞尾酒的方法，並不會太困難——大多時候，你只需要想想某段特定時間和地點所看到、聽到和聞到的東西，並努力把這些東西轉化成材料。如果方法管用的話，結果會大獲成功。

64 當時是「僅限男性」的俱樂部。

激發寬慰

切入寬慰的方法之一，是引出一段與某種材料有關的明確、具體記憶。譬如作家普魯斯特的瑪德蓮，他咬下的第一口，馬上將他帶回灰色老房子。在那裡，他阿姨第一次教他把餅乾蘸著茶吃，這是一段立即、生動，在文學史上有傳奇性地位的感覺記憶。

若要從此刻找出靈感，可想想當時一年中的某個時刻、地點、氣味或心情，並把注意力集中在哪些風味或香氣與哪段記憶有關。從這個點反過來操作，以創作出一杯雞尾酒。如果我們回到普魯斯特的時刻，可能會做出一杯白蘭地雞尾酒，由茶糖漿、香草苦精組成，並噴附一些充滿陽光香氣的檸檬皮油做為裝飾。

另一個例子，如果你特別有創業頭腦，也許以前曾擺攤賣過檸檬水，現在則是由湯姆・可林斯——由琴酒、檸檬和蘇打水簡易組成的成人版檸檬水，把你帶回草地，坐在搖搖晃晃的輕便折疊桌後，裝備是一大壺冒著水氣的液體和光滑的免洗飲料杯，你希望路過的口渴人士，能讓你多賺幾分錢。

那段風味記憶可用來設計出一杯讓你沉浸在懷舊溫暖之中的雞尾酒。也許你是在喬治亞州長大，只在桃子盛產期賣檸檬水。你要如何把核果類水果的這條主線帶進雞尾酒的故事裡，這樣你每次喝的時候，或當來自喬治亞的人士喝到這款雞尾酒時，都會發現自己正擦去額頭上的汗珠，且臉上慢慢露出一抹笑容。

像那樣的感覺記憶也可以連結更深刻的文化，並串聯起香氣或風味。在暮色時刻早期的日子，我們用柳橙果醬調了許多酒。美國人不像英國人一樣喜歡這個味道，但我們認為柳橙果醬在英式料理中，是非常具體且獨特的存在，是連最固執的海外移居者，都能被誘發強烈情緒的材料。

利用熟悉的參考點，也會有類似的效果。即使你未曾參加過肯塔基州的賽馬大會，看到馬的鬃毛隨風飄逸，聞過騎師的汗味，但很有可能一杯薄荷茱莉普就能勾起花俏帽子與馬蹄奔馳的意象。你只需了解參考點就能喚起一種寬慰感即可。

而且如果你夠幸運，曾在五月的某天，於邱吉爾唐斯賽馬場緊握過冰涼的杯子，那種情感連

暮色時刻的慣用手法之一：讓經典的雞尾酒維持經典，再從中找靈感與做出變化版。但不管怎麼樣，調飲最終在形式和整體建構上，還是能認出這是經典款。

暮色時刻 前調酒師
——泰勒・富萊（Tyler Fry，2011～2016）

結會更強烈。身為雞尾酒創作者的你，要如何找到讓每個人都開心的時刻、地點或慶典，而且還能以此設計出一杯觸及這樣精神的雞尾酒呢？

有時，這和找到一杯已經是最愛的經典款雞尾酒一樣簡單，尋找一些很細緻的方式來改變雞尾酒，讓它更個人化。對我來說，曼哈頓是最典型的療癒系雞尾酒，因為相比之下，馬丁尼有點太傲嬌又吹毛求疵，曼哈頓則是很酷、很好相處的朋友。

當威士忌不加冰直接喝時，會讓人的胃部有點灼熱，就像有膽勢的紐約客，可以費勁穿越垃圾遍野的人行道，或和別人爭辯哪一家的一美元披薩最棒，但透過多一點（或很多）的香艾酒，它就會變得有複雜度，能讓人不慍不火、好好享用的成熟世故雞尾酒。

一杯擺在沙發邊桌上的曼哈頓，即使因你出門去撿柴火而被遺忘，在你回家時，依舊很美味（即便已變成室溫，也一樣好喝）。想想這杯雞尾酒裡的每樣元素，以及你會如何做出對你和**你**所喜愛的東西而言，更加獨特的版本。

同樣的道理，寬慰也直接和儀式或習慣相關。每次教調酒師製作塞澤瑞克或馬丁尼時，我都會說：「每種好的藥都有獨特、錯綜複雜的儀式，從海洛因到天主教都是如此，因為人們會藉由按部就班而得到一些慰藉與舒緩。」

雞尾酒的聲音與味道反覆交織在一起，能為調酒師帶來寬慰。製作非你莫屬的雞尾酒，或向你當地的好酒供應商點杯「老樣子」（The usual），這些對於非調酒師而言，都能產生寬慰的效果，甚至不需要是花俏或浮誇的。如果你每天下班回家後，打開一瓶冰透的美樂啤酒，並倒入一個 Shot 的非常老巴頓威士忌（Very Old Barton），這個組合就會形成一種寬慰。

在晚飯前快速調一杯尼格羅尼，或在飽餐一頓後倒德拉姆（Dram）[65]的芙內，這樣的喝酒儀式與習慣，也會形成寬慰，並可在創造新雞尾酒時拿來使用。

寬慰是那些極具個人色彩的理論之一，能讓你得到安慰的事物，卻不一定能引起其他人的共鳴，但這並不是壞事，你無法讓每個進門的人都開心，更不用說送走他們時，是充滿著溫暖或多愁善感的夜晚。

相反的，我們可以接受這種模糊，關於「對」和「錯」的答案可能有一百萬個。這樣的彈性能讓你自由舒心地創作，而這就能把你導向我們人人都愛的美麗、如迷宮般的雞尾酒世界。無論你的意圖是否能讓其他人完全產生共鳴，重要的是，在這段旅程中，能創作出具有深度（且美味）的東西。

---

65 譯註：35.5毫升

✦ 好奇心 ✦

被譽為「寬肩之城」的芝加哥，是許多畜牧業和屠宰業的起源地，這也形成了支持工會社會主義小說《屠場》（*The Jungle*）的背景，同時也是熱狗的故鄉。

你也許早就知道，我們看待熱狗的認真程度，和看待心臟病一樣。如果你在清晨 4 點半到維納爾斯小吃店（The Wieners Circle）點熱狗，而且還在上面淋番茄醬（維納爾斯小吃店對芝加哥熱狗的製法與風味很執著，絕對不能加番茄醬）那你絕對會被芝加哥人嘲笑並且羞辱到爆！

而在這些自以為比別人懂法蘭克福香腸的優越心態中，有個名叫道格‧孫（Doug Sohn）的男子翻轉了整個局勢。他在西北邊的勞工區，開了一間名為 Hot Doug's 的「超大型香腸賣場與鑲肉專賣店」。在那裡，道格透過把客人的喜好，轉變為意想不到的產品，並引發無數客人的好奇心。他異想天開又狂野地製作香腸，並從烹飪學中找靈感。他用兔肉、肥肝與野豬肉做香腸，也把白酒與高級起司加進香腸裡。

去他店裡之前，我承認我有一點存疑；感覺這是噱頭，而且有點太賣弄了。但事實並非如此——他的香腸是精湛技藝與優質食材的結合，夾進罌粟籽麵包中，確實美味。即使用料超奢侈，但客觀來說，它們還是熱狗。一份你永遠不會因看到製程而擔心的熱狗；一份進入富家子弟上流學校就讀的熱狗。道格立志要為人們帶來驚喜，而且也成功吸引了喜歡嚐鮮的常客回流。我們排了大概一個街區的隊伍，等著要把熱狗塞進嘴裡。

鑽研調飲創作時，好奇心是最有趣也最令人愉快的理論之一。和寬慰一樣，好奇心能夠激發懷舊之情與回憶。不過即使透過好奇心，我們要追求的最終目標也略有不同。不一定是柔軟的嚮往或追憶往事，而是在喝下第一口時，會讓你驚訝地睜大眼睛、或滿懷警戒地揚起眉毛，驚呼道：「這是什麼鬼！」的雞尾酒。

杯中漂浮的某種東西，會把你帶到本能可以記起來、但無法明確指出的地方。很像快要打出來的噴嚏，又或者更簡單地說，是「我不知道這杯酒究竟有什麼」的時刻。這就是「好奇心」。

誘發好奇心

你是否記得第一次看到有人單手打蛋？那個噗通掉進搖杯裡的黏滑物體，總是會震撼人心，並引發疑問。當我們稍微用火燒一下柳橙皮時，一定能讓正在交談的飲用者停下來。在這些時刻中，調飲誘發人們**動腦筋思考**，而非某種情緒。它讓你暫停手邊的動作，對神奇事物讚嘆不已。一杯激發好奇心的雞尾酒會提出你可能無法回答的問題。

很多時候，好奇心會發生在調飲中多樣食材和每個食材的特色之間，但也有更微妙的方法，例如布局與顛覆期待和先入為主的觀點，就像道格在他的香腸殿堂所做的。讓我們來談談幾個「召喚」好奇心的方法。

好奇心最簡單的形式，來自純粹的複雜性，例如在 20 世紀（20th Century）這杯雞尾酒中，包含了琴酒、檸檬、公雞美國佬與可可香甜酒（Crème de cacao）。我記得喝第一口時，我做了「史酷比狗狗」因為太驚訝，而無法回神的反應，然後再喝一口，接著我就把酒放下，彷彿我誤會了一樣。

我陷入困境了。我知道在那變化多端的風味中，有我非常熟悉的東西，但我拚了老命也無法具體指出。當我被告知那令人困惑的元素是可可香甜酒的巧克力風味時，一切都說得通了──但我卻先搭了一趟狂野又蜿蜒的好奇心列車，才到達目的地。

其他時候，好奇心來自意想不到的材料**組合**。羅比 ‧ 海恩斯（Robby Haynes）在 2013 年調的「裸麥泰」（Rye Tai；見 P.209）中，將少量的牙買加蘭姆酒與裸麥威士忌結合在一起當基酒，另外再加上效果四處掃射的萊姆與杏仁糖漿組合。

當亞普羅偷偷溜進酒譜時，事情就真的失去控制了；杏仁糖漿的堅果味與這款義大利利口酒的苦甜柑橘調性，形成非常強烈的對比。即使它們的風味輪廓天差地遠，它們卻莫名地能夠和平共存、毫無爭執。

有時，好奇心會在期盼或假設受到挑戰時產生，造成一個大揭祕或驚訝點的時刻。在「雞尾酒黑暗時代」（Dark ages，大概是 1920 ～ 2000 年或從禁酒令開始，到牛奶＆蜂蜜酒吧開張為止）的大部分時光中，一提到「黛綺莉」，大多數人第一個想到的便是在紐奧良，從冰沙機擠出又黏又甜的螢光色冰沙。

這是我第一次在牛奶＆蜂蜜酒吧點「莊家作主」時，期待會得到的東西。當薩沙‧佩特拉斯克說他會調給我一杯黛綺莉時，我的腦中無法擺脫波旁街上漩渦狀冰沙的意象。

當時我板著一張臉，但光想（那個冰沙）我的牙齒都痛了。當他遞給我一杯用蘭姆酒、

萊姆與簡易糖漿組成，透過極簡的搖盪而融合在一起的完美經典黛綺莉時，我的世界就此改變了。

我很愛這種玩弄預期的想法。我一直都喜歡「低承諾，高報酬」，這也是我們常常操作的手法。在我們早期的酒單中，有許多粉紅色的調飲，在 2007 年的當時，這些調飲有各式各樣的假設，也就是一杯粉紅色的雞尾酒，一定是甜又充滿水果味的。但毫無防備的飲用者鮮少知道，那漂亮的色調幾乎是來自金巴利、亞普羅或其他帶苦味的紅色義大利利口酒。

比如說，調製「海岸」（The Riviera；見 P.162）時，我們的目標是做出一杯包含金巴利的池畔雞尾酒，因為這款義大利苦酒，對大部分的飲用者而言，是一道奇怪又複雜的難題。

我們在海岸裡加了泡過鳳梨的琴酒、金巴利、盧薩多瑪拉斯奇諾櫻桃利口酒（Luxardo maraschino liqueur）和香橙苦精，飲用者會從他們熟悉，令人聯想到類似經典「鳳梨可樂達」（Piña colada）的風味，最後會嘗到由金巴利與瑪拉斯奇諾櫻桃利口酒所帶來令人難以想像的一絲絲苦味。大家會紛紛轉頭並發問，最後這杯雞尾酒因為帶有驚訝、疑惑與歡樂的元素，而成為我們的大成功之作。

寬慰與好奇心是很巧妙的平衡，可以套用在所有事物上，從一杯好喝的雞尾酒，到酒吧裡吸引人的故事都行。首先，你想要建立一個舒服的容器、環境或陳述，來引起人們的注意，讓他們放鬆。好奇心元素不能像騎在馬上的特洛伊人一樣，突然湧現。它需要夠隱約的融入敘述中，但同時又能把人稍微帶出舒適圈。每個人感受到的驚喜度都不同，但當你到達剛剛好的程度時，結果會很神奇。

暮色時刻 前調酒師
——奧布里·霍華德（Aubrey Howard，2010 ～ 2016）

有人曾說過，詩是讓新鮮的事物變熟悉，讓熟悉的事物變新穎；同樣道理，寬慰中可能會有好奇心，或好奇心中可能存有寬慰。這兩者並不一定是光譜的兩端。事實上，它們的相同點比相異處還多。

製作會引起好奇心的雞尾酒，能讓你透過驚喜和才智做為一種與雞尾酒互動的驅動力。寬慰也是以同樣的方式挑動雞尾酒，但其出發點來自內心。把這個令人振奮的莫比烏斯環（Möbius strip）[66] 概念，應用在你製作與品嚐的雞尾酒上，這代表你再也不會感到無聊了。如果還是覺得無聊，絕對是你不夠用心！

---

66 在數學上，被視為只有一個面和一個邊的立體圖形。

第二部分

酒 譜

好了，各位，現在把東西擺好，開始調酒吧！這是一組相當有趣的酒譜，因為全部都是透過酒譜來說故事，以及找尋創意方式來展現點子。在大多數情況下，調酒師會明確地分享雞尾酒的背景故事、意圖或情感的觸發點。請閱讀簡介，再仔細研究配方，並推測酒譜如何透過該視角表現出來。

你會注意到有些背景故事非常簡單，有些則具有更實用的意義。當你製作每道酒譜時，請想想看什麼樣（或最不可能）的人會喝這杯酒。你會用什麼方式來形容這杯酒及其個性，讓聽的人迫不及待想點來喝？閉上眼睛，想像那個情緒、季節或情境，這些特色夠明顯嗎？還是有待加強？飲料是否超好喝這件事重要嗎？由你自行決定。

不在乎
NOT A CARE

因為來暮色時刻的人對伏特加興趣缺缺，所以我想到了這杯酒。我想要把酒單上沒有人會花太多時間看的一小塊區域，佔為己有。沒錯，我是放了琴酒在這杯酒裡面，但無論放哪一種酒，我的靈感來自我在日本當調酒師的時期，而黑醋栗在那裡是個超受歡迎的材料。

皇家基爾（Kir Royale）是最不甜膩的黑醋栗調酒之一，所以這個酒譜是要把它和「薇絲朋」（Vesper）這類非常多人必點的攪拌型伏特加雞尾酒，混合在一起。——佩特・雷（Pat Ray）

各就各位

杯器.......碟型杯

冰 ....無

裝飾.......櫻桃；葡萄柚皮，擠壓後丟棄

方法.......碟型攪拌

配方

1.5 盎司.....伏特加

0.5 盎司.....倫敦干型琴酒（London dry gin）

1 盎司 ......義大利教授白香艾酒（Del professore bianco vermouth）

0.25 盎司....寶蒂第戎黑醋栗香甜酒（Briottet crème de cassis de dijon）

氣泡葡萄酒少許

碟型杯是專為氣泡葡萄酒雞尾酒設計的，但如果你沒有事先冰杯，等於就是在傷害那杯調飲。在裝了四分之三冰塊的攪拌杯中，混合黑醋栗香甜酒、香艾酒，琴酒和伏特加，並**碟型攪拌**。

試喝：看看酸、甜和酒味是否達到良好平衡。葡萄酒會讓一切變的比較不甜，所以在這個階段，如果有點太甜也無妨。倒一點點氣泡葡萄酒到攪拌杯中。**濾冰後**倒進冰過的碟型杯。快速噴附一點皮油到雞尾酒表面當裝飾，把果皮丟棄。放上一顆櫻桃——飲用者喝完雞尾酒的獎勵，就完成了。

簡易糖漿：第 311 頁 ＊ 裝飾：第 73 頁 ＊ 碟型攪拌：第 46 頁

伏特加酷伯樂
VODKA COBBLER

—— 約 2007 年 ——

這不是一杯經典的「酷伯樂」（Cobbler，加烈酒、糖漿與水果裝飾），但當時我實在太累了，所以就用了這個名字。因為我喜歡它的發音，而且它確實與原版有幾個共同點。它的確就只是杯含有莓果的加烈酸酒而已。公雞美國佬延長並增加了複雜性，也帶來尾韻的苦味，就像週日早晨一樣簡單又美好。我會用卡拉夫瓶（Carafe）來調這杯酒，因為很容易就會被喝完；只要把酒譜中的盎司改成杯，就能夠相應等比例增量。——托比‧馬洛尼

各就各位

杯器.......	碟型杯
冰	無
裝飾.......	3 顆有對比色的莓果，串起來
方法.......	碟型搖盪

配方

1.5 盎司....	伏特加
0.75 盎司...	公雞美國佬
0.75 盎司...	檸檬汁
0.75 盎司...	簡易糖漿
約 5 顆.....	新鮮莓果

冰鎮碟型杯。大約抓 5 顆莓果，如果水果的狀態很好，夠熟又甜，就維持剛剛好的 0.75 盎司糖漿；如果是在隆冬，且莓果看起來還滿生的，那就「胖倒」簡易糖漿，稍微增加點量。把莓果丟進搖杯中，搗碎。加入簡易糖漿、檸檬汁、公雞美國佬和伏特加。快速攪拌一下，確定莓果不會全部卡在搖杯底部。加 5 顆漂亮的冰塊，接著**碟型搖盪**。

試喝。如果甜味太重，就多加一些檸檬汁。**雙重過濾後**倒進碟型杯，並放上 3 顆漂亮的莓果裝飾。莓果的顏色最好能與雞尾酒的顏色產生對比，讓視覺效果更活潑。

簡易糖漿：第 311 頁 ＊ 搗碎：第 68 頁 ＊ 雙重過濾：第 50 頁

阿斯塔可林斯
ASTA COLLINS

約 2007 年

在我們開業時，酒單上第一杯、也是唯一一杯的伏特加雞尾酒，是為了想讓伏特加飲用者產生完全相反的期待，所以它很漂亮、是粉紅色，很大杯又有氣泡，但還是有一道很像樣的苦味回擊。

嚇一跳吧！粉紅色不代表會像糖果一樣甜或細緻。所以許多人在喝下第一口時，都驚恐地挑眉，接著帶著滿足的微笑，放鬆享受美味（好啦！也是有些很快被退回來，畢竟當時是 2007年）。那些想要嘗試這班列車上最具挑戰性的時刻，可試用杜松子味道很強的琴酒或白龍舌蘭來代替一般中性伏特加。──托比·馬洛尼

各就各位

杯器.......可林斯

冰 ....冰片

裝飾.......萊姆半圓切片

方法.......可林斯搖盪

配方

2 盎司 ......伏特加

0.75 盎司...萊姆汁

1 盎司 ......葡萄柚汁

0.25 盎司...金巴利

0.75 盎司....簡易糖漿

蘇打水，打底

在雪克杯中，疊倒金巴利和簡易糖漿。因為它們兩者都含糖，所以確保不要多倒。把葡萄柚汁和萊姆汁倒入雪克杯中，最後加入伏特加。取可林杯，加冰片以及約 1 盎司的蘇打水（分量取決於杯子大小），置於一旁備用。丟 3 顆冰塊到搖杯中──比平常少一點，因為酒杯裡加了冰又加了蘇打，已經有這杯酒所需的大部分水量──像快速斷音一樣，進行**可林斯搖盪**。

濾冰後，倒進裝有冰片的可林杯。要注意，我們要讓從霍桑隔冰器流出的酒，直接滲入杯底的氣泡水，而不是慢慢滴在冰的邊緣，這樣才能完全融合兩種液體。最後，將新鮮萊姆半圓切片放在杯緣，做為裝飾。

簡易糖漿：第 311 頁 ✳ 疊倒：第 36 頁 ✳ 打底：第 62 頁 ✳
可林斯搖盪：第 46 頁 ✳ 半圓切片：第 77 頁

歌手的蛋蜜酒
SINGER'S FLIP

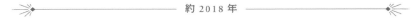

約 2018 年

這杯酒是為了一位喜愛濃郁、甜滋滋甜點型調酒的朋友而研發的，這是一杯嚐起來像鹽味奶油糖果的蛋蜜酒。這杯酒見證了初次把這些材料組合在一起，就一舉成功的魔法時刻——肉桂所產生的乾澀不甜、杏仁糖漿帶來的堅果味，與調和威士忌的柔和（對照艾雷島或其他風格相似、渾厚強硬的威士忌），這是一杯相當療癒的雞尾酒。酒中的蛋讓整杯調飲喝起來有點像蛋糕麵糊，在頂端撒一點點海鹽，讓你在喝的時候，可以感覺到口中爆開的鹹味，就像在咬塊狀糖果一樣。——安妮卡‧薩克森（Aneka Saxon）

各就各位

杯器.......碟型杯

冰 ....無

裝飾.......片鹽（海鹽尤佳）

方法.......默劇搖盪、碟型搖盪

配方

2 盎司 ......豬鼻子調和威士忌（Pig's nose blended scotch whisky）

0.5 盎司....杏仁糖漿

0.25 盎司...肉桂糖漿

1 顆.......全蛋

鹽數粒

先冰鎮碟型杯。把全蛋打進雪克杯的小搖杯中。在大搖杯混合 1 小撮鹽（極少量，如果不夠，之後可以再加）、肉桂糖漿、杏仁糖漿和蘇格蘭威士忌。把兩個搖杯合起來，**默劇搖盪**，時間要比平常長一點，因為加的是全蛋，而非只是蛋白或蛋黃而已。加入 5 顆冰塊，接著**碟型搖盪**，直到到搖杯感覺冰冰的。

試喝。如果杏仁糖漿與肉桂糖漿加在一起太甜的話，你可以再加微量的蘇格蘭威士忌調整。**雙重過濾後**倒進碟型杯，撒上一些海鹽裝飾（馬爾頓〔Maldon〕等牌子的海鹽效果很好，而且是片狀，可以貼附在雞尾酒表面）。

杏仁糖漿：第 314 頁 ＊ 肉桂糖漿：第 312 頁 ＊ 默劇搖盪：第 65 頁

伍爾沃斯曼哈頓
WOOLWORTH MANHATTAN

約 2008 年

我在密西根的小鎮長大，當我還小時，那裡一直有座內含午餐櫃檯的伍爾沃斯商場。冷調的螢光燈、櫻桃紅的塑膠椅，還有用鉛字排列、上面有 5 個品項的菜單——對我而言，那就是人間天堂。在商場裡一排一排逛著，專心比較那些同樣無聊的商品，諸如此類的事，就是我和媽媽一起逛街的記憶，最後都會以極專業的雙層漢堡收尾。

漢堡排的邊緣焦糖化，疊上來源不明的切達起司，再用烤過的芝麻漢堡包夾起來，配上超細、超酥脆的薯條，以及從汽水機倒出來香味濃郁的麥根沙士。這樣的組合是情感上的「普魯斯特」回憶，給我靈感做出這杯雞尾酒。我知道曼哈頓會是最佳的「載體」。我們的麥根沙士苦精有著完美的冬青樹調性，香氣非常馥郁。我一直很喜歡這杯雞尾酒，而且直到今天，我還是會親手製作麥根沙士苦精（Root beer bitters）。——麥可·魯貝爾（Michael Rubel）

各就各位

杯器.......碟型杯

冰 ....無

裝飾.......櫻桃、
　　　　　12 滴比特方塊麥根沙士苦精

方法.......碟型攪拌

配方

2 盎司 ......水牛足跡波本威士忌

0.75 盎司....安提卡古典配方香艾酒

0.25 盎司....吉拿義大利苦酒

9 滴 ....安格仕苦精

把碟型杯放在涼爽的地方（在芝加哥，這樣的說法有時代表隆冬時的後廊）讓它冰鎮和結霜。在攪拌杯中，混合苦精、吉拿、香艾酒和波本威士忌，再加上足量的冰，填到杯子的四分之三滿，接著**碟型攪拌**。

試喝，如果你用的香艾酒和安提卡古典配方香艾酒相比，酒體比較不足（或比較沒有靈魂），你可能需要加一些德梅拉拉糖糖漿，來提升質地。沒有人會喜歡稀薄的曼哈頓。**濾冰後**倒進結霜的杯子，加上裝飾。當你把苦精滴在雞尾酒表面當裝飾時，請享受麥根沙士苦精如何為杯中內容帶來全新的香氣。是一杯讓人驚嘆的曼哈頓。

碟型攪拌：第 46 頁　＊　苦精裝飾：第 79 頁　＊　香氣：第 72 頁

笑柄
LAUGHING STALK

約 2013 年

大約在我製作這杯酒的這段時間，每個人都試著調製鹹味的雞尾酒，因為在那個時候，我們對什麼都躍躍欲試。西芹有微妙又清爽的青味，可以增加恰到好處的植物特性到雞尾酒中，不會過於搶味，所以我知道它很適合搭配草本味淡的琴酒。

而且在那時候，要如何做出一杯平易近人、但帶有微微變化的雞尾酒，一直是一個挑戰，所以我加了黑醋栗香甜酒潤杯，它能帶進泥土、核果類水果的調性，效果很像你把水果加進蔬菜沙拉中。我知道用點柑橘味來襯托的話，就能成為完美的暖日組合。

——亨利·普瑞德佳斯特（Henry Prendergast）

各就各位

杯器.......可林杯

冰 ....碎冰

裝飾.......萊姆圓片

方法.......美式軟性搖盪

配方

2 盎司......普利茅斯琴酒

0.75 盎司....萊姆汁

0.75 盎司....西芹油糖糖漿（Oleo-saccharum）

0.25 盎司....黑醋栗香甜酒，潤杯

若要潤杯，在可林杯中加入黑醋栗香甜酒，接著輕輕滾動，讓酒薄薄附著在杯子內壁。在酒杯中加入四分之三滿的碎冰，置於一旁備用。在雪克杯中，混合萊姆汁、西芹油糖糖漿和琴酒。加入 2 盎司碎冰，進行**美式軟性搖盪**。

傳統法濾冰後，倒進裝了碎冰的可林杯。裝飾用的萊姆圓片，不要太厚，也不要太薄——大概 ¼ 吋（0.6 公分）是最佳的厚薄度，因為你不會希望這片看起來傻裡傻氣的東西，完全沒入雞尾酒中，而且還很礙事。巨大又醜陋的裝飾會看起來很糟，所以請務必使用表面沒有瑕疵或褐斑的漂亮萊姆。

西芹油糖糖漿：第 314 頁 ＊ 美式軟性搖盪：第 46 頁 ＊ 碎冰：第 59 頁

西班牙瑪格麗特
SPANISH MARGARITA

——— 約 2007 年 ———

為什麼「辣味瑪格麗特」這麼受歡迎呢？我的其中一個理論是，它與主廚的至理名言「來自相同產地的，必能組成出色的配對」（What grows together goes together）有關。墨西哥是龍舌蘭酒、萊姆與各式各樣辣椒的產地，但是辣味瑪格麗特之所以如此美味，是因為你能在一杯中同時感受辣椒的火辣與萊姆的涼爽。這樣的組合很難不好喝。——托比·馬洛尼

各就各位

杯器.......雙層古典杯

冰 ....大冰塊

裝飾.......萊姆圓片、5 滴比特曼地獄之火哈瓦那辣椒灌木苦精（Hellfire habanero shrub）

方法.......冰塊搖盪

配方

2 盎司 ......灰狼白龍舌蘭
（Lunazul blanco tequila）

0.75 盎司....干型庫拉索酒

0.75 盎司....萊姆汁

0.25 盎司....里刻 43 利口酒

0.25 盎司....簡易糖漿

7 滴.......比特曼地獄之火哈瓦那辣椒灌木苦精

把苦精加到雪克杯中（如果你不確定自己喜歡多強的味道，可先加 3 滴，等第二次試喝時，再做調整）。疊倒庫拉索酒、里刻 43 和簡易糖漿，以確定這三者加起來剛剛好 1.25 盎司。接著再倒入萊姆汁與龍舌蘭。試喝看看，如果不夠辣的話，可再多加一些苦精。如果太辣，可多加一點點里刻 43，但不能太多，因為利口酒中含有酒，在這個時候加入太多酒精濃度的話，會破壞平衡。

放 5 顆冰塊到搖杯，進行**冰塊搖盪**。試喝，留意「火辣」的程度，雖然之後還會再加一些地獄之火苦精做為裝飾，但你現在想要多加一些苦精到雞尾酒裡嗎？**濾冰後，**倒進放了一顆大冰塊的雙層古典杯。朝著雞尾酒中心滴入苦精當裝飾，這樣子能取其香氣，而不會只是刺激飲用者的嘴唇而已。那片萊姆圓片最好是新鮮的。

疊倒：第 36 頁 ✳ 冰塊搖盪：第 46 頁 ✳ 苦精裝飾：第 79 頁

新城
MIRAFLORES
約 2008 年

在我們的第一份酒單中,「鐵十字勳章」(Iron Cross)大受歡迎,所以我想要用皮斯科做出一杯續集。當時,我從未去過祕魯,但在做了一些基本研究後,我想到「利馬」這個熱門觀光區的名字,覺得超適合這杯酒——既讓人想起那個特殊的城市,也提及酒中所用之義大利葡萄所帶來的花香調性[67]。

這杯雞尾酒使用兩種來自上欽查(Chincha Alta),極具表現力的塔貝羅皮斯科(Tabernero Pisco),其中的「義大利」(Italia)常蘊含現摘春日花卉的香氣。——麥可·魯貝爾

各就各位

杯器．．．．．．．碟型杯

冰．．．．．．．．無

裝飾．．．．．．3 滴裴喬氏苦精

方法．．．．．．．默劇搖盪、碟型搖盪

配方

1 盎司．．．．．塔貝羅義大利皮斯科(Tabernero pisco italia)

1 盎司．．．．．塔貝羅酷班妲皮斯科(Tabernero pisco puro quebranta)

0.25 盎司．．．．萊姆汁

1 盎司．．．．．葡萄柚汁

0.5 盎司．．．．蜂蜜糖漿

9 滴．．．．．．．葡萄柚苦精

1 顆．．．．．．．蛋白

冰鎮碟型杯。把蛋白倒入雪克杯的小搖杯中。在大搖杯裡,混合苦精、萊姆汁、蜂蜜糖漿、葡萄柚糖漿和兩種皮斯科。如果你成功地精準測量每樣材料,就可以開始**默劇搖盪**,讓所有材料完美融合。加入 5 顆冰塊,進行**碟型搖盪**。

試喝,如果有點稀,可多加一些簡易或蜂蜜糖漿(如果你只是想讓質地變豐厚,就加前者;如果你希望雞尾酒更圓潤、蜂蜜味重一點會更棒的話,就加後者)。如果葡萄柚的味道太強烈,可多加一些萊姆汁,中和一下。**雙重過濾後**倒進冰過的碟型杯,並加上豔粉紅色的裴喬氏苦精做為裝飾。

---

67 Miraflores為西文,意譯為「賞花」。

蜂蜜糖漿:第 311 頁 ＊ 蛋:第 64 頁 ＊ 默劇搖盪:第 65 頁 ＊ 苦精裝飾:第 79 頁

比佛利五月
BEVERLY MAE

約 2019 年

我奶奶最愛的雞尾酒是威斯康辛式的不甜白蘭地曼哈頓。她會用任何她櫃子裡，最便宜的白蘭地來調這杯酒，裡頭再加上法式純香艾酒（Dry vermouth）、安格仕苦精和七喜汽水。

我想在暮色時刻的框架下，重新演繹這杯酒。所以為了降低法式純香艾酒如砂紙般的乾烈不甜，我把香艾酒拆成兩種，其中一部分改用多林白香艾酒（Dolin Blanc，這款稍微甜一點）。我還加了一些義大利佛手柑利口酒：義大利庫斯（Italicus，我常開玩笑說它喝起來像七喜汽水糖漿）。這樣的組合在不用加糖的情況下，就能把甜味帶進雞尾酒中。所以你還是能獲得不甜曼哈頓的口感。——柴克·索倫森

各就各位

杯器.......碟型杯

冰........無

裝飾.......檸檬豬尾巴皮捲

方法.......碟型攪拌

配方

2 盎司......皮耶費朗 1840 干邑白蘭地
（Pierre ferrand 1840 cognac）

1 盎司......多林白香艾酒

0.5 盎司....多林法式純香艾酒

0.5 盎司....義大利庫斯佛手柑利口酒

冰鎮碟型杯。在攪拌杯中，疊倒兩種香艾酒，再加入義大利庫斯和干邑白蘭地。加冰塊到攪拌杯的四分之三滿，接著**碟型攪拌**。試喝，多林白香艾酒比純香艾酒濃稠，且義大利庫斯也會增加濃稠度，所以如果你沒有充分攪拌，很容易會過甜（這也是為什麼測量兩種香艾酒時，需要疊倒的原因）。如果需要降低甜度，可以再多攪拌一下，再次試喝，以確定整杯酒**非常、非常冰**。現在壓力來了，因為你已經調出完美的酒，準備好倒進碟型杯，並立馬喝掉。**雙重過濾後**倒進冰過的碟型杯，加上裝飾。

冰鎮碟型杯：第 60 頁 ✳ 疊倒：第 36 頁 ✳ 雙重過濾：第 50 頁

榮譽徽章
MERIT BADGE

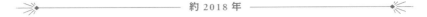

—— 約 2018 年 ——

芙內布蘭卡（Fernet Branca）有尤加利樹的香調，會讓我想起女童軍薄荷薄餅，所以我以此命名這杯酒。雖然芙內布蘭卡的風味極好，但對一些人而言，可能太過強烈，所以我加了大家都熟悉的巧克力和薄荷，給那些可能不習慣義大利苦酒苦味的人。從各方面來說，這是杯很酷的「古典」型雞尾酒，以烈酒直球對決，還因為用了一大把薄荷裝飾而香氣濃郁。

——安妮卡・薩克森

各就各位

杯器.......古典杯

冰 ....大冰塊

裝飾.......帶葉薄荷嫩枝

方法.......冰磚攪拌

配方

1.5 盎司.....芙內布蘭卡

0.5 盎司.....短陳龍舌蘭

1 盎司 ......公雞托里諾香艾酒
　　　　　　　（Cocchi vermouth di torino）

0.5 盎司.....光陰似箭可可香甜酒
　　　　　　　（Tempus fugit crème de cacao）

1 抖振 ......巧克力苦精

1 抖振 ......裴喬氏苦精

把兩種苦精倒進金屬杯中。疊倒可可香甜酒與龍舌蘭，再倒進金屬杯中。緊接著測量香艾酒和芙內，也倒進金屬杯中。試喝。會感覺到巧克力味、薄荷味與薄荷醇蜂擁而上，再加上甜茴香與香草。你覺得這些元素達到平衡了嗎？在攪拌杯中加冰塊至四分之三滿，接著進行**冰磚攪拌**。

試喝。再用湯匙繼續攪拌（不只是幾圈而已），再次試喝。整杯酒應該要從參差不齊、又滿是酒味，變成柔醇、類似餅乾的味道。**濾冰後**，倒進裝了一塊大冰塊的古典杯。用薄荷嫩枝裝飾以回應尤加利樹。放裝飾前，先拍打薄荷葉，讓它們釋放其美妙的精油與香氣。

老廣場：第 35 頁 ✱ 疊倒：第 36 頁 ✱ 冰磚攪拌：第 47 頁 ✱ 並列：第 189 頁

藍嶺曼哈頓
BLUE RIDGE MANHATTAN

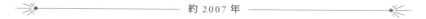

約 2007 年

我很愛料理得好的手撕豬肉三明治。若要做出受這些風味而啟發的曼哈頓改編版，我知道我不能照著字面上的意義，而使用「油洗」（Fat-washing）威士忌、把蜜桃泡進簡易糖漿中，以及用一顆洋蔥裝飾，因為這樣的操作太笨拙了。我們選用裸麥威士忌做為穀粒元素，取其明亮及鹹味的調性（相較於波本威士忌類似甜點的風味），並使用櫻桃味非常重的安提卡古典配方甜香艾酒，來扮演 BBQ 烤肉醬的角色。

為了使整杯酒更活潑生動，此時多林法式純香艾酒加入，利用其夏日香草特性，而拉弗格威士忌（Laphroaig）則可以模擬豬肉在煙燻坑中，待了好幾個小時的情況。至於「醋味」方面，我只用了一丁點的檸檬皮油，以模仿眾多「拖把醬」[68]都有的特色。最後完成的這杯酒，有著正宗手撕豬肉三明治的各種細細呢喃，不過是用雞尾酒的形式，而不是真的用一大疊肉的方式呈現。──托比‧馬洛尼

各就各位

杯器.......碟型杯

冰........無

裝飾.......檸檬豬尾巴皮捲

方法.......碟型攪拌

配方

2 盎司......利登裸麥威士忌

0.75 盎司...安提卡古典配方香艾酒

0.5 盎司....多林法式純香艾酒

2 抖振......裴喬氏苦精

1 抖振......比特方塊玻利維亞苦精
　　　　　　（Bolivar Bitters）

拉弗格單一純麥蘇格蘭威士忌，潤杯

準備碟型杯，在杯中加一些冰塊，接著倒入一點點拉弗格威士忌潤杯。這樣可以冰鎮碟型杯，為威士忌加一些融水量，但又不會讓威士忌味道變得平淡乏味。你只會得到一股酒味，而不會得到威士忌像海藻一樣的鮮味和鹹味。當你在攪拌雞尾酒時，讓冰和液體繼續留在酒杯中。

在攪拌杯中，加入苦精、香艾酒和裸麥威士忌，以及達到攪拌杯四分之三滿的冰，接著**碟型攪拌**。試試看酒味會不會太重，以及苦精的表現如何。如果苦精的風味不夠突出，你可以依自己的喜好，多加一些裴喬氏苦精。在冰塊融化的同時，繼續攪拌。多加幾顆冰塊，以得到如極地寒流般冰冷的水。

把留在碟型杯中的冰塊倒出來。把攪拌杯中的東西**濾冰後**倒進酒杯。這杯酒的高度只能到酒杯的三分之二，這樣才能留許多空間給潤杯，好發揮這杯酒的香氣。裝飾用的檸檬皮油並不需要太多——它只是畫龍點睛，而不是這杯雞尾酒的主要香氣。所以把檸檬拿高，裁下豬尾巴皮捲，接著把它掛在酒杯的 11 點鐘方向。

68 譯註：有時也稱為「醃醬」，會在肉燒烤時，薄薄一層刷在肉上。

潤杯：第 83 頁 　＊　碟型攪拌：第 46 頁 　＊　豬尾巴皮捲裝飾：第 77 頁

失樂園
PARADISE PERDIDO

 約 2013 年

就本質上，這杯雞尾酒想要成為杏仁酒酸酒（Amaretto）。它看起來單調，但我覺得喝了第一口後，仍會覺得它很吸引人。這杯酒適合在飯後喝，更像是肉桂草莓烤奶酥等療癒食物。帕羅科塔多雪莉酒（Palo cortado sherry）就像鋪在房間裡的地毯一樣，把所有東西整合為一體。——約翰·約翰·史邁利（John Smillie）

各就各位

杯器.......鬱金香杯

冰 ....冰塊

裝飾.......5 滴裝喬氏苦精

方法.......默劇搖盪、冰塊搖盪

配方

2 盎司 .....短陳龍舌蘭

0.25 + 盎司 ..帕羅科塔多雪莉酒

0.75 盎司 ...檸檬汁

0.25+ 盎司 ..草莓糖漿

0.25+ 盎司 ...肉桂糖漿

1 抖振 .....安格仕苦精

1 顆 ....蛋白

在雪克杯中，倒入苦精、疊倒糖漿，依序倒入檸檬汁、雪莉酒和龍舌蘭。把蛋白打進小搖杯中，丟掉蛋黃（或明天早上加進你的蛋白質奶昔裡）。**默劇搖盪**。加 5 顆冰塊到搖杯，加 2 顆冰塊到鬱金香杯，這樣在搖盪時，可同時冰鎮輩子。

冰塊搖盪到搖杯外壁開始結霜，再丟幾顆冰塊到鬱金香杯，讓它準備迎接搖好的雞尾酒。**雙重過濾後**倒進準備好的杯子，加上裝喬氏苦精裝飾，滴的時候，請模仿骰子 5 點的圖形來滴。

草莓糖漿：第 312 頁 ✳ 肉桂糖漿：第 312 頁 ✳ 苦精裝飾：第 79 頁

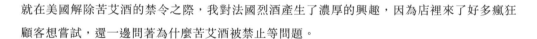
就在美國解除苦艾酒的禁令之際，我對法國烈酒產生了濃厚的興趣，因為店裡來了好多瘋狂顧客想嘗試，還一邊問著為什麼苦艾酒被禁止等問題。

我設計這杯特別的雞尾酒是想要翻轉提基雞尾酒的風味，所以我沒有把苦艾酒當橋梁，用來連接較強烈的熱帶風味，而是讓它成為基酒，出現在最顯著的位置。亞普羅的苦橙味和苦艾酒的茴香味非常搭——都是很清新的風味，而且苦精有比較濃重的糖漬香調，所以有助於完美融合亞普羅與苦艾酒的風味。——史蒂芬·科爾

各就各位

杯器.......碟型杯
冰.........無
裝飾.......柳橙厚圓片，火燒過之後丟棄
方法.......碟型搖盪

配方

1.5 盎司.....亞普羅
1 盎司......黑貓苦艾酒（Lucid absinthe）
1 盎司......檸檬汁
0.25 盎司....簡易糖漿
6 滴........雷根香橙苦精

冰鎮那個碟型杯！ 眼睛張大，仔細測量苦精後倒入雪克杯，接著倒入簡易糖漿、檸檬汁、亞普羅和苦艾酒。放 5 顆冰塊到搖杯中，接著**碟型搖盪**。試喝，如果苦艾酒的風味太突出，你會需要更多的融水量，稍微把它緩和下來。再多搖一下。

從凍庫取出碟型杯，把搖杯中的酒液**雙重過濾後**倒進酒杯。如果你以前沒用火燒過柑橘皮，請先在旁邊練習幾次，才不會因一絲絲燒焦的皮油，而毀了辛苦調好的酒（本來應該只取燒過的香氣裝飾）。一旦覺得上手了，就把那片柳橙圓片放在雞尾酒上方，稍微用火燒一下，丟棄。

簡易糖漿：第 311 頁 ✳ 冰鎮碟型杯：第 60 頁 ✳ 火燒柳橙：第 75 頁 ✳

洛琳，謝謝妳
THANK YOU, LORRAINE

 約 2018 年

沒有人知道草莓巧克力球的確切發明者是誰，但有個名為洛琳・羅盧索（Lorraine Lorusso）的人，很篤定地聲稱是她發明的。據傳，她是在芝加哥華盛頓街的 Stop & Shop 超市想到這個點子的。這份「同鄉」情感讓我創造出一杯與此甜點風味完全相同的「皮姆之杯」（Pimm's Cup）。

根據暮色時刻的做法，若要讓雞尾酒中有新鮮草莓的風味，最好的方式便是直接放入新鮮草莓。於是我調了一杯經典皮姆之杯，再搗碎一些水果。光陰似箭可可香甜酒具有很棒的巧克力風味，但糖漿感不至於太重，而干邑白蘭地則有助於突顯巧克力香調。我原先調了好幾個版本，但當我一喝到這杯時，我就知道它已經完美了。——派特・雷

各就各位

杯器.......可林杯

冰 ....冰片

裝飾.......半顆草莓掛在杯緣

方法.......可林斯搖盪

配方

1.5 盎司....皮姆一號（Pimm's no.1）

0.5 盎司....干邑白蘭地

0.5 盎司....檸檬汁

0.75 盎司...光陰似箭可可香甜酒

1 顆.......草莓，切半，搗碎用

蘇打水，打底

在可林杯中放入 **1** 片冰，接著倒入蘇打水打底，置於一旁備用。把切半的草莓放入雪克杯中，**搗碎**。倒入檸檬汁與可可香甜酒，接著疊倒干邑白蘭地和皮姆一號，量完倒入搖杯中。快速攪拌一下，確保草莓沒有卡在杯底。放入 3 顆冰塊，進行**可林斯搖盪**。

試喝，確定可可香甜酒沒有太搶味，如果有的話，再多加一些干邑白蘭地。**雙重過濾後**，倒進裝了冰片的可林杯。加上現切的草莓裝飾。

打底：第 62 頁 ＊ 可林斯搖盪：第 46 頁 ＊ 靈感：第 126 頁

海岸
THE RIVIERA

約 2007 年

我們在暮色時刻第一年營業時創造的許多調飲，都是想要讓人們在熟悉與舒適的情況下，認識金巴利等帶苦味的材料。我們怎麼讓他們愛上這個奇怪、尖銳，又苦中帶甜的風味呢？在這杯雞尾酒中，我們搭配了鳳梨。海岸是一大杯陽光，裡面有泡過鳳梨的琴酒、金巴利、盧薩多瑪拉斯奇諾櫻桃利口酒和香橙苦精。——托比‧馬洛尼

各就各位

杯器.......尼克諾拉雞尾酒杯
冰 ....無
裝飾.......拍打過的薄荷葉、3 滴香橙苦精
方法.......默劇搖盪、碟型搖盪

配方

2 盎司 ......海岸預調（Riviera mix）
0.75 盎司....檸檬汁
0.75 盎司....簡易糖漿
1 顆 ....蛋白

冰杯。把蛋白放入雪克杯的小搖杯中。在大搖杯裡，混合簡易糖漿、檸檬汁和海岸預調。**默劇搖盪**。加 5 顆冰塊，蓋好雪克杯，把搖杯外頭擦乾淨，因為難免會有一些不小心流出來的滑滑液體。**碟型搖盪**，雪克杯中的空氣愈多愈好。

試喝！在你搖盪的過程中，應該加了足夠的融水量到預調中，所以雞尾酒喝起來應該是天衣無縫般地美味，而不是各種風味分崩離析。如果需要的話，可再多搖一下，直到變好喝，而且你預估這個好喝的程度可以一直持續到酒喝完為止。**雙重過濾後**，倒進尼克諾拉雞尾酒杯，加上裝飾，輕輕地讓薄荷葉漂浮在表面，並以固定間隔點上苦精，讓它圍繞著如小船般的香草。

海岸預調：第 315 頁 ＊ 簡易糖漿：第 311 頁 ＊ 蛋：第 64 頁 ＊ 拍打薄荷：第 78 頁

鐵十字勳章
IRON CROSS

 約 2007 年

在暮色時刻的第一份酒單中，我想放入一杯加了蛋白的雞尾酒，可能是威士忌酸酒或皮斯科酸酒。當時是夏天，所以皮斯科比較合適，而且我覺得在那個時候，這杯酒也會比較好賣。

皮斯科就像是烈酒版的夏日草地。在這杯雞尾酒中，皮斯科古怪的花香調與橙花水共舞，同時也與苦精中，葡萄柚的明亮花香調產生對比。沒錯，這是一杯皮斯科酸酒，但是因為加了漂亮胸針和提包，而時髦了起來。——托比·馬洛尼

各就各位

杯器.......碟型杯
冰........無
裝飾.......5 滴安格仕苦精，畫成漩渦狀
方法.......默劇搖盪、碟型搖盪

配方

2 盎司......聖地牙哥奎伊羅洛皮斯科混釀
（Santiago queirolo pisco acholado）
0.75 盎司....檸檬汁
1 盎司......簡易糖漿
3 滴.......橙花水
9 滴.......葡萄柚苦精
1 顆.......蛋白

冰鎮碟型杯。分離蛋白，倒進雪克杯的小搖杯中。另外，把苦精倒進大搖杯。如果你是調酒新手，加橙花水時，請用量酒器測量，盡可能準確，因為它是個香氣炸彈，如果加太多，會毀了一杯酒。加入簡易糖漿、檸檬汁、皮斯科酒。**默劇搖盪**。

試喝。就你的喜好而言，夠甜嗎？蛋白會讓雞尾酒嚐起來比較不甜，所以這是確認該元素以及進行調整的時機。加入 5 顆冰塊，接著**碟型搖盪**。再次試喝，視需要調整糖量。**雙重過濾後**，倒進冰過的碟型杯。先把裝飾用的苦精滴在蛋白上，靜置一秒鐘，接著畫出漩渦狀，讓它成為漂亮的藝術作品。

簡易糖漿：第 311 頁 ✳ 蛋：第 64 頁 ✳ 默劇搖盪：第 65 頁 ✳ 苦精漩渦：第 79 頁

好多親親
SO MANY KISSES

———— 約 2012 年 ————

我很愛好喝的皮斯科酸酒。在這個酒譜中，我想看看除了讓人很舒服的外觀外，皮斯科還能做些什麼。這支酒有黏土般的礦物味，再加上成熟水果的香調，如香蕉和綠色蔬菜風味，所以雞尾酒中的其他材料，都是為了幫襯這些特色。透過香艾酒，以及類似香艾酒的材料（麗葉酒〔Lillet〕很有深度，因為它以葡萄酒為基底），這杯酒幾乎就像是皮斯科馬丁尼（如果你要這麼稱呼的話）。——安卓·麥基（Andrew Mackey）

各就各位

杯器.......碟型杯

冰 ....無

裝飾.......柳橙皮，擠壓後丟棄

方法.......碟型攪拌

配方

2 盎司 ......魅力之域皮斯科混釀（Campo de encanto pisco acholado）

1 盎司 ......公雞托里諾香艾酒

0.5 盎司.....紅麗葉酒（Lillet rouge）

0.25 盎司....亞普羅

1 抖振 ......雷根香橙苦精

7 滴 ....比特曼巧克力味苦精（Bittermens xocolatl mole bitters），潤杯用

準備好碟型杯：在杯中加入巧克力味苦精和碎冰。潤杯，然後把冰倒掉。現在酒杯壁上應該附著了一層薄薄、結冰的苦精，這能帶來很棒的香氣。在攪拌杯中，混合（香橙）苦精、亞普羅、麗葉酒、香艾酒和皮斯科，接著加冰到攪拌杯的四分之三滿。試喝，留意皮斯科和香艾酒如何互相玩「鬼抓人」。這杯酒用的香艾酒味道很濃郁，而皮斯科則很細緻，所以務必確認在香艾酒果醬般的水果甜味下，依然能感覺到皮斯科的夏日氣息。

慢慢地**碟型攪拌**，避免混入任何氣泡。**濾冰**後倒進冰過的碟型杯。把柳橙皮拿高，擠壓並噴附皮油在雞尾酒表面，接著丟掉果皮，你只需要一點點柳橙風味來襯托巧克力味苦精，而不是搶味。

潤杯：第 83 頁 ＊ 碟型攪拌：第 46 頁

調整態度
ATTITUDE ADJUSTMENT

約 2013 年

早在我搬到芝加哥之前，我在筆記本可能早已寫下了「調整態度」這個名字。那要回溯到早期，我在 eGullet 和 LTH 論壇搜索，並研究托比的調酒作品、方法和俏皮話。他最喜歡的「調整態度」是，劣質啤酒加上一個 Shot 的瑪杜莎蘭姆酒或夏翠絲，所以這杯雞尾酒的材料全選自馬洛尼先生的「幾樣我的最愛」。

這杯雞尾酒本身就只是一杯像瑪格麗特的黛西，或一杯「聖地牙哥的黛西」（Daisy de Santiago）——它並不是杯「啤酒雞尾酒」，而是一杯加了啤酒的黛西，就像把可樂娜啤酒加進你的瑪格麗特一樣。最後的成品絕對是杯更深沉、更憂鬱，帶有秋日情懷的費茲，就像舊世界艾爾黑啤酒帶來的古代重擊。——泰勒·富萊

各就各位	配方
杯器.......可林杯	1.5 盎司.....瑪杜莎經典蘭姆酒
冰 ....冰塊	0.75 盎司....萊姆汁
裝飾.......萊姆圓片	0.25 盎司....綠夏翠絲
方法.......可林斯搖盪	0.5 盎司.....簡易糖漿
	美樂 High Life 啤酒，打底用（和放在旁邊喝）

在雪克杯中製作。首先疊倒簡易糖漿和夏翠絲，接著加入萊姆汁和蘭姆酒。試喝，因為美樂 High Life 會讓人產生甜味的錯覺，所以雞尾酒在濾冰倒進酒杯前，應該要先喝喝看偏不甜的口感。取可林杯，放入 4 顆冰塊，倒一些啤酒打底；置於一旁備用。加 3 顆冰塊到搖杯，進行**可林斯搖盪**。再次試喝。現在喝起來會不會有點太辣、酒味太重？沒關係！因為接下來會再和啤酒混合，增加稀釋度。

濾冰後，倒進準備好的可林杯。我們在店裡會把 7 盎司酒瓶（Pony bottle）裡剩下的啤酒和雞尾酒一起送上桌。加上裝飾。

簡易糖漿：第 311 頁 ✳ 可林斯搖盪：第 46 頁 ✳ 搶味：第 37 頁 ✳ 打底：第 62 頁

狩獵採集者
HUNTER GATHERER

約 2012 年

做為一名員工，我們調過許多冬天酒單上的熱飲、蛋蜜酒與以奶油為基底的雞尾酒，但是我更喜歡具有深度風味的攪拌型雞尾酒。雖然這聽起來有點陳腔濫調，但這杯類似「花花公子」（Boulevardier）的雞尾酒，靈感來自蘋果派。它有香草、香料和烤蘋果的風味，但不是那種過於直接、不經大腦的蘋果雞尾酒。

關於蘇格蘭威士忌，請用風味細緻、優良麥芽的酒款（不要用泥煤味重的，否則會過於搶味），再配上紅色的苦味利口酒，如盧薩多、卡佩萊或亞普羅——味道不若金巴利強烈的酒款，以符合整杯酒的調性。——亨利・普倫德加斯特

各就各位

杯器.......雙層古典杯
冰 ....大冰塊
裝飾.......檸檬皮，擠壓後投入酒中
方法.......冰磚攪拌

配方

2 盎司 ......豬鼻子調和威士忌（Pig's nose blended scotch whisky）

0.75 盎司 ...公雞托里諾香艾酒（Cocchi vermouth di torino）

0.25 盎司 ....盧薩多紅開胃苦酒（Luxardo bitter rosso）

0.125 盎司...聖伊莉莎白多香果利口酒（St. elizabeth allspice dram）

11 滴 ....比特方塊玻利維亞苦精

把多香果利口酒倒進攪拌杯中；不要粗手粗腳，即便只是多了極少、極少量的 ⅛ 盎司，都會造成搶味，如果之後需要重一點香料味的話，都可以再加。倒入盧薩多、香艾酒和威士忌，並加冰塊到攪拌杯的四分之三滿，接著**冰磚攪拌**。這杯需要輕度的「不足攪拌」（Understir），第一口要稍微有一點辣，這樣之後和大冰塊一起靜置在杯中時，才會好喝。

試喝。多香果味夠不夠？如果不夠，可在這時候多加一點。**濾冰後**，倒進裝了一塊大冰塊的雙層古典杯。我喜歡最後才加苦精，這樣喝第一口時，就可以聞到香氣。至於檸檬皮油，我喜歡很淡很淡的感覺，所以輕輕擠一點噴附在雞尾酒表面提亮就好。檸檬皮擠壓完，以 11 點鐘方向插入酒中，完成。

搶味：第 37 頁 ＊ 冰磚攪拌：第 47 頁 ＊ 擺放裝飾：第 301 頁

德州安妮
TEX-ANNE
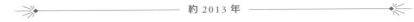
— 約 2013 年 —

這杯酒的靈感來自我一位德州的朋友（他僥倖逃過被稱為「德州安妮」），這杯帶鹹味卻清爽的雞尾酒，深受大眾喜愛——是當你在德州的烈日午後，在戶外待了好幾個小時，渴得要命時，會很想喝的一款酒。基本上，這是一杯梅茲卡爾調成的瑪格麗特，再加上來自夏翠絲與塔巴斯可辣醬的香料味，以及杏仁糖漿帶來的堅果味。幫自己和朋友調個一兩杯，或帶一大壺去 BBQ 聚會吧！——吉姆‧特勞德曼

各就各位

杯器.......古典杯

冰 ....大冰塊

裝飾.......葡萄柚皮，擠壓後投入酒中

方法.......冰塊搖盪

配方

1 盎司 ......迪爾瑪蓋–奶油梅茲卡爾（Del maguey crema de mezcal）

1 盎司 ......七聯盟白龍舌蘭（Siete leguas blanco tequila）

0.75 盎司....萊姆汁

0.25 盎司....黃夏翠絲

0.5 盎司.....杏仁糖漿

1 抖振 ......葡萄柚苦精

5 滴 ....綠色塔巴斯可辣醬

測量所有材料，倒進雪克杯中，先放塔巴斯可辣醬，因為如果你不小心倒太多，還可以倒出來，從頭再來一次。接著再倒苦精、杏仁糖漿、萊姆汁、夏翠絲、龍舌蘭和梅茲卡爾。

試喝，如果太辣，可以加一點簡易糖漿，應該可以緩和辣度。放入 5 顆冰塊，**冰塊搖盪**。試喝，如果整杯酒已經脫離「超級火辣」的程度，與杏仁糖漿和萊姆汁一起進入和諧階段，就可以**濾冰**倒進裝了一塊大冰塊的古典杯。如果還沒，就再多搖幾下再濾冰。擠壓葡萄柚皮，讓皮油均勻噴附在整杯酒的表面，接著直立插入果皮，讓它看起來幾乎像是正在舔杯子的舌頭一樣。現在你正翱翔在巨大德州的上空。

杏仁糖漿：第 314 頁　✳　疊倒：第 36 頁　✳　擺放裝飾：第 301 頁

全新金屬
FRESH METAL

約 2017 年

「全新金屬」是故意要產生酒感很重，類似提基雞尾酒的假象。它帶有熱帶風格，可能會讓你以為準備要喝一杯清涼又明亮的調飲，但並非這麼簡單。做為一杯越過高峰，會讓人想起邁泰的變化版，它有很多細微層次，最後以不甜、濃烈的苦艾酒收尾。當我喝完這杯雞尾酒時，我喜歡在剩下的冰上倒幾盎司的水，享受杯裡殘留的風味。這杯酒就是這麼棒。

—— 吉姆・特勞德曼

各就各位

杯器........鬱金香杯

冰 ....碎冰

裝飾........帶葉薄荷嫩枝

方法........美式軟性搖盪；滾動

配方

1 盎司 ......普雷森三星白蘭姆酒
（ Plantation 3 stars white rum ）

0.5 盎司....苦艾酒

0.75 盎司...檸檬汁

0.25 盎司...杏仁糖漿

0.5 盎司....里刻 43 利口酒

1 枝 ....帶葉薄荷嫩枝

0.25 盎司...綠夏翠絲，漂浮

把薄荷嫩枝丟進雪克杯中，接著疊倒里刻 43 和杏仁糖漿，再加檸檬汁。因為這杯雞尾酒把利口酒當成甜味劑，所以有點難找到確切的平衡，因此在倒里刻 43 時，下手不要太重。倒入苦艾酒和蘭姆酒。試喝！如果需要更多甜味劑，請加簡易糖漿，或多一點點的杏仁糖漿（這麼做也會讓雞尾酒的酒體變渾厚，所以取決於你是不是想要這樣的口感）。

下一步，拿出鬱金香杯，在裡頭裝入四分之三滿的碎冰。將搖杯中的材料與 2 盎司碎冰一起**美式軟性搖盪**，並馬上把杯中所有東西**滾進**酒杯裡。再疊上更多碎冰。加上薄荷嫩枝裝飾，以及倒夏翠絲漂浮——如果你是新手，請先用量酒器量好夏翠絲，再倒進雞尾酒表面漂浮。

杏仁糖漿：第 314 頁 ✳ 美式軟性搖盪：第 46 頁 ✳ 漂浮：第 81 頁 ✳

說到做到
ALL BARK, ALL BITE

約 2018 年

這杯酒特別鎖定喜愛攪拌型、酒味重雞尾酒，如古典雞尾酒與曼哈頓的人。雞尾酒中，由濃烈的拉弗格所帶來的泥煤氣味與芙內布蘭卡的苦味，特別適合喜歡多一點挑戰性的飲用者。不過，出乎我意料之外，這杯酒吸引到許多人（直至今日依舊如此，但我還是不知道為什麼）。這杯酒的輪廓融合多種經典雞尾酒，也使用了熟悉的香氣與風味，即使它非常濃烈，我相信依舊能帶來療癒與寬慰。——利末・泰瑪

各就各位

杯器.......雙層古典杯
冰 ....冰塊
裝飾.......噴 2 下拉弗格單一純麥威士忌
方法.......冰塊攪拌

配方

1 盎司 ......酷狗調和蘇格蘭威士忌
　　　　　　（Copper dog speyside blended
　　　　　　malt scotch whisky）
1 盎司 ......野火雞 101 裸麥威士忌
　　　　　　（Wild turkey 101 rye whiskey）
0.25 盎司 ...芙內布蘭卡
0.25 盎司 ...德梅拉拉糖糖漿

冰鎮雙層古典杯。在攪拌杯中，混合糖漿、芙內布蘭卡、裸麥威士忌和蘇格蘭威士忌。加冰到攪拌杯的四分之三滿。**冰塊攪拌**。試喝。要測試風味是否平衡，但同時也要注意整杯雞尾酒沒有被**過度攪拌**。這杯酒的臨界點非常難拿捏，因為調和威士忌的口感很細緻，而其他材料的侵略性卻滿強的，所以你可以能需要多試喝幾次，並特別留意，才能找到最佳的停止點。要記住，雞尾酒之後會倒在冰塊上，所以應該在覺得還有一點烈，但又不是嗆辣到無法忍受時收手。

濾冰後，倒進加了冰塊的雙層古典杯。噴 2 下拉弗格裝飾，最好使用在網路上或藥局很容易就找到的小型噴霧瓶來操作。

德梅拉拉糖糖漿：第 311 頁 ✳ 搶味：第 37 頁 ✳ 噴霧瓶：第 83 頁（見註腳）

再見，到時候見
GOODBYE NOW, TA TA THEN

約 2017 年

這杯酒的出發點，是想把一杯簡單的、像派風味的雪莉酒酷伯樂，套上一個愚蠢的名字來吸引眾人目光。比起典型不甜、充滿果香的雪莉酒酷伯樂，這杯酒的風味更豐富，是一杯「加上厚重毯子，舒適度增加」的雞尾酒。帕羅科塔多雪莉酒有著烘焙品的香調，類似香草和杏仁。彼諾甜酒（Pineau des Charentes）能增加柑橘的酸度，而法勒南糖漿（Falernum）則能快速帶入香料味。──阿貝‧武切科維奇

各就各位

杯器.......茱莉普杯
冰 ....碎冰
裝飾.......無
方法.......用攪酒棒快速拌合

配方

2 盎司 ......帕羅科塔多雪莉酒
0.75 盎司 ...彼諾甜酒
0.75 盎司 ...法勒南糖漿
0.25- 盎司 ...德梅拉拉糖糖漿
1 抖振 ......比特方塊玻利維亞苦精

冰鎮茱莉普杯，直到外杯壁結霜，接著在杯中混合苦精、德梅拉拉糖糖漿、法勒南、彼諾甜酒和雪莉酒。試喝。是不是每樣材料都加了？感覺是否平衡？還是需要再多加點糖漿或苦精？調整。加入碎冰，接著使盡吃奶的力量**用攪酒棒快速拌合**，速度愈快愈好，讓整杯酒愈冰愈好。

試喝。如果攪和太過度，造成風味像長號悲鳴，就多加一點酒，再快速攪拌一下（無需再用攪酒棒快速拌合，那樣會太激烈）。這杯飲料因為沒有裝飾，所以上頭不需要疊一大堆碎冰，只需杯中剩下的碎冰即可，這樣你低頭時，就能聞到雞尾酒的香氣。

法勒南糖漿：第 314 頁 ＊ 德梅拉拉糖糖漿：第 311 頁 ＊ 用攪酒棒快速拌合：第 47 頁

花生果醬三明治
PB&J

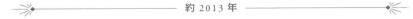

約 2013 年

這杯是屬於那種「材料會自己走進來」的雞尾酒。阿夸維特踏進來當裸麥麵包的替代品（我知道沒有人會用德國裸麥黑麵包做花生果醬三明治，但光是能讓人想起「麵包」，就足以證明其正當性了），杏仁糖漿就是你的堅果醬，而果醬則來自濃郁且有果醬風味，用了少許裴喬氏苦精提亮的安提卡古典配方香艾酒。

我們本來可以照字面上的意思，直接說明材料，但這就不能「喚起」或讓人想起花生果醬三明治了。除了麵包，花生醬與果醬的風味外，我們還借用了蛋黃的質地來欺騙大腦，讓人一喝就想在腦海裡尖叫「花生果醬三明治」。──泰勒·富萊

各就各位

杯器.......可林杯

冰 ....碎冰

裝飾.......柳橙皮打結，並做個籃子塞櫻桃

方法.......默劇搖盪、美式軟性搖盪

配方

2 盎司 ......奧爾堡塔夫費爾阿夸維特
（Aalborg taffel akvavit）

0.75 盎司...安提卡古典配方香艾酒

0.75 盎司...檸檬汁

0.5 盎司....杏仁糖漿

0.25 盎司...德梅拉拉糖糖漿

2 抖振 ......裴喬氏苦精

1 顆 ....蛋黃

把蛋黃投入雪克杯的小搖杯中，在大搖杯中調製雞尾酒，依序倒入苦精、德梅拉拉糖糖漿、杏仁糖漿、檸檬汁、香艾酒和阿夸維特。試喝，根據你的杯子大小，以及有多少冰，你可能需要多加一些德梅拉拉糖糖漿，才能維持質地；現在喝起來要有一點甜和辣，這樣才是正確的。把兩個搖杯合起來，接著**默劇搖盪**。

準備好可林杯：因為這杯調出來卉很大一杯（超過 4 盎司），所以在杯裡裝半滿的碎冰就好。靜置可林杯，讓它降溫，同時用搖杯**美式軟性搖盪**，有足夠的時間讓杯中的材料變冰即可。**雙重過濾後**，倒進裝了冰的可林杯。最後加上裝飾。

杏仁糖漿：第 314 頁 ✳ 德梅拉拉糖糖漿：第 311 頁 ✳ 蛋：第 64 頁 ✳ 裝飾：第 76 頁

苦與悲
AMAROS & SORROWS

約 2016 年

這杯酒瞄準喜歡調味雞尾酒的人。這杯以義大利煙燻藥草苦酒為基底的雞尾酒，會讓人想起冷冽的秋日早晨。煙燻義大利苦酒的不甜口感與鳳梨汁是完美組合。當你喝完時，杯中的冰塊應該看起來會像被白雪覆蓋的山頭。告訴我那不會真的想讓你去滑雪！——吉姆‧特勞德曼

各就各位

杯器........雙層古典杯

冰 ....冰塊

裝飾........檸檬皮，擠壓後投入酒中

方法........默劇搖盪、冰塊搖盪

配方

1.5 盎司.....卡佩萊義大利煙燻藥草大黃苦酒
　　　　　　（Cappelletti amaro sfumato
　　　　　　rabarbaro）

0.5 盎司.....盧薩多紅開胃苦酒

0.5 盎司.....檸檬汁

1 盎司 ......鳳梨汁

0.75– 盎司...簡易糖漿

1 顆........蛋白

在雙層古典杯中加幾顆冰塊冰鎮。依照下列順序，測量液體材料，倒進雪克杯中：簡易糖漿、鳳梨汁、檸檬汁、盧薩多和義大利煙燻藥草大苦酒。接著，把蛋白倒進小搖杯中。將兩個搖杯合起來，**默劇搖盪**。打開搖杯，丟進 5 顆冰塊，接著**冰塊搖盪**。

一旦搖杯外側結霜，且溫度極冷後，你就可以快速試喝。應該要像一杯達到完美平衡，有許多泡沫的「叢林鳥」（Jungle Bird），沒有高酒精濃度烈酒帶來的燒灼感。**雙重過濾後**，倒進加了冰塊的雙層古典杯。最後，取檸檬皮，盡可能擠出皮油，噴附在雞尾酒表面，接著直直插入酒中。

簡易糖漿：第 311 頁　＊　蛋：第 64 頁　＊　默劇搖盪：第 65 頁

PART III

酒譜發展

讓酒譜更成熟並富有深度

雞尾酒是一門藝術，我相信這個說法你已經聽過百萬次了。我們調酒師喜歡把自己定位成藝術家。但我真的覺得調酒像是一門「藝術」，在某種意義上，要創作一杯雞尾酒並不如你看到的那麼簡單，而且最棒的酒譜會遊走在美麗的極簡細節與受控的混亂之間，設法在其中表現出風味或想法。

想像一下你正在研究畢卡索的《唐吉訶德》原作，這是一份自我克制的出色大作。白色畫布上只有黑色線條輪廓，沒有任何瑣碎的細節，留白部分引人注目。另一方面，請你仔細看傑克森・波洛克（Jackson Pollock）的《藍極：十一號》（Blue Poles〔Number 11〕）。雖然畫作中充滿複雜與混亂，但依舊有統一與可識別的質地和平衡。這兩位藝術家都把具策略性的基礎技巧套用到希望傳達的結構中，如果你研究的夠久、夠透徹，就會發現這一點。如果沒有，這兩幅就只是看起來很酷的作品而已。

　　雞尾酒也一樣！一杯「琴蕾」只有三種材料，但都和琴酒有關。如果你只是想喝一杯，不想思考太多的話，它就是一杯好喝的雞尾酒。但如果你拆解基底的琴酒，或加入義大利苦酒，利口酒或其他風味糖漿，你就能掌握這張簡單的畫布，讓它爆發各式各樣的風味與色彩——把《唐吉訶德》翻轉成波洛克畫風的作品。

　　在這個部分，我們要找尋能建構複雜度並組織風味的方法，讓雞尾酒更成熟且具有深度。你們當中有些人看過之後可能會想：「這連小孩都會做」。但我發現每個小孩都會搞砸我的馬丁尼中琴酒與香艾酒的比例，屢試不爽。所以我要說的是，有許多需要體力與腦力的事，不是眼見為憑這麼簡單。

　　在這裡我們會介紹幾個堆疊風味的方法，**讓優秀的調飲變成絕佳的作品**。我們透過一系列的方式：呼應、相得益彰、並列（E/C/J）和敘事弧，來達成這個目標。

　　每一項都是一種操控風味的方法，無論是重複單一風味的某個元素，結合雷同性並堆疊出複雜性，還是帶入與現有元素相反元素的因子來創造新意義，抑或是運用技術並依照你喜歡的方式，確保調飲會隨著時間而改變。這些技巧全都能讓你的雞尾酒變得迷人又富有思想。

　　這些是理智分析的工具：用四個方式來看材料之間如何彼此互動，在合理的混亂或激進的和諧中，碰撞出確切的組合。有時，若你夠幸運，還能看到所有理論共存在一杯雞尾酒中，並引起許多細微差異。

　　這些概念也建構在我們之前提及的內容中。如果你加入鋒利或具刺激性的材料，能為雞尾酒帶來圓潤感並產生並列或對比，這樣你就能達到更好的質地。當你用新鮮帶葉香草嫩枝做裝飾，來呼應莫西多中搗過的薄荷時，則會出現濃郁的香氣。

　　並存也能產生平衡，因為如果你把黑帶蘭姆酒疊在薑味糖漿上頭，其中苦和甜的成分就會融合在一起，形成對比的和諧。當把元素結合在一起，一杯雞尾酒中充滿令人興奮激動的事物，便會就此展開。在我們深入講解此部分的內容時，請記住基本的機制，這樣你應該能保有初心。

⁂ 呼應 ⁂

回音會讓人感到驚奇，它是一道聽起來和原音一樣的聲音，但音量漸弱（其他方面保持不變）。據說人們分辨不出原來的聲音，和其所產生的回音，但每一次的回音都會因產生的距離與時間間隔，而略有不同。

每每都會讓我想起呼叫與回應的語境（Call-and-response context）。1985 年，當佛萊迪·墨裘瑞（Freddie Mercury）[69] 在英國溫布利球場演唱〈拯救生命〉（Live Aid）時，他對著觀眾高唱，興高采烈地站在那，聽著 72,000 人回唱同樣的歌詞。那些曲調、歌詞與情緒完全一樣，但每一個措詞的特色和傳遞方式卻大不相同。

在雞尾酒裡，我們也用同樣的方式看待「呼應」，但會著重在材料，不管是杯裡的還是上方的。例如，檸檬苦精、檸檬皮、義大利檸檬酒（Limoncello）和檸檬汁本質上都來自檸檬，但呈現出來的樣貌各不相同。當你混合其中兩、三種或全部時，你就是在匯集一連串複雜且帶有層次的檸檬風味。就像球場裡的大合唱放聲喊出 "Radio Ga Ga"[70] 一樣。「呼應」就是在一杯雞尾酒中，堆疊各種不同層次的相同風味，創造如漣漪般的個性。

我們的目標不只是單純的重複，而是放大雞尾酒中的某個部分。就像許多提基雞尾酒中都會要求使用三種蘭姆酒，以大聲表態「這是一杯蘭姆酒雞尾酒！」。「殭屍」（Zombie）裡所用的四種蘭姆酒中，每一種都是蘭姆酒，但其中一支來自波多黎各、一支來自牙買加，再加上一支高濃度的白蘭姆酒（Overproof white rum）與一支含糖量很高的德梅拉拉蘭姆酒（Demerara rum）。所以一杯酒中集結了四種不同的個性，調和出蘭姆酒的圓融版本，這是任何一支蘭姆酒都無法獨自達到的效果。以下還有更多的實例——嘿，開始吧！

---

69 皇后合唱團主唱。

70 譯註：皇后合唱團的歌曲〈Radio Ga Ga〉的歌詞。

呼應風味

　　每一個新的呼應都必須增加某樣新東西到對話中，或用新穎、有趣的方法把原有風味隱藏的個性帶出來。想想柳橙：某些「柳橙」材料嚐起來像 Jolly Ranchers 水果硬糖，有些則像柑橘果醬、柳橙麵包布丁或名為「柳橙朱利葉斯」（Orange Julius）的飲料。

　　庫拉索酒中的燉柳橙風味與做為香味裝飾的新鮮柳橙皮油差異極大，我們在詮釋經典「側車」時，就好好利用的這份對比。為了強化這杯飲料，我們選用香橙苦精和柳橙皮裝飾來呼應庫拉索酒。在庫拉索酒的暖甜調性、苦精的糖漬水果風味，以及來自裝飾中的新鮮柑橘味，我們匯集了許多層次，得以在杯中創造出非常複雜、但味道相當協調的柳橙輪廓。

　　我們用經典的「第八區」（Ward 8）做另一個例子。這杯酒可說是威士忌酸酒的簡單表親，由裸麥威士忌、檸檬汁、柳橙汁和紅石榴糖漿組成。我們不喜歡這杯酒裡有柳橙汁，所以改用裸麥威士忌、檸檬汁、紅石榴糖漿、香橙苦精和火燒柳橙皮裝飾，改編一杯名為「黛西 17」（Daisy 17，見 P.201）的酒。看到香橙苦精與火燒柳橙皮之間的呼應了嗎？

　　另外，在煮紅石榴糖漿時，也加了柳橙汁，所以現在在你有「柳橙三式」，就像在超級華麗的高級餐廳裡，把燉羊肉、油封肉與手撕肉放在同一盤，是一樣的意思。強化的柳橙調性讓這杯經典雞尾酒從老爺車變成喧囂的肌肉車（Muscle car）。

　　很多時候，都是在看你如何巧妙地把一種風味的不同層次融合在一杯調飲中。聖喬治的香料西洋梨利口酒具有大量的溫暖烤香料風味和糖蜜般的甜味，而未陳放西洋梨白蘭地則帶著極度爽冽和清新的本質，兩者在「西洋梨」的個性上大不相同，對吧？

　　如果你把兩者放在同一酒譜中會如何（當然會同時調整酒味與甜味，來達到良好平衡）？或改用「櫻桃」試試看：希琳櫻桃利口酒（Cherry Heering liqueur）和羅斯曼與雲特的櫻桃利口酒（Rothman & Winter's cherry liqueur）的味道截然不同。如果你有一個酒譜，要求使用「櫻桃利口酒」，你可以將其拆分，兩者各加一半，混合出櫻桃風味的微觀世界。接著再加到櫻花苦精到組合中，你就能在一杯酒中，同時得到野果與花香的特質。

　　或者來看看第 155 頁的「榮譽徽章」，那裡有滿滿一山洞的呼應（回音），來自四面八方的聲波到此變得響亮而清晰。在這款雞尾酒中，清冽的芙內布蘭卡基酒，讓基底成為帶有薄荷風味的苦味，在最後與新鮮帶葉薄荷嫩枝裝飾產生呼應。甘美、充滿巧克力味的可可香甜酒則在巧克力苦精的濃郁可可調性中找到回音。當陳年龍舌蘭（來自木桶的香草風味，以及苦精中的香草風味）和甜香艾酒（甜香艾酒與芙內有幾種十種原料是相同的）也一起加入戰局時，每種材料的複雜性都跟著大爆發。

呼應主題

有時，呼應不單單只是選出一種風味那麼簡單，它也可以是一個主題或**種類**，如苦味或柑橘。看看「帕洛瑪」這杯酒——由龍舌蘭、葡萄柚汽水和萊姆角組成的簡單高球（Highball）。如果你用新鮮葡萄柚汁和葡萄柚汽水來堆疊層次，這杯酒可以產生新深度，再覆蓋一層萊姆汁，呼應新鮮柑橘的酸度，同時添加一點活潑感到葡萄柚的甜味中。有些人甚至會倒入 1 抖振的葡萄柚苦精，來做出柑橘三重奏。透過堆疊出的柑橘特性，讓雞尾酒變成陣陣冰涼、明亮的歡愉，彷彿像嬰兒的笑聲一般。

呼應也可以發生在顏色、心情或想法上，如「夏天」或「冬天」。材料如何讓人想起某種季節，或你要如何發揮材料的特性，讓整杯雞尾酒能代表一年的某個時刻？夏日的提基雞尾酒會是各種喧鬧回音的範例。

在雞尾酒「止痛藥」（Painkiller）中，蘭姆酒就像是溫暖的沙岸海灘，呼應香甜鳳梨帶來的清涼熱帶微風，以及從新鮮柳橙汁透出來的道道陽光。突然之間，你就躺在海灘椅上曬太陽，口袋裡有疊濕掉的紙鈔，身旁有堆高高、和你曬傷的肩膀一樣高的杯子，你的心情既輕快又高興，而歌曲〈Kokomo〉[71] 從身後的音響傳出來。

呼應香氣

最後，呼應也可以發生在雞尾酒本體與其香氣之間。以莫西多為例，許多調酒師用萊姆角當裝飾，但我要提出異議（只差沒打架而已），那塊懶洋洋的萊姆角根本不是對的選擇，因為萊姆不是雞尾酒的重點，也不能增加任何香氣。

莫西多的主角是薄荷，所以把莫西多從「好」提升到「天呀！這也太棒了吧！」的最佳做法，是用薄荷當裝飾，呼應酒譜中的薄荷。現在，除了眼前雞尾酒本體裡有滿滿的草本植物外，你的鼻子也能聞到陣陣清涼的草本香氣。多層次的薄荷讓這杯莫西多成就一個更令人興奮的飲用體驗。

---

71 電影《雞尾酒》主題曲。

☆ 相得益彰 ☆

1922 年，《芝加哥論壇報》（Chicago Tribune）要求該報的特約記者收集來自全球各地、在建築學上有特殊意義的建築物石塊，並成為報社總部同名的摩天大樓——論壇報大廈（Tribune Tower）的基底。

這座工程學與藝術上的奇蹟，現在仍矗立在河旁，乘載著將近 150 個世界各大驚人結構與角落的岩石和建築特色。來自吳哥窟、柏林圍牆、中國萬里長城、聖母院（巴黎的那一個，不是芝加哥南灣的）、帕德嫩神廟、美國德州阿拉莫、吉薩的大金字塔岩石，以及來自加州和科雷希多島的木化石（Petrified wood），全都成了建築的一部分。

這些東西同中有異，相同的是它們幾乎都是石頭或岩石，而不同之處則是它們代表著世界上其他令人稱歎的建築。然而，雖然它們各有不同，但放在一起依舊合理，這就是所謂的「相得益彰」。

相得益彰就是指可以放在一起的事物。能通過時間考驗，用了絕不會錯，而且是眾人熟悉又喜愛的風味組合，例如花生醬＋果醬，或龍舌蘭＋鹽＋萊姆。在《風味聖經》（The Flavor Bible，我的愛書之一）中，作者凱倫・佩吉（Karen Page）與安德魯・唐納柏格（Andrew Dornenburg）把這些稱為「相近的風味」（Flavor affinities）。它們經過考驗、測試與驗證，而且這些東西搭配在一起，的確能產生很棒的效果。這就是把腦海中覺得合理的元素相組合，創造出一杯味道如放煙火般燦爛的雞尾酒。

初次閱讀時，你可能覺得這個概念很簡單，沒必要寫出來，但因為有許多種可操作的方式且差異極大，所以我們在這章先詳述幾個。無論你考慮的是能說明強大文化價值的傳統風味搭配，或是更花腦筋的範例，好好利用從「相得益彰」出發的友善交互作用，這會是一個極好的方法，讓你的雞尾酒更活潑有趣。

相近的風味

容易切入相得益彰的地方，就是留意那些很容易就能搭配在一起的材料，例如肉桂與草莓很搭、香草配上蜜桃或咖啡加白蘭地等。拿起《風味聖經》，翻到其中一樣材料，讓書中的建議指引你。這本書是在你困在某個風味，或想不出新調飲時，為你指點迷津。

另一個開始研究相得益彰的方法，就是想一想你所愛的風味搭配，並將其擴大，思考如何把它們轉換成雞尾酒。這個搭配得要真的特別合你胃口，也許是開心果印度香料奶茶或簡單的花生果醬三明治。

在2013年，我們把「花生果醬雞尾酒」（見 P.175）放入酒單，用杏仁糖漿和蛋黃來模擬出花生醬濃郁、帶堅果香的優點；用裴喬氏苦精把安提卡古典配方香艾酒中的櫻桃和香草特質，提升到接近果醬的程度；而阿夸維特因其本身帶有葛縷籽香料（Caraway），所以可以引入優質裸麥麵包的靈魂。

我不知道哪個怪物會用裸麥麵包做花生果醬三明治啦，但這樣的搭配能調出了一杯超讚的雞尾酒，再用檸檬汁把所有材料融合在一起，最後還有一個讓人驚訝的元素：一款搖盪的花生果醬三明治（PB&J）！

* 妙招 *

五個雞尾酒
相得益彰的好範例

皮斯科與西洋梨白蘭地

龍舌蘭與木槿（Hibiscus）

蘋果白蘭地與柳橙皮油

氧化雪莉酒與莓果

香草和麥根沙士

相近的概念

另一個切入相得益彰的方式是，思考禁得起時間考驗、格局比較大的文化風味搭配，如法式料理中的調味蔬菜（Mirepoix）或印度的葛拉姆馬薩拉（Garam masala）。我們常套用古老烹飪諺語：「來自相同產地的，必能組成出色配對」，所以看看有類似地理根源的材料，就能獲得超酷的結果。

辣椒和丁香、茴香、孜然和肉桂都生長在墨西哥，對吧？這就是為什麼墨西哥混醬是這個國家最著名的料理。或者，想一下傳統的義大利食材：你是否知道來自阿瑪菲海岸的檸檬、

新鮮羅勒與蜜瓜的味道非常相配，以及哪一支義大利苦酒或利口酒能搭配這些風味呢？找出連結並踏進魔法世界吧！

你也可以看看經典雞尾酒，如古典雞尾酒或曼哈頓，並思考如何帶進微小變化，但仍可以與調飲傳統基底相得益彰的方法。在「用柳橙押韻」（Rhymes with Orange，見 P.204）中，蘇格蘭威士忌的濃醇搭配上辛香的裸麥威士忌與安提卡古典配方香艾酒的甜味後，為曼哈頓的框架增添新的趣味。

把基酒拆分成兩款威士忌，大量增加整杯雞尾酒的量，接著因為加入了義大利苦酒與香橙苦精，突然來了個急轉彎——每樣材料彼此互相烘抬，讓這杯曼哈頓的改編版變成美妙交織的精華大集結。你也可以把龍舌蘭為基酒的雞尾酒，拆成梅茲卡爾加龍舌蘭，或將農業型蘭姆酒加入蘭姆酒雞尾酒中，就能得到類似的結果。跳出框架思考！

記住，這是個主觀的概念。你覺得互補、相得益彰的東西，對別人來說可能是「並列」。這種主觀性能部分解釋，為什麼在摩納哥的酒吧可能會調出與拉斯維加斯酒吧不同的雞尾酒。如果我們每個人的味覺都相同，我們就會喜歡同樣的雞尾酒，調酒師就只做那款飲料就好，但這樣會無聊到爆。

並列

許多年以前，我在卡內基音樂廳看到一支名為「鼓動」（Kodō，日文意思是「心跳」）的日本鼓隊表演。那真的是美到令人屏息，有些時刻，我真的無法「呼吸」，因為空氣中有太多共鳴了。

太鼓有各種尺寸，從非常小用普通鼓棒打且聲音尖銳的，到尺寸像麥克卡車格柵的巨型太鼓，實際上，都用像是路易士（Louisville）木質球棒的鼓棒敲打。這兩種鼓的組合：一個低音，一個高音；一個像（在霧中警告船隻的）霧角，另一個則是會讓玻璃粉碎的 High C 高音[72]，讓空氣中瀰漫著兩股對立的力量。

當所有鼓都蓄勢待發時，空氣中充滿緊張感，我的衣服袖子都能刷到我前手臂上的雞皮疙瘩了。而且在打擊樂器轟隆震動到達最高點時，有股美妙的笛聲流瀉出來，為觀眾帶來急需的高音。

這個對比讓所有的聲音變得複雜又令人滿足。沒有低音的話，高音好像欠缺了點什麼。只有單一種聲音的話，就等於少了另一半。這就是我們稱為「並列」的概念，使用對比性的風味組合（或想法），為調飲創造新的意義或複雜度。這和相得益彰完全相反，並列在於把兩個相反的力量拉在一起。

並列會以無數的方式發生。可以很簡單，就是把兩個不同特點的風味組合在一起。但也可以更燒腦一點，如夏天遇上冬天、尖銳碰上圓融、乾燥相對於新鮮等。辣味瑪格麗特是酒吧圈中最熱門的酒款之一，因為其中勁辣辣椒和酷涼的含酒版萊姆水產生對比。愛爾蘭咖啡則是在滾燙的威士忌與咖啡上頭，疊了一層冰涼的鮮奶油，這種不和諧讓這杯飲料成為禁得起時間考驗的經典。範例不勝枚舉！使用這個概念來讓雞尾酒特別有趣的方法有很多，讓我們開始吧。

72　一般用High C指人聲音域中最高的C，比中央C高兩個八度。

對比的材料

想想特性彼此相反的材料，例如辣和甜，花香與泥土味。把某些尖銳澀口的東西（如肉桂）與圓融柔軟的香草放在一起，你會獲得到耐人尋味的互動。

史汀格（Stinger）是能好好解釋這個概念的例子，其中的干邑白蘭地和薄荷香甜酒可說是迴異的兩種材料。干邑白蘭地是迷人、溫暖的烈酒，透著慢燉果核類水果的芬芳，而薄荷香甜酒就像喝一大口冰涼的薄荷醇一樣，但當你把兩者放在一起，搖出它們的生命後，你就能得到一杯美味的雞尾酒。這就是「並列」！

或者再想想用皮斯科、檸檬和蛋白組成，再加上苦精深沉韻味裝飾的皮斯科酸酒。南美白蘭地（即皮斯科）嚐起來像夏日、陽光與花朵，所以很適合配上活潑的檸檬汁，另外還有相當蓬鬆的蛋白，所有元素同步完美發揮。在這個情況下，全部都「相得益彰」，但當苦精加入時，其深沉濃郁的特色開始挑戰感官。

祕魯的苦精嚐起來像一片溫熱的香蕉蛋糕，裡頭充滿核桃、糖蜜與烘焙香料。苦精帶來的對比會讓你停下來思考，為什麼這兩種實際上完全不相關的材料，能如此契合？

思考一下像是「煮熟 vs. 新鮮」這種二元論。我們的自製紅石榴糖漿就是操弄這個觀念，因為我們的糖漿中，一半是明亮帶有酸味的新鮮石榴汁，另一半則是濃稠香甜、「熟」的濃縮石榴汁（因煮到剩下原有量的一半）。新鮮果汁的明亮感且帶有花香的特性，與糖蜜深沉的甜味是天生一對。讓我們來看看第 103 頁的「老傑克」，這杯在「傑克蘿絲」（Jack Rose）上加以變化，其中紅石榴糖漿的明亮感與聖杰曼的花香相得益彰，同時較深沉的調性則與蘋果傑克的陳年特質齊頭並進。

在任何一杯雞尾酒中，成分之間都必須來場勢均力敵的公平競爭，否則其中一項材料就會特別搶味。你無法將薰衣草的輕聲細語和芙內布蘭卡並列，因為義大利苦酒會把這個文靜的香草踢到天邊。但聖杰曼與芙內布蘭卡就是同一個量級，所以當你把這兩者放在同一杯調飲時，會產生對稱，聖杰曼的花香調可以突顯芙內布蘭卡的苦味與泥土氣息。我花了好多年的時間，試著讓這兩者共存在一杯酒中。無論用什麼方法，有一天我會讓這個願望成真。

質地差異

請思考質地上的差異。在高級法國理中，一道優秀的料理會用許多不同對比性的方式來「玩」質地。在雞尾酒中，找到能夠並列質地的方式則需要下許多工夫。第 116 頁的「黃金時代」是我們放進暮色時刻第一份夏日酒單中的酒款，我們將這杯濃郁美味的蛋黃雞尾酒

倒在碎冰上，透過這個方式來玩弄飲用者對質地的期待。

其中像是暖香的陳年蘭姆酒、蛋黃和櫻桃利口酒等元素，都和冬日豐厚與濃郁稠滑的雞尾酒有關，但後來加的檸檬汁、檸檬苦精和碎冰，又把這杯雞尾酒帶到七月的盛夏。

香氣對立

裝飾也是一個容易產生「並列」的手法。當一杯雞尾酒聞起來像 A，但喝起來像 B 時，就會充滿神祕感。依我的淺見，我覺得威士忌古典雞尾酒應該用柳橙（使用裸麥威士忌時）或檸檬皮（使用波本威士忌時）來裝飾，因為這杯雞尾酒缺乏最後的香氣對比。同樣地，並列也是其中一個原因來解釋為什麼茱莉普上頭少了一大把薄荷，就只是一杯倒在碎冰上的威士忌加糖而已。

人們每次都會問我為什麼我們店裡的馬丁尼沒有橄欖，答案很簡單：因為在冰涼馬丁尼上的檸檬皮捲能創造出美妙的對比，也就是檸檬所代表的夏日陽光對上琴酒與杜松子的冷調冬日特性。橄欖就只是一顆很鹹的零嘴而已，無法像檸檬皮捲一樣，提亮整杯酒（有個比我聰明的人，還給它取了個更幽默、更肆無忌憚的名字，稱做：反冰塊〔Anti-ice cube〕，因為橄欖常常是在室溫中，投入那得來不易的極地溫度馬丁尼中。又多了一個應該鄙棄它們的理由）。

並列是一個沒有固定形狀的概念，因為它會要求你思考隱喻和主觀的意念。蘋果的相反是什麼？是柳橙嗎？或只是因為那句諺語而已？[73] 對我而言，香草溫暖又圓融、肉桂澀口又尖銳，所以沒錯，兩者相反。但也許對你來說，肉桂和肉豆蔻是才是南轅北轍的兩極！你如何在腦海中分類風味並不重要，重要的是涉及並列時，就是要**有個理論**，因為這樣才能讓一日尾聲的雞尾酒變得更有趣。

對我們調酒師而言，並列一直都是個極重要的工具，需要時，能隨時拿出來使用。我很愛玩各種風味，堆疊出層次，再補上能讓人驚喜的對比。像「濃郁」混合「輕盈」或「油滑」，再用「明亮感」來補全。某種程度上，就是藉由傾斜天秤的兩端來慢慢建立平衡。

暮色時刻 前調酒師
——伊登・羅林（Eden Laurin，
2008 ～ 2020）

---

73 一英文裡會用 "(To Compare) Apples and Oranges" 來表示兩個完全不一樣的東西是無法比較的。

✦ 敘事弧 ✦

莎士比亞的《羅密歐與茱麗葉》是有史以來最具代表性的愛情故事之一。這一段感情上的驚濤駭浪，在三天內，以抑揚五步格[74]（Iambic pentameter）披露六人之死、牧師品德的敗壞、對父母的謊言，以及沒有保護措施的青少年性行為。

這非常昆汀‧塔倫提諾[75]風格，就像許多吟遊詩人的精選輯一樣。但那個「三幕結構」（Three-act structure），讓它成為世代相傳的故事：從可愛又無辜、令人飄飄然的初戀，在派對一見鍾情以及偷偷摸摸的輕吻開始，接著來個凶險的轉彎，出現街頭鬥毆和流放，最後我們幸運地（他們就沒那麼好運）看到它以更多的殺戮和雙雙自殺結束。簡單來說，它的敘事弧充滿各種極端，相當令人興奮。

所有好故事都一樣，寫的好的話，就能帶你從 A 點旅行到 B 點。從特定的時間與地點開始，隨著劇情推進，逐漸加入衝突與緊張感，接著來到最高潮，最後滑向結局。

在文學圈中，這個進展有個正式名稱，稱為「敘事弧」（Narrative Arc），是隨著人物改變與轉換而出現的戲劇性場面和刺激事物，這也是最終能產生令人滿意故事的原因。這個理論可以套用在任何會發生故事的媒介上：電視、電影、歌曲、書本，還有（是的，你知道我要說什麼）雞尾酒。

雞尾酒的故事，或稱敘事弧，是材料如何結合在一起，並在杯中演出。通常一開始是風味的建立，接著主體是複雜度，最後溫和又讓人滿意的結尾會讓你對於結束感到難過。

在平衡和溫度篇章中，我們詳細提到一杯調飲的弧形如何依據它是否與冰塊一起端上桌面有所改變，但那僅僅是雞尾酒敘事弧改變的一小部分而已。就像傳統說故事一樣，飲料中所有元素都會影響弧形如何展開。

人物、場面調度和觀眾，或在雞尾酒的情況下，是指材料、準備方法、裝飾、遞送、室內溫度，以及飲用者，彼此之間一定要搭配合作，才能說故事。讓雞尾酒中出現弧形，以及可加以操控的方式有很多（真的很多），讓我們來看看其中的一些方法。

---

74 譯註：一種傳統英文詩歌和詩劇的音布，莎士比亞在他的戲劇中會大量使用。

75 譯註：美國導演，執導作品包括《從前，有個好萊塢》、《追殺比爾》、《決殺令》等。

攻擊、中段、結束

一杯雞尾酒的敘事弧就像一道極好的法式餐前精緻小點一樣,可以在一小口之內發生。我們稱這個進展為「攻擊、中段(Mid-palate)、結束」。

以「皇后公園希維索」(Queen's Park Swizzle)為例:裝飾讓雞尾酒的第一股氣味像在薄荷園裡做「雪天使」的動作;接著在第一小口(如果你用吸管喝),你能在莫西多的風味之後,感覺到微微、一點點的安格仕苦精,最後就是安格仕苦精火力全開的襲擊。攻擊、中段,然後結束。在紐約酸酒中,攻擊就是干型紅酒的快速一拳,中段是極度明亮的檸檬汁,結束則完全來自威士忌悶燒橡木、香草和蜂蜜的調性。

如果你想要改變這個進展,裝飾是一個明顯的切入點。如果你想要一杯古典雞尾酒的「攻擊」而嚐起來更有苦味,除了把安格仕苦精與其他剩餘材料混合外,也可以漂浮或噴一些苦精在雞尾酒表面,為這杯熟悉的雞尾酒帶來令人驚喜的開始。

若想改變「中段」,可試試甜味劑。楓糖漿會帶出如伐木工的特性,而蜂蜜則會增添低調的複雜度,能伴隨著烈酒之間的細微差別。那「結束」要怎麼操作呢?安格仕苦精常常會讓收尾偏向不甜、微帶苦甘,雖然這是種令人停不下來的美味(Moreish)[76],但可試試跳槽到葡萄柚苦精,來個很酷的轉折,或改用裴喬氏苦精,用圓融的香草和茴香做個誇張的收尾。

雞尾酒送到客人面前的樣子

敘事弧會隨著每一口的展開,套用到整杯雞尾酒,還有它會隨著時間變化。面對美國雞尾酒歷史的重要關鍵——一杯薄荷茱莉普,如果你能放膽用攪酒棒快速拌合,它將會像隻進行最後衝刺的純種馬一樣,帶出茂盛活潑的薄荷和冰冷威士忌的誘人風味。靜置一段時間後,烈酒在碎冰上會變得柔和,像古代英國,那些初次踏足社交界的上流社會年輕女性一樣漫步。當尼格羅尼和冰塊一起端上桌時,一開始喝起來是濃厚、酒味重且甜,但隨著融水量增加,收場時會醇和許多。

---

76 Moreish這個字是英式用法,形容某樣東西太美味了,喝完第一口,杯子都還沒碰到桌面時,就想喝下一口了。

隨心所欲地玩一玩這個敘事弧吧！如果你把茱莉普倒在一大塊冰塊，而不是碎冰上，風味會產生非常不同的變化。至於尼格羅尼，將它濾冰後倒進沒裝冰塊的碟型杯，第一口濃烈且冰涼，而最後一口則是最濃郁的，因為所有材料的溫度和風味，會隨著時間流逝而上升。

其他的弧

香氣可以有自己的迷你弧，特別是含有「漂浮」的調飲。如果雞尾酒插上吸管，飲用者可能會立刻把漂浮攪入酒中，這和讓香氣漂浮持續停留在飲品表面，會呈現出截然不同的故事。柑橘皮油的弧型稍縱即逝，因為它們在第一口後，隨即消散，而雞尾酒表面如果放了一大把薄荷葉的話，每一口就都會受到香氣的「攻擊」。

杯器也會影響敘事弧。一杯攪拌型雞尾酒如果放在誇張大的馬丁尼杯中，在大部分的人能快速把酒喝完前，早就變常溫了。若裝在尼克諾拉雞尾酒杯的話，保冰時間能稍微久一點。

這就是為什麼我們用容量 5½ 盎司、冰過的碟型杯來盛裝調好的馬丁尼，為了延展故事線，再把剩餘的酒倒入側車杯中（若和雞尾酒杯比，側車杯的杯口處的表面積較小，這代表盛裝的液體能充分保冰）。

我們訓練調酒師要有技巧地把迷你酒壺（Mini carafe）放在離客人有點熱熱的手遠一點之處，這樣他們才不會太早把容器溫熱。當店員把酒杯再次斟滿（或是由等不及的飲用者自行操作），冰涼的酒會為雞尾酒帶來意料之外的冰霜，讓整段體驗重新開始。這就是你想要用馬丁尼呈現的故事！

最終目標應該是確認雞尾酒在風味和個性產生變化時，依舊能維持品質與整體性。這總讓我想到奧黛麗‧桑德斯（Audrey Saunders）在勃固俱樂部（Pegu Club）的調酒哲學：在創作一份新酒譜或決定自家酒吧的經典款的配方後，她會讓那杯精雕細琢過的調酒靜置，回到常溫，然後喝喝看，確定最後幾滴和第一滴的口感一樣。

真實世界裡（和腦子清楚時）沒有人會在喝湯姆可林斯時，等到冰塊完全融化才喝，但奧黛麗想知道如果真的是這樣，雞尾酒仍是「好喝的」。她對品質的承諾，以及超乎常人的味蕾，至今仍讓我心生敬畏。那個在敘事弧上追求一致性和控制的做法，就是勃固俱樂部的雞尾酒成為當時最棒酒款的原因之一。

第三部分

酒譜

這是練習、實際操練，也是研究。在你腦海中最重要的是，運用呼應、相得益彰、並列和敘事弧的理論，來深入探查接下來的酒譜。在調製前先看配方，來看看你是否能辨認出這些理論。

在某些例子中，調酒師會在前言處給你明確的指示，但其他的，就要靠你自行調查了。許多時候，酒譜會同時包含四個理論，所以記得要考慮這些廣泛的概念，以及它們之間如何貫穿交織。你覺得用這個視角來看雞尾酒的酒譜有趣嗎？其中一位調酒師所想像的「相得益彰」與你的想法一致還是相悖呢？敘事弧是否會讓喝雞尾酒的體驗更令人興奮呢？和朋友分享你的發現吧！

艱鉅的任務
TALL ORDER

約 2020 年

煙燻加上泥土味，還有一點活潑的柑橘味，這是杯源自湯姆可林斯，清爽中帶點苦的雞尾酒。我喜歡短陳龍舌蘭配上義大利煙燻藥草苦酒的效果。義大利煙燻藥草苦酒有時很極端，我常形容它的味道像是「甜的泥土」。這杯因為風味偏強烈，可能不是會被廣為接受的龍舌蘭，但它很清爽，很適合想喝杯瑪格麗特或義大利苦酒，但又期待一點驚喜的人。

——麗莎‧克萊爾‧葛林

各就各位

杯器.......可林杯
冰 ....冰片
裝飾.......長柳橙皮
方法.......可林斯搖盪

配方

1.5 盎司....短陳龍舌蘭
0.5 盎司....卡佩萊義大利煙燻藥草大黃苦酒
0.75 盎司...萊姆汁
0.75 盎司...伯爵茶糖漿
2 抖振......比特方塊玻利維亞苦精
1 ～ 2 盎司...蘇打水，打底

備好可林杯：加冰片，並倒入一些蘇打水（依據杯子大小調整，大約 1 盎司）。這杯酒總共只有 3.5 盎司，算滿小杯的。在雪克杯中，混合苦精、伯爵茶糖漿、萊姆汁、義大利煙燻藥草苦酒和龍舌蘭，加入 3 顆冰塊。快速**可林斯搖盪**一下。

試喝，讓雞尾酒停留在有點濃烈的程度，因為之後還要倒在冰和蘇打水上，會隨著時間慢慢變醇和。**濾冰後**倒進可林杯，要一口氣往下倒，這樣才能和打底的蘇打水融合在一起。用 Y 字型削皮器刨出一條超級長的柳橙皮（若有需要，可用整顆柳橙），並可以塞進酒杯的一側，或美美地繞著冰裝飾。

伯爵茶糖漿：第 313 頁 ＊ 可林斯搖盪：第 46 頁 ＊ 打底：第 62 頁 ＊ 裝飾：第 76 頁

黛西17
DAISY 17

約 2007 年

即使經過這麼多年，我還是很喜歡這個酒譜。這是把經典威士忌黛西加點變化，我們自製的紅石榴糖漿濃稠度很棒，具有水果鮮甜味，就像櫻桃軟糖或糖煮蔓越梅一樣。因為要配合紅石榴糖漿的濃郁，所以我選用裸麥威士忌，而不用波本威士忌；雞尾酒需要這份「不甜感」。香橙苦精巧妙緊扣裝飾用的柳橙皮油，用火燒（柑橘）厚圓片也許看起來是賣弄炫技，但它就是為這杯酒加了那麼一丁點所需的危險因子。——托比·馬洛尼

各就各位

杯器.......碟型杯

冰........無

裝飾.......柳橙厚圓片，用火燒後丟棄

方法.......碟型搖盪

配方

2 盎司......野火雞 101 裸麥威士忌

0.75 盎司....檸檬汁

0.5 盎司....紅石榴糖漿

0.25 盎司....簡易糖漿

3 抖振......比特方塊香橙苦精

把苦精倒入雪克杯中，接著疊倒紅石榴糖漿和簡易糖漿，再用量酒器量好檸檬汁並倒入（如果量酒器裡有任何黏黏的紅石榴糖漿殘留，可趁這時候用檸檬汁沖洗掉）。最後壓軸是裸麥威士忌。試喝，專注所有材料之間如何互動。紅石榴糖漿可能滿酸的，如果覺得甜度不夠的話，你可能需要多加一點簡易糖漿（最多胖倒 ⅛ 盎司）。放入 5 顆冰塊後，**碟型搖盪**。

試喝，如果威士忌最終投入紅石榴糖漿的懷抱，你就知道完成了。**雙重過濾後**，倒進冰過的碟型杯。在調飲上方，用火燒一下柳橙厚圓片，接著把用過的柳橙片丟掉。

酸酒：第 33 頁 ✳ 疊倒：第 36 頁 ✳ 碟型搖盪：第 45 頁 ✳ 火燒柳橙厚圓片：第 75 頁

刺青的水手
TATTOOED SEAMAN

約 2009 年

我爸很愛麥根沙士，但一直要等到我長大之後，才開始懂得欣賞它的美味。這杯雞尾酒就是要完全避開麥根沙士中，我不喜歡的部分，並找方法來補全其他剩下的風味。蘭姆酒裡厚重的香草調性與薑汁餅乾風味，感覺剛好適合我和麥可‧魯貝爾研發出來的自家製麥根沙士苦精中，所蘊含的墨西哥菝葜（Sarsaparilla）、樺木和冬青樹等元素。

至於裝飾，由於檸檬對於這杯調飲有點太銳利、不和諧，所以我改用柳橙，它能悄悄地從其他風味旁邊經過，而不是引起衝突。這杯雞尾酒從感覺上和字面上都是一杯成人版的麥根沙士漂浮，還帶了個調皮搗蛋的名字。——托比‧馬洛尼

各就各位

杯器.......雙層古典杯
冰 ....大冰塊
裝飾.......柳橙皮，擠壓後插入
方法.......冰磚攪拌

配方

2 盎司 ......傑瑞水手蘭姆酒
　　　　　　（Sailor jerry spiced rum）
0.25 盎司....德梅拉拉糖糖漿
9 抖振 ......紅石榴糖漿

輕輕地用酒吧勺把大冰塊放入雙層古典杯。在攪拌杯中，混合苦精、德梅拉拉糖糖漿和蘭姆酒。試喝。根據你用的蘭姆酒，此時的質地可能不若你想要的那麼優秀、飽滿又圓潤。若是如此，可多加一丁點德梅拉拉糖糖漿來強化酒體。加足量的冰至攪拌杯的四分之三滿，接著**冰磚攪拌**。

用吸管試喝。傑瑞水手的酒精純度有 92 這麼高，所以很有可能你這時試喝，會覺得燒灼感太重，需要多攪拌一下，讓味道緩和下來。但請記住，之後雞尾酒還會倒在大冰塊上，所以此時不宜過度攪拌。雞尾酒濾冰後，倒進裝了冰塊的雙層古典杯。在調飲上方噴附柳橙皮油，讓杯中所有深沉的風味形成苦甜的對比，最後插入果皮做裝飾。

德梅拉拉糖糖漿：第 311 頁 ＊ 冰磚攪拌：第 47 頁 ＊ 擺放裝飾：第 301 頁

用柳橙押韻
RHYMES WITH ORANGE

─────── 約 2011 年 ───────

這是一杯非常有深度的煙燻曼哈頓。這杯沉穩的雞尾酒，適合在深夜時隨性的小酌，也適合在吃了美味的直火烤肉後，與耐嚼的紅酒 ⁷⁷（Chewy red wines）一起端上桌。它也是一個開始欣賞艾雷島蘇格蘭威士忌強勁、煙燻與泥煤味本質的好方式。

這杯酒毫不留情地一直重複柳橙調性（在安提卡古典配方、拉瑪佐蒂、香橙苦精中，當然還有裝飾用的柳橙皮油）。這是一杯能坐在壁爐邊慢慢喝的調酒，讓你即使身處艾雷島最冷的夜晚，也能保持暖和。──托比・馬洛尼

各就各位

杯器.......雙層古典杯
冰 ....大冰塊
裝飾.......柳橙皮，擠壓後插入
方法.......冰磚攪拌

配方

2 盎司 ......野火雞 101 裸麥威士忌
0.125– 盎司..拉弗格單一麥芽蘇格蘭威士忌
1 盎司 ......安提卡古典配方香艾酒
0.5 盎司....拉瑪佐蒂義大利苦酒
17 滴 ....比特方塊香橙苦精

把大冰塊放入雙層古典杯中，在冰杯，置於一旁備用。加冰至攪拌杯的四分之三滿，接著倒入香橙苦精（倒的時候沿著杯壁，讓液體流到杯底，而不是卡在上方的冰塊上）。用量酒器疊倒香艾酒和義大利苦酒，再倒入攪拌杯。最後加入裸麥威士忌，以及一點點泥煤味超重的蘇格蘭威士忌。

冰磚攪拌，試喝，攪拌，再試喝。義大利苦酒和苦精都有柳橙的特質，會在酒稀釋之後，慢慢顯現出來。另外也要分析蘇格蘭威士忌的味道有多重，如果你宇宙超級無敵愛雞尾酒中帶有煙燻味，可以再多加一點點。當雞尾酒到達酒味有一點重的程度時（之後倒入杯中，還會因杯中的冰塊而再稀釋），**濾冰後**，倒進裝了大冰塊的雙層古典杯，加上裝飾。

---

77 意指相當濃郁的紅酒

曼哈頓：第 34 頁 ✳ 疊倒：第 36 頁 ✳ 搶味：第 37 頁 ✳ 冰磚攪拌：第 47 頁

愛的天才
GENIUS OF LOVE

 約 2019 年

這杯酒本質上有點像湯姆可林斯遇見莫西多，有一點薄荷香，同時又帶有植物風味。一杯以琴酒為基酒的經典可林斯很好喝，但有一點無聊。這裡運用薄荷綠茶糖漿和公雞美國佬的草本特質，以及來自老湯姆琴酒的泥土味，增添這杯酒的層次。這是一杯非常平易近人的調酒，能輕鬆帶你稍微跨出傳統可林斯的舒適圈。──柴克‧索倫森

各就各位

杯器.......可林杯

冰 ....冰片

裝飾.......缺口檸檬皮

方法.......可林斯搖盪

配方

2 盎司......海曼老湯姆琴酒

0.75 盎司...公雞美國佬

0.75 盎司...檸檬汁

0.5 盎司....薄荷綠茶糖漿

4 片.......薄荷葉

蘇打水，打底

一切都從薄荷和薄荷糖漿放入雪克杯中開始。 繞圈式的攪拌葉子以喚醒精油，接著加入檸檬汁、公雞美國佬和老湯姆。試喝。這些都是很淡、味道很細微的材料，所以需要有精湛的技巧，才能把它們確切的融合在一起。如果你需要多一些糖漿增添甜味，或多加一點檸檬汁，讓整體再多點明亮感，現在正是調整的時候。

備好可林杯：加冰片和蘇打水。蘇打水少許就好，因為它很容易讓整杯雞尾酒有太多水分。酒杯置於一旁備用，放 3 顆冰塊進搖杯，進行**可林斯搖盪**。**濾冰後**倒進準備好的杯子，加上裝飾。

薄荷綠茶糖漿：第 313 頁 ＊ 可林斯搖盪：第 46 頁 ＊ 打底：第 62 頁 ＊ 缺口果皮：第 76 頁

虎標萬金油
TIGER BALM

約 2008 年

我想要做一杯莫西多，但會是外觀不像，或工序不若正常版這麼費工的版本，所以就出現這一杯看起來像黛綺莉、但多了大膽創新的版本。

在創作這杯酒時，布格蘭姆酒（Brugal）對我們來說非常實用；它帶有很特別的蜂蜜感，賦予這杯雞尾酒優秀的稠度，但又不會讓人有不適感。如果你使用太濃稠的蘭姆酒，一旦雞尾酒的溫度升高，整體就會變得很粗糙，讓人不舒服。如果依照我現在的做法，我可能會把調好的酒倒在冰塊上，確保它在杯裡能愈來愈好喝。—— 柯克・艾斯托皮納

各就各位

杯器.......碟型杯

冰 ....無

裝飾.......薄荷葉、1 滴布蘭卡薄荷（Branca menta）

方法.......碟型搖盪

配方

2 盎司 ......布格陳釀蘭姆酒
　　　　　　　（Brugal añejo rum）

0.75 盎司....萊姆汁

0.75 盎司....簡易糖漿

0.125 盎司...布蘭卡薄荷

6 滴........安格仕苦精

把 1 抖振（即為 6 滴）的安格仕苦精倒進雪克杯，接著加入簡易糖漿。精準量出 0.125 盎司的布蘭卡薄荷。如果你想要先「瘦倒」，以免失手，就這麼做吧！但要記住，如果苦味太淡，可能需要再補一點。量好萊姆汁和蘭姆酒後，倒進搖杯。加 5 顆冰塊後，進行**碟型搖盪**。

試喝，在味道中尋找黛綺莉的靈魂。應該能感覺的到薄荷風味，但不會太強烈。如果質地太稀，可多添一點糖漿補強。**雙重過濾後**倒進酒杯。拿一片外型漂亮的薄荷葉，凹成像小船的樣子，這會讓葉子會破掉，而釋出薄荷味。輕丟葉子，讓它落在雞尾酒表面，再加 1 滴布蘭卡薄荷在薄荷小船的船尾。接著迅速喝掉。如同它的名字「虎標萬金油」一樣，這杯酒的溫度一升高就會超級可怕。

簡易糖漿：第 311 頁 ✳ 胖倒／瘦倒：第 36 頁 ✳ 碟型搖盪：第 45 頁 ✳ 裝飾：第 78 頁

巫醫
THE WITCH DOCTOR

約 2018 年

這是一杯溫暖、帶有泥土風味的雞尾酒，恰到好處的蜂蜜風味，讓飲用者能看到安格仕苦精的完整潛力，以及超出平常一點點的用量後，是如何創造出驚喜。蜂蜜糖漿和裝飾用的柳橙皮油，以美妙的方式柔化了烘烤香料風味。而且我一直很愛龍舌蘭草釀造的烈酒中所帶的煙燻味與泥土味，平衡了杯中所有材料。——派翠克・史密斯

各就各位

杯器.......雙層古典杯
冰........冰塊
裝飾.......柳橙皮，擠壓後插入酒中
方法.......冰塊搖盪

配方

0.75 盎司...安格仕苦精
0.75 盎司...小農聯盟 1 號梅茲卡爾
　　　　　（Mezcal unión uno）
0.75 盎司...灰狼龍舌蘭
　　　　　（Lunazul blanco tequila）
0.75 盎司...檸檬汁
0.5 盎司....蜂蜜糖漿
0.25 盎司...簡易糖漿

在攪拌杯中，疊倒簡易糖漿和蜂蜜糖漿，再倒入檸檬汁。接著同樣疊倒兩種龍舌蘭釀的酒，用量酒器的同一側來量龍舌蘭和梅茲卡爾的話，能確保你不會加過多酒精濃度到雞尾酒中，導致酒失去平衡。加入安格仕苦精，這個量的安格仕苦精滿容易搶味的，所以測量時一定要極為精準！不要有表面張力形成的彎液面！

試喝，確定沒漏了任何材料。思考一下這時的平衡感覺如何，要記住，所有的燒灼感在**冰塊搖盪**後，都會變得柔和。加 5 顆冰塊到搖杯中，接著搖盪。再次試喝。如果你覺得需要多一點融水量，就多搖幾下，但如果不用，就可以**濾冰**，倒進裝了冰塊的雙層古典杯，接著以 11 點鐘方向插入裝飾。

蜂蜜糖漿：第 311 頁 ✳ 冰塊搖盪：第 46 頁 ✳ 搶味：第 37 頁

裸麥泰
RYE TAI

約 2013 年

這杯酒之所以有這個名字,先是因為有人問我,如果用裸麥威士忌來做「邁泰」會如何,第二個理由就是它的配方。當你想要拆分雞尾酒的基底時,可以有幾種做法:你可以使用等量的多種酒,讓風味碰撞,創造出有趣的新火花;也可以讓其中一款酒較為突出,其他的則是畫龍點睛。

在這杯雞尾酒中,裸麥威士忌就是焦點,而史密斯克斯蘭姆酒(Smith & Cross)的加入,讓你用些許的量就能獲得濃郁的果香風味。我很喜歡杏仁糖漿和亞普羅彼此形成對比的方式——堅果香氣與開胃酒的複雜苦橙風味並列在一起,效果超好,而且讓人意想不到。

——柴克·索倫森

各就各位

杯器.........可林杯

冰 ....碎冰

裝飾.........帶葉薄荷嫩枝、3 滴安格仕苦精

方法.........可林斯搖盪

配方

1.5 盎司.....利登裸麥威士忌

0.5 盎司.....史密斯克斯牙買加蘭姆酒
　　　　　　　(Smith & Cross jamaica rum)

0.75 盎司....萊姆汁

0.25+ 盎司...亞普羅

0.25– 盎司...簡易糖漿

0.5+ 盎司....杏仁糖漿

在雪克杯中,疊倒杏仁糖漿、簡易糖漿和亞普羅,接著加入萊姆汁,再倒入裸麥威士忌、史密斯克斯牙買加蘭姆酒。加入 3 顆冰塊,並以非常短的時間進行**可林斯搖盪**,讓所有材料混合均勻。

試喝看看,確定質地是否夠濃;如果不夠,可多加一些簡易糖漿,稍微再搖一下,讓材料混合即可。**濾冰後**,倒進裝了碎冰的可林杯。裝飾時,找出最漂亮的帶葉薄荷嫩枝,放在雞尾酒頂端。在薄荷嫩枝上加幾滴安格仕苦精裝飾,添加誇張的效果——你真的可以在這時候大玩特玩,好加深大家的印象。

杏仁糖漿:第 314 頁 ＊ 可林斯搖盪:第 46 頁 ＊ 裝飾:第 79 頁

蚱蜢
CHAPULINE

約 2007 年

我在 70 年代時喝了一些很糟的雞尾酒，又在 80 和 90 年代調了成千上萬杯很爛的酒，我真希望自己當時能做得更好。這就是為什麼我真心希望能在暮色時刻的第一份酒單中，放上一杯「蚱蜢」（Grasshopper）變化版。

我立志要證明我可以征服這杯過去因笨拙而失敗的酒，至少能讓它變有趣，最棒的話，還能變好喝。我加了一堆充滿對立的元素：濃稠的鮮奶油、活潑的皮斯科、濃郁的可可香甜酒和刺激的薄荷香甜酒，這是在研究如何把截然不同的風味，變成愉悅的齊唱。——托比‧馬洛尼

各就各位

杯器.......碟型杯
冰 ....無
裝飾.......薄荷葉
方法.......碟型搖盪

配方

1 盎司 ......光陰似箭可可香甜酒
1 盎司 ......MB 綠薄荷香甜酒
0.75 盎司...聖地牙哥奎洛洛混釀皮斯科
（Santiago queirolo pisco acholado）
1 盎司 ......重乳脂鮮奶油

處理用鮮奶油打底的雞尾酒時，要養成一個好習慣：先聞聞看所有可能會腐敗的東西，再開始調酒。如果重乳脂鮮奶油聞起來很香、很新鮮，就把它倒進雪克杯中。疊倒可可香甜酒和薄荷香甜酒（後者一律使用綠薄荷的版本，因為相較之下，白薄荷香甜酒會讓整杯酒的顏色變淡），接著加入皮斯科。加 3 顆冰塊，**碟型搖盪**（像它欠你錢一樣的搖）。試喝，看看薄荷與巧克力是否有著適切的平衡。

如果你想要依自己的喜好，改變這杯酒的個性，可以在可可香甜酒或薄荷香甜酒中，擇一多加一點點。**雙重過濾**。要確定雞尾酒頂端有一層迷人的泡沫，但又不是像奶油一樣厚重。現在輪到裝飾了：耍點小手段，拍打一下薄荷葉，確保雞尾酒表面能有濃濃的薄荷香氣。

重乳脂鮮奶油：第 67 頁 ✳ 疊倒：第 36 頁 ✳ 碟型搖盪：第 45 頁 ✳ 薄荷裝飾：第 78 頁

布林克
BLINKER

約 2007 年

這原版的「布林克」是用裸麥威士忌、葡萄柚汁和紅石榴糖漿調製而成,這個 1934 年的酒譜出自派翠克‧蓋文‧達菲(Patrick Gavin Duffy)[78] 的著作《正式調酒師指南》(*The Official Mixer's Manual*,暫譯)。但我在知道這個版本之前,先知道了泰德‧黑格(Ted Haigh)[79] 的版本,他把紅石榴糖漿換成覆盆莓糖漿。

至於我的版本,則是用了利登這支超級不甜且香料味極重的裸麥威士忌當基酒,把一些覆盆莓搗碎,再加入分量遠超所需的苦精,以取其明顯的香草和甜茴香調性,可用來襯托葡萄柚汁,有點類似「老唐預調汁」(Don's Mix)的做法。為了平衡,我還加了檸檬汁。這絕對是有史以來最棒的早午餐飲料。——托比‧馬洛尼

各就各位		配方	
杯器	可林杯	2 盎司	利登裸麥威士忌
冰	冰塊	0.75 盎司	檸檬汁
裝飾	缺口葡萄柚皮,擠壓後插入酒中	1.5 盎司	葡萄柚汁
方法	可林斯搖盪	0.75 盎司	簡易糖漿
		5 顆	覆盆莓,搗碎
		3 抖振	裴喬氏苦精

取可林杯,加入冰塊,這樣就可以利用調酒的時候,稍微冰杯。把苦精倒進雪克杯的搖杯中,接著放入覆盆莓,仔細均勻地搗碎。下一步是加簡易糖漿、兩種柑橘汁和裸麥威士忌。這杯雞尾酒的量很多,所以即使沒加蘇打水,還是要加 3 顆冰塊,進行**可林斯搖盪**。

試喝看看酸、甜與酒味之間的平衡如何。如果其中有一者特別突出,你可能需要再多搖盪一下——多一點融水量有助於修掉太過突兀的味道。如果需要注入一些活力,可加一點點的簡易糖漿,稍微一點點就可以讓平衡與質地變得更好!**濾冰後**倒進可林杯。以缺口葡萄柚皮當裝飾,將果皮擺在杯緣,才不會沉到杯底。

---

78 譯注:紐約調酒師(1868~1955),因其著作《正式調酒師指南》(*The Official Mixer's Manual*,暫譯)而廣為人知。

79 譯註:又名「雞尾酒博士」。泰德原本在於好萊塢電影產業中擔任平面設計師,80年代起,開始鑽研雞尾酒,並把雞尾酒歷史學家做為副業,直到1995年才以此廣為人知。

簡易糖漿:第 311 頁　✳　可林斯搖盪:第 46 頁　✳　裝飾:第 76 頁

猴之心
MONKEY'S HEART
—◆— 約 2011 年 —◆—

這杯變化版雞尾酒是根據洛杉磯清漆酒吧（The Varnish）做的「猴爪」（Monkey's Paw）所調製而成的。原版用了皮斯科、牙買加蘭姆酒、萊姆、杏仁糖漿和柑橘酒（Triple sec），在這個版本中，我用了多香果利口酒，讓烘烤香料味更重，也用了我們的特製香橙苦精來取代柑橘酒。

皮斯科和安格仕苦精是經典的風味拍檔（皮斯科酸酒即為一例，猴之心這杯酒藉著添加更多香料特性，以及濃烈牙買加蘭姆酒所帶來的果香，來與這個風味打延長賽）。這是一杯「熱帶荒島」（Desert island）型的雞尾酒。——派翠克・史密斯

各就各位

杯器．．．．．．．雙層古典杯
冰　．．．．．．．．冰磚
裝飾．．．．．．．帶葉薄荷嫩枝、安格仕苦精
方法．．．．．．．冰塊搖盪

配方

1.5 盎司．．．．．皮斯科
0.25+ 盎司．．．史密斯克斯牙買加蘭姆酒
0.75 盎司．．．．萊姆汁
0.125 盎司．．．聖伊莉莎白多香果利口酒
0.5 盎司．．．．．杏仁糖漿
1 抖振．．．．．．香橙苦精
1 片．．．．．．．柳橙半圓切片，搗碎

將冰磚放進雙層古典杯，這樣就可以利用調酒的時間來冰杯。把柳橙半圓切片放入雪克杯，稍微搗碎，接著加苦精、萊姆汁、杏仁糖漿、多香果利口酒和蘭姆酒。倒史密斯克斯牙買加蘭姆酒時要小心，它在這裡的目的是增加深度和果香風味，但不可過量。接著加皮斯科，和 5 顆冰塊。

試喝。要確定夠甜，這樣冰磚靜置時才能挺住這份甜味。如果不夠甜，可加 ⅛ 或 ¼ 盎司的德梅拉拉糖糖漿，讓整杯酒變得比較厚實。**冰塊搖盪**。**雙重過濾後**倒進放了冰磚的雙層古典杯。

找一枝漂亮的帶葉薄荷嫩枝，並裹上約 5 抖振的苦精，讓葉子都濕透。裝飾。最後大方地加 5 抖振的苦精到雞尾酒表面，這樣你喝第一口時，就能聞到滿滿的烘焙香料風味。

杏仁糖漿：第 314 頁 ✳ 冰塊搖盪：第 46 頁 ✳ 裝飾：第 78 頁

林肯郡復甦
LINCOLN COUNTY REVIVAL

約 2012 年

如果有人叫我根據一個有實質內容的概念調一杯雞尾酒，我可以發揮最佳表現。在這裡，羅比·海恩斯給了我一個挑戰，他要我做一杯「深南」（Deep South）的倒影。這是那種整體效果比各部分加總還要好的雞尾酒，有楓糖、還有蜜桃和咖啡，但我們很難把焦點放在任何特定風味上，因為所有材料進入一個不遜的和諧中。每種材料就某種程度上來說，在各自領域很重要，最後再回到核心主題。──達米安·瓦尼耶（Damien Vanier）

各就各位

杯器.......碟型杯

冰 ....無

裝飾.......無

方法.......碟型搖盪

配方

2 盎司 ......喬治迪凱爾田納西威士忌
（George dickel tennessee whisky）

0.75 盎司....檸檬汁

0.5– 盎司...布利斯波本桶陳楓糖漿

0.5– 盎司...寶蒂蜜桃香甜酒
（Briottet crème de pêche）

1 抖振 ......裴喬氏苦精

1 抖振 ......比特方塊玻利維亞苦精

草聖（Herbsaint），潤杯

取一只事先冰過的碟型杯，並裝滿冰，接著倒入幾抖振的草聖。置於一旁備用。先將兩種苦精倒進雪克杯，接著疊倒蜜桃香甜酒和楓糖漿，再加檸檬汁與威士忌。試喝。威士忌和苦精在沒有「稀釋」當和事佬的情況下，應該互不相讓，爭著當主角。

加 5 顆冰塊，**碟型搖盪**。如果你用的威士忌酒精純度高於 80（如此處用的喬治迪凱爾），這一點點額外的燒灼感對於提升楓糖與蜜桃的風味是有幫助的，但可能需要多搖一兩下。

試喝。現在的組合應該讓人目眩神迷，如果沒有，那再多加微量的苦精試試。把碟型杯裡的冰塊和草聖倒掉。聞聞看，確定香氣完全綻放，接著把雞尾酒**雙重過濾**倒進碟型杯中。

楓糖漿：第 26 頁 ✳ 潤杯：第 83 頁 ✳ 碟型搖盪：第 45 頁

獵狐
FOXHUNT

約 2008 年

我很喜歡托比做「皮姆之杯」的酒譜，而且我還想做一杯類似，但加冰搖盪、濾冰倒出的版本。柯克·艾斯托皮納和我一起研發這杯酒時，給了很大的幫助——我們徹底的拆解，只用皮姆一號、檸檬汁和糖，再用琴酒增加枝幹，讓整杯酒更有力量，最後用吉拿來增加深度並收尾。

裴喬氏和皮姆一號真的是天造地設的一雙，就像是出生時被拆散的雙胞胎。這杯比酒吧特製的「皮姆之杯」更深沉，苦味更多一點，但依舊相當細緻且溫和，是一杯除了夏天以外，都很適合享用的雞尾酒。——凱·大衛森

各就各位

杯器.......碟型杯

冰 ....無

裝飾.......裴喬氏苦精 7 滴

方法.......碟型搖盪

配方

1.5 盎司.....皮姆一號

0.5 盎司.....坦奎利琴酒

0.75 盎司...檸檬汁

0.5 盎司.....簡易糖漿

1 抖振......裴喬氏苦精

吉拿，潤杯

把碟型杯放入冷凍庫冰鎮，因為如果你用「水加冰」的方法冰杯，潤杯時，吉拿會無法達到正確的濃度。一旦杯子冰鎮好後，就可以倒入吉拿潤杯。在雪克杯中組建雞尾酒，從 1 抖振的裴喬氏苦精開始，接著是簡易糖漿和檸檬汁，再透過疊倒的基底琴酒和皮姆一號來達到巔峰。

在**碟型搖盪**（照舊加 5 顆冰塊）這杯雞尾酒時，要記住基酒的酒精濃度不高，所以只要快速冰鎮就好，不要過度稀釋。**雙重過濾後**倒進碟型杯，讓酒剛好略低於潤杯形成的「洗線」，最後加上幾滴裴喬氏裝飾。

簡易糖漿：第 311 頁 ✳ 潤杯：第 83 頁 ✳ 碟型搖盪：第 45 頁

鍍金的籠子
GILDED CAGE

 約 2008 年

這杯雞尾酒很簡單地迭代了「蜂之膝」（Bee's Knees），這裡頭真的全都是蜂蜜。你要用小熊罐子裝的（一般）蜂蜜當然沒問題，但如果能取得一些有趣的蜂蜜，像是野花蜜或蕎麥蜜，就能讓人大為驚奇。我們當時使用橙花蜜，這就是為什麼我們決定用香橙苦精來呼應其風味的原因。如果你換了其他種蜂蜜，可考慮使用能和蜂蜜相得益彰或並列的苦精。

——凱·大衛森

各就各位

杯器........碟型杯

冰 ....無

裝飾........5 滴裴喬氏苦精

方法........默劇搖盪、碟型搖盪

配方

2 盎司......伏特加

0.75 盎司....檸檬汁

0.75 盎司....蜂蜜糖漿

7 滴........雷根香橙苦精

1 顆........蛋白

用雪克杯搖杯的杯緣把蛋殼敲裂，分出蛋白，讓它流進搖杯裡（把蛋黃丟掉）。加苦精、蜂蜜糖漿、檸檬汁和伏特加，接著**默劇搖盪**。結束之後，加 5 顆冰塊，進行**碟型搖盪**。試喝。質地應該很濃郁，且蜂蜜和苦精的風味應該互相交融。

如果可以了，就在吧檯或桌上敲幾下雪克杯大搖杯的底部，讓泡沫定型，再濾冰（就像你可能會看到咖啡師在製作哥達多咖啡〔Cortado〕時，在把剛打好的奶泡倒進咖啡前，會先敲一下打奶泡的鋼杯）。**雙重過濾後**，倒進冰過的杯子。用 5 滴裴喬氏苦精裝飾——讓它們在泡沫表面成為賞心悅目的漩渦狀。

蜂蜜糖漿：第 311 頁 ✳ 蛋：第 64 頁 ✳ 默劇搖盪：第 65 頁 ✳ 苦精漩渦狀裝飾：第 79 頁

拖我穿過花園
DRAG ME THROUGH THE GARDEN
—— 約 2019 年 ——

天底下最令人興奮的事,莫過於在美國中西部寒冬之後來臨的春天。我真的很想強調這杯雞尾酒裡的植物性材料,會讓我想起在乾冷春日之時,可以開始收成院子裡的香草。

新鮮的材料有助於引出和呼應利口酒中的草本風味。阿夸維特裡的葛縷籽增添了些微的香料味,而甜茴香、薑和黃瓜完美組合在一起。這杯雞尾酒鮮明活潑、草本與葉子的風味濃郁,還有一點點迷人的香料味。它會讓你想像院子裡溫暖、充滿陽光的日子。 —— 伊凡潔琳・阿維拉

各就各位

杯器.......碟型杯
冰........無
裝飾.......薄黃瓜圓片
方法.......碟型搖盪

配方

1 盎司......伏特加
1 盎司......阿夸維特
0.75 盎司...檸檬汁
0.5 盎司....義大利 Don ciccio & figli 甜茴香利口酒
0.5 盎司....薑味糖漿
2 片.......黃瓜圓片(約 0.6 公分厚),搗碎
鹽

冰鎮碟型杯。在黃瓜圓片上撒非常小一撮鹽巴(不要加太多),接著放入雪克杯中。搗碎,讓每片黃瓜裂開,以便鹽巴滲進去。疊倒薑味糖漿和利口酒,確定它們的總量剛剛好、不超過 1 盎司。加檸檬汁、伏特加和阿夸維特到搖杯中,接著放 5 顆冰塊,**碟型搖盪**。

試喝。如果你先前加了太多鹽,到這個時候也沒辦法救了,但如果你是想讓酒中的所有風味夠鮮明,此時可以適量加一些鹽。**雙重過濾後**倒進碟型杯。用非常少的一撮鹽均勻撒在黃瓜薄片上,然後裝飾。

薑味糖漿:第 312 頁 ✳ 疊倒:第 36 頁 ✳ 呼應:第 182 頁 ✳ 碟型搖盪:第 45 頁

超酷炫蕾絲
LIT LACE

—— 約 2013 年 ——

「超酷炫蕾絲」意在成為一杯受提基雞尾酒啟發,不過很明顯的是,這不是提基雞尾酒的調飲。因此,我用龍舌蘭,而非蘭姆酒做為基酒。另外還有黑帶蘭姆酒的深度、鳳梨的明亮感和糖漿裡的香料——每樣材料單獨看,可能都有點平淡,但放在一起,就能讓風味很有層次。——伊登·羅琳

各就各位

杯器.......可林杯

冰 ....冰塊

裝飾.......萊姆皮

方法.......可林斯搖盪

配方

2.0 盎司....短陳龍舌蘭

0.25 盎司...克魯贊黑帶蘭姆酒

0.75 盎司...萊姆汁

1 盎司 .....鳳梨汁

0.5 盎司....香料商人糖漿(Spice trader syrup,或 TVH+)

蘇打水,打底

試喝鳳梨汁,以了解其平衡。在雪克杯中,混合糖漿、鳳梨汁、萊姆汁、蘭姆酒和龍舌蘭。在可林杯中裝入四分之三滿的冰塊,以及大約 1 ~ 2 盎司的蘇打水;置於一旁備用。

試喝。如果喝起來太稀薄或太酸,可補一點點糖漿。這有助於柔化粗糙的風味,且可以讓質地變圓融。在搖杯裡放 3 顆冰塊後,**可林斯搖盪**。再次試喝。如果沒什麼亮點,你應該添加更多糖漿,它能幫助所有風味結合,並綻放光彩。**濾冰後**倒進可林杯,讓酒液沿著杯壁往下流,這樣才能和蘇打水相融。加上裝飾。

香料商人糖漿:第 313 頁 ✳ 打底:第 62 頁 ✳ 可林斯搖盪:第 46 頁

禮儀
THE ETIQUETTE

約 2008 年

早在我注意到「亞普羅之霧」之前，我就已經想到用義大利苦酒來做杯「航空郵件」（Airmail）的變化版（航空郵件由蘭姆酒、萊姆、蜂蜜和普羅賽克氣泡酒〔Prosecco〕組成）。亞普羅以前常會在前酒標上列出幾種材料——大黃、金雞納樹（Cinchona）的樹皮和龍膽，因此讓我想到，或許一杯帶苦味的大黃覆盆莓航空郵件會很不錯，特別是再加上皮斯科。這是在酒單需要填入一杯氣泡雞尾酒時，可以打的安全牌。——特洛伊・西德（Troy Sidle）

各就各位

杯器.......鬱金香杯

冰 ....手敲冰塊

裝飾.......覆盆莓

方法.......可林斯搖盪

配方

1 盎司 ......博蒂哈混釀皮斯科
　　　　　　（La botija pisco acholado）

0.5 盎司.....萊姆汁

0.75 盎司...覆盆莓糖漿

2 盎司 ......氣泡酒，打底

0.125 盎司...亞普羅，漂浮

在鬱金香杯中，倒入氣泡葡萄酒和約 3 塊左右的手敲冰塊。放在一旁冷卻。在雪克杯中，混合覆盆莓糖漿、萊姆汁和皮斯科，再加上 5 顆冰塊。**可林斯搖盪**。試喝，現在萊姆和酒的味道應該還有點嗆。由於它之後還會從氣泡酒和亞普羅那邊得到甜味，所以現在有點嗆是好現象！最後應該要完全融合。

濾冰後，倒進裝有冰塊的鬱金香杯。如果此時的量看起來有點少，可多加幾塊手敲冰塊，讓容量上升。量好亞普羅，輕輕地讓它漂浮在雞尾酒表面。加上 1 顆覆盆莓裝飾。

覆盆莓糖漿：第 312 頁 ✳ 可林斯搖盪：第 46 頁 ✳ 打底：第 62 頁 ✳ 漂浮：第 81 頁

兔子洞
RABBIT HOLE

 約 2015 年

草莓和芙內絕對是令人驚豔的搭檔，所以這杯要敬所有和我一樣熱愛這個組合的朋友們。關於這杯兔子洞的故事，說穿了就是讓人想一喝再喝——一杯極不甜、醇和順口又很爽冽的調酒，讓你忍不住想再多喝幾口。我很少一次點兩杯，但這杯就是，因為我們要拿「兔子洞」做什麼？當然就是喝掉手中那杯呀（也許是好幾杯）！——泰勒・富萊

各就各位

杯器.......雙層古典杯

冰 ....碎冰

裝飾.......柳橙園片、半顆草莓

方法.......用攪酒棒快速拌合

配方

0.75 盎司....萊瑟比芙內（Letherbee fernet）

0.75 盎司....芙內布蘭卡

0.75 盎司....檸檬汁

0.75 盎司....草莓糖漿

在雙層古典杯中，量好草莓糖漿、檸檬汁和兩種芙內後倒入。加碎冰至杯子的四分之三滿。**用攪酒棒快速拌合**。快速試喝一下，要確定吸管的開口有插到杯底，這樣你才能充分了解整杯調飲風味進展的如何。現在喝起來應該有點甜又有點辣，再多加一點冰，再快速拌合到混合即可。疊上更多碎冰並加上裝飾。

草莓糖漿：第 312 頁　＊　用攪酒棒快速拌合：第 47 頁　＊　香氣：第 72 頁

信風
TRADEWINDS

約 2014 年

這個酒譜是受到巴達維亞酒（Batavia arrack）啟發，並思考如何用其他材料來襯托它獨特的風味。喝到最後，由蘭姆酒和綠色夏翠絲主導風味輪廓，再加上鳳梨汁的烘托，這杯酒在各種風味之間有著很棒的平衡與互動；每種風味都顯現出來了，但都不會過於搶味。

——約翰・史邁利（John Smillie）

各就各位

杯器.......雙層古典杯
冰 ....大冰塊
裝飾.......鳳梨葉
方法.......冰塊搖盪

配方

1.5 盎司.....巴達維亞酒
0.75 盎司....萊姆汁
1 盎司......鳳梨汁
0.25 盎司....德梅拉拉糖糖漿（或 TVH+）
0.5 盎司.....綠色夏翠絲
安格仕苦精，漂浮

在雪克杯的大搖杯端，疊倒夏翠絲和德梅拉拉糖糖漿，再加入鳳梨汁、萊姆汁和巴達維亞酒。加 5 顆冰塊後，**冰塊搖盪**至搖杯外杯壁結霜。試喝。巴達維亞酒的酒精濃度很高，夏翠絲也是，所以你要看看這兩者是否已經柔化到幾乎與鳳梨汁的甜度同一陣線。如果你覺得還需要多一點融水量，就再多搖一陣子，但不要過度，以免雞尾酒變得太稀，因為之後還要倒在大冰塊上。

雙重過濾後，倒在雙層古典杯中的大冰塊上。用（冰）鳳梨葉裝飾，並用滴管裝安格仕苦精，沿著雞尾酒的外緣，平均畫出一圈細細的線。迅速拍完照後，趕快把鳳梨葉拿掉，以免眼睛被戳瞎。

德梅拉拉糖糖漿：第 311 頁　✳　鳳梨：第 68 頁　✳　漂浮：第 81 頁　✳　擺放裝飾：第 301 頁

惡魔的遊樂場
DEVIL'S PLAYGROUND

 約 2009 年

這是我第一杯被放入暮色時刻酒單的作品，它爽冽又不失清新，基本上改編自當時我們店裡的其中一款人氣調酒：月黑風高。那時，在吧檯後方並不常見到荷蘭琴酒（Genever），但我喜歡它有麥芽香、香料辛香，又有點像果香風味，再加上泥土味，所以我認為如果拿它當基酒，調一杯清新又充滿柑橘味的雞尾酒，應該能產生很棒的對比風味。琴酒和薑味是這杯中最主要的風味，而我很愛黑醋栗利口酒從上面倒下時，讓這杯調飲看起來很像熔岩燈的樣子。你會希望最後的小點綴讓整個飲酒體驗變得更令人期待。——亨利‧普倫德加斯特

各就各位

杯器.......可林杯

冰 ....冰片

裝飾.......檸檬旗（Lemon flag）

方法.......可林斯搖盪

配方

2 盎司 ......吉尼維芙荷蘭琴酒
         （Genevieve genever-style gin）

0.75 盎司....檸檬汁

0.25 盎司...簡易糖漿

0.25 盎司...薑味糖漿

7 滴.......安格仕苦精

9 滴.......香橙苦精

0.25 盎司...黑醋栗香甜酒，漂浮

蘇打水，打底

把蘇打水倒入可林杯中打底；置於一旁備用。把兩種苦精、簡易糖漿和薑味糖漿倒入雪克杯中（薑味糖漿不可過量，因為薑酮的辣味很搶戲）。接著倒入檸檬汁和琴酒。試喝看看平衡如何——你想要琴酒和薑細緻地融合在一起，但烈酒還保有其厚重濃郁的橡木風味，而生薑也保有它明亮的香料特性。

整體來說，雞尾酒喝起來應該偏不甜，因為等等還要加黑醋栗香甜酒漂浮。把冰片放入可林杯中，加 3 顆冰塊到搖杯，進行**可林斯搖盪**。**雙重過濾**，以確定沒看到冰晶。用稍微誇張的手法，讓黑醋栗香甜酒漂浮在雞尾酒表面。加上裝飾。

簡易糖漿：第 311 頁 ✳ 薑味糖漿：第 312 頁 ✳ 可林斯搖盪：第 46 頁 ✳ 漂浮：第 81 頁

哪種技藝
WHICH CRAFT

——— 約 2019 年 ———

這杯可充分解釋我們如何不破壞經典款的既有模板，並透過恰如其分的改變，好讓這杯酒變成暮色時刻特有的絕佳範本。這杯也可說是一杯瑪格麗特，但因為加了女巫利口酒（Strega），所以比較不甜。「女巫利口酒」這支義大利苦酒中的甜茴香調性和柿子利口酒中的藥草輪廓很搭，而裴喬氏則能引出短陳龍舌蘭裡的些許香草味。而萊姆能幫助所有材料融合。

——派特・雷

各就各位

杯器.......碟型杯
冰 ....無
裝飾.......無
方法.......碟型搖盪

配方

1.5 盎司.....短陳龍舌蘭
0.75 盎司....萊姆汁
0.25 盎司....女巫利口酒
1 盎司 ......寓言柿子利口酒
　　　　　　（Apologue persimmon liqueur）
0.5 盎司.....簡易糖漿
1 抖振 ......裴喬氏苦精

先把苦精倒入雪克杯，這樣才不會忘記。接著疊倒女巫利口酒和簡易糖漿，以確保不會加入過多的甜味。再來是寓言利口酒、萊姆汁和龍舌蘭。試喝。你能感覺到裴喬氏裡的香草正與龍舌蘭中的香草味特性通力合作，而且龍舌蘭中的淡淡甜茴香調性也呼應著女巫裡的甜茴香風味嗎？你應該能馬上嚐出這樣的互動性。加 5 顆冰塊，**碟型搖盪**。試看看酸／甜平衡如何。**雙重過濾後**倒進碟型杯。不需要裝飾，直接上。

簡易糖漿：第 311 頁　＊　疊倒：第 36 頁　＊　碟型搖盪：第 45 頁　＊　瑪格麗特：第 150 頁

罪惡與美德
VICE & VIRTUE

約 2012 年

為了做出一杯攪拌型龍舌蘭雞尾酒，不過其中的皮革味/雪茄味淡一點，苦味和果味多一點。我選了一支以龍膽為底的博納爾（Bonal）和杏桃利口酒。龍膽酒是我的最愛。它的特色能顯現在雞尾酒中，但在整體輪廓裡又不會太突兀，所以這杯雞尾酒對多數人來說是張安全牌。杏桃與胡桃用一種饒富趣味的方式與博納爾、香艾酒和裴喬氏苦精中的的龍膽對抗。而七聯盟則成為一張有著迷人泥土風味的帆布，讓上述兩方一決高下。——歐文‧吉布勒（Owen Gibler）

各就各位

杯器.......碟型杯

冰 ....無

裝飾.......柳橙皮，擠壓後丟棄

方法.......碟型攪拌

配方

2 盎司 ......七聯盟白龍舌蘭酒

0.75 盎司....博納爾龍膽奎寧酒
（Bonal gentiane-quina）

0.25 盎司....公雞托里諾香艾酒
（Cocchi vermouth di torino）

0.25– 盎司 ..羅斯曼與雲特果園杏桃利口酒
（Rothman & winter orchard apricot liqueur）

1 抖振 ......裴喬氏苦精

1 抖振 ......比特方塊黑帶苦精
（Bittercube blackstrap bitters）

跟我一起唱：冰，冰，冰杯！在攪拌杯中，加入兩種苦精和杏桃利口酒——利口酒不要過量。如果你多倒或少倒的量達 ¼ 盎司，表示你的測量完全失準。加入香艾酒、博納爾和龍舌蘭，接著加冰塊到杯子的四分之三滿。

碟型攪拌，混合和稀釋這些材料，但不要過度，導致淹沒了它們。試喝，如果你聽到心底有個聲音問：「為什麼會有人在一杯酒中放入三種修飾劑？」代表你需要再多加 1 抖振的裴喬氏。

濾冰後倒進酒杯。裝飾：把柳橙拿在距離雞尾酒表面高約 30 公分處，從這個高度擠壓果皮，噴附皮油，並丟棄果皮。如果你之後又把柳橙皮油抹到整個杯緣，結果把香氣抹掉的話，就失去香氣在雞尾酒中四溢的意義了。

老廣場：第 35 頁 ＊ 裝飾：第 73 頁

教幾個壞傢伙
TEACHING BAD APPLES

約 2018 年

「教幾個壞傢伙」就是你想在晚餐前喝一杯低酒精濃度的調酒，或是吃完大餐後，想來杯調酒幫助消化時的正確選擇。它也有助於引起人們對苦酒，如金巴利和索卡（Zucca）的興趣。一杯用瘦高型的酒杯盛裝，再加上萊姆圓片固定在杯緣裝飾的冰涼雞尾酒，看起來很平易近人，而且材料中的苦味在鳳梨、萊姆和蜂蜜的協助下，都變柔和了。因為這杯清爽的雞尾酒，我讓許多愛喝伏特加的人，都轉為愛上苦味。——吉姆・特勞德曼

各就各位

杯器.......可林杯

冰 ....碎冰

裝飾.......萊姆圓片

方法.......美式軟性搖盪、滾動

配方

1 盎司 ......金巴利

1 盎司 ......索卡大黃義大利苦酒
　　　　　（Zucca rabarbaro）

0.5 盎司....萊姆汁

0.5 盎司....鳳梨汁

0.5 盎司....蜂蜜糖漿

2 抖振 ......安格仕苦精

我會建議你在搖盪這杯雞尾酒前，先把所有材料準備好，排成一排。把碎冰放入可林杯，要裝飾的萊姆圓片也先備好。把苦精倒入雪克杯，接著是蜂蜜糖漿。疊倒完萊姆汁和鳳梨汁後，把量酒器顛倒過來，換邊疊倒索卡和金巴利。試喝。研究索卡＋金巴利的組合，與鳳梨及蜂蜜之間的平衡如何。此時，苦精的味道會很強勢，這是因為你還沒加入任何融水量。加 2 盎司的碎冰到搖杯中，進行**美式軟性搖盪**。

試喝；苦精最尖銳的部分應該已經磨平了一些，但要記住，這杯雞尾酒裡大部分的水分是來自端上桌後、酒杯裡的碎冰融化而來的，所以現在可能會有點過甜，酒味也有點重，那是 OK 的！把搖杯中所有內容物**滾進**可林杯，視需要疊上更多碎冰，再加上裝飾。

蜂蜜糖漿：第 311 頁 ＊ 疊倒：第 36 頁 ＊ 鳳梨：第 68 頁

舌頭與臉頰
TONGUE & CHEEK
—— 約 2009 年 ——

在暮色時刻這樣操作之前，我從未想過拿香艾酒來調一杯柑橘味為主的搖盪型雞尾酒。接著在喝過幾杯這種結構的雞尾酒，如「六角司令」（Six Corner Sling，見 P.288）後，我想自己試試看。我也一直很喜歡果味重的威士忌瑪旭（Whiskey smash），所以我想把這兩個想法結合在一起。

安提卡古典配方香艾酒和草莓搭配在一起的效果絕妙；草莓和薄荷又是如此棒的組合，而威士忌加薄荷也是。安格仕苦精添了一點辛香與苦味。我喜歡這杯酒能同時討好大眾，且又富有複雜度，所以對於新手和行家來說，都很有啟發性。——珍·洛普

各就各位

杯器.......可林杯
冰 ....冰片
裝飾.......1 枝帶葉薄荷嫩枝
方法.......可林斯搖盪

配方

1.5 盎司....威勒小麥波本威士忌（W.L. weller special reserve bourbon）

0.75 盎司....安提卡古典配方香艾酒

0.75 盎司....檸檬汁

0.75 盎司....簡易糖漿

1 抖振......安格仕苦精

1 枝.......帶葉薄荷嫩枝

半顆.......草莓，搗碎

蘇打水，打底

把草莓放進雪克杯中搗碎。倒入簡易糖漿、檸檬、甜香艾酒、波本威士忌和苦精，再加 3 顆冰塊。準備可林杯：先放入帶葉薄荷嫩枝，接著加 1 片冰片，再倒約 1 盎司的蘇打水，置於一旁冷卻。**可林斯搖盪**。現在應該嚐起來充滿清新、果香且感到平衡，不會過甜，也不會過酸。如果調酒時不是草莓的盛產期，可再多加半顆草莓搗碎，或是增加簡易糖漿的量也可以。**濾冰後**倒進可林杯。加上裝飾。

簡易糖漿：第 311 頁 ＊ 可林斯搖盪：第 46 頁 ＊ 打底：第 62 頁

微小差異
SMALL DIFFERENCES

約 2020 年

這個酒譜是在托比和派特‧雷的幫助下，在我調酒師訓練的最後一天所完成的。我想要創造出一杯在寒冷冬夜裡喝的雞尾酒，所以我以「老廣場」為範本。

這杯酒的主要風味是核桃，深焙過的葡萄乾，還有已經在外面放太久的蘋果（這是好的）。這杯酒真的是許多風味的合奏，其中雅馬邑白蘭地（Armagnac）的質樸發酵味與馬德拉酒（Madeira）中的氧化葡萄乾調性搭配得很好。蘋果白蘭地把所有風味融合在一起，再用核桃利口酒噴霧增添了最後的香氣元素。——尼諾‧斯科可拉（Nino Scoccola）

各就各位

杯器.......雙層古典杯

冰........無

裝飾.......努克斯阿爾賓那核桃利口酒
　　　　　　（Nux alpina walnut liqueur）

方法.......碟型攪拌

配方

1 盎司......塔麗格雅馬邑白蘭地
　　　　　　　　（Domaine tariquet armagnac）

1 盎司......萊爾德 BIB 蘋果傑克

1 盎司......Rare wine co. 查爾斯頓舍西亞
　　　　　　爾馬德拉酒（Rare wine co.
　　　　　　charleston sercial madeira）

0.25 盎司....德梅拉拉糖糖漿（或 TVH+）

1 盎司......安格仕苦精

1 盎司......裴喬氏苦精

努克斯阿爾賓那核桃利口酒，潤杯

如果你手邊有噴霧器，可以直接把核桃利口酒噴在冰過的雙層古典杯中潤杯。這麼做很讚，快去做吧！至於沒有噴霧器的人，就用冰塊冰鎮酒杯，接著倒入 ¼ 盎司的核桃利口酒，和冰塊拌一拌潤杯。

核桃利口酒因為酒精濃度不高，所以如果和冰塊一起倒進杯子，酒味不會太重，你要的只是藉著一層薄薄的水氣，讓利口酒附著在杯壁上。在攪拌杯中，混合兩種苦精、德梅拉拉糖糖漿、馬德拉酒、蘋果傑克和雅馬邑白蘭地。在攪拌杯裡加冰至四分之三滿，**碟型攪拌**。邊攪拌邊試喝，觀察其中的發展，看看強硬派的兩種白蘭地如何變得柔和，並擁抱絲滑的馬德拉酒。

一發現酒嚐起來好像站在平衡的懸崖邊，隨時都要掉進過度稀釋的山谷時，就要馬上停止。**濾冰後**倒進雙層古典杯。快速聞一下杯中香氣，並補幾滴核桃利口酒，讓這個香氣特質從杯中爆發出來。

老廣場：第 35 頁 ＊ 德梅拉拉糖糖漿：第 311 頁 ＊ 碟型攪拌：第 46 頁 ＊ 潤杯：第 83 頁

PART IV

調酒原則

透過不同視角看調酒

調酒不只是接下一份訂單、把液體從一個容器倒進另一個容器，最後再把成品端到客人面前（還要加個笑容）而已。調酒應該要能帶出一位建築師與一名說書人的創意、頂級運動員和腦部外科醫生的充沛精力、心理學家和歷史學家對學術的追求，以及具備聖者的耐性。調酒師需要在高壓下，和數百隻急切目光的細看下，還能顯現出上面所有特質。

暮色時刻 2007 年開業時，我們有個使命，就是要做出好喝的飲料，讓飲用者願意快樂地走出他們的舒適圈。這就是為什麼我們有店規、為什麼店裡要這樣裝潢，以及為什麼我們在酒單上推出了 6 款琴酒雞尾酒，有個白蘭地專區，以及一款非常不伏特加的伏特加雞尾酒。

但飲料和環境氣氛只是拼圖的一部分。另一個部分是要組一隊有天賦的調酒師，他們不僅能實際做出好喝的雞尾酒，還要同時多工進行，面面俱到，一邊清理工作檯面，一邊告訴當晚的第二十幾個客人：「我們沒有『灰雁伏特加』」。

調酒師無論是個人或是身為團體中的一員，都努力工作，具有風趣、聰明又機靈的人格特質，能為每個走進我們風情萬種的大廳，而且想「解渴」的客人，創造出難忘的經驗。

烹飪是場馬拉松，而調酒則是花式溜冰。沒有人會在意你跑到馬拉松終點時有多狼狽，但無論你在吧檯裡多努力工作，你都必須在當班時，表現出「歡迎」的款待氛圍。

這就是為什麼我認為做這行，「恆毅力」（Grit）[80] 是所有必備能力中，最重要的一項。你一直把事情搞砸，常常有無法控制的事情突然發生，在你當班的夜晚爆發……但你能擺脫這些大大小小的失敗，願意再試一次，相信下一次做得更好，這才是想在這個行業成功的人，所必須擁有最重要的特質。

因此，我們帶著幾個能說明調酒這門藝術的基本準則，開了一間酒吧。這也是我們在調酒師上工第一天就傳授他們的東西，做為他們未來與我們共事時，所秉持的基石，也是每個調酒師在遇見有關雞尾酒製作方法，或如何給客人建議等問題時，能反覆依循的支柱。這些準則說明了「我們是誰」，以及「我們希望用這間漂亮的酒吧達成什麼目標」。直到今日，我們都還是堅守這些原則。

在接下來的篇幅，你會發現我們的內在，了解什麼是一名得體的調酒師。我們也會提供一些指點，內容包括如何讓你敞開心扉、探索新風味、如何深入鑽研雞尾酒，變成專業宅（以好的方式）、建立你的個人風格、如何從工作上的每日例行公事中，找到潛在的心靈意義，以及怎麼確定你已竭盡所能，給出最棒的待客之道。無論你是受人所僱的酒吧老闆／店員，或是在家自己調酒，希望能讓來訪客人印象深刻的人，這些方法都適用。

80　譯註：意指追求長期目標時，秉持不懈的精神與熱忱，堅持下去。

⟶ 個人風格 ⟵

頭 幾年學調酒時，就是每樣都學一點、學一點。這是一段「通才教育學士」時期。嘗試所有東西，留意自己比較喜歡哪種類型的蘭姆酒；搖盪時，肩膀要怎麼固定，才能達到最佳效果；或是你下班後可以喝幾個綠夏翠絲 Shot，而且隔天上班仍保有 100% 戰力。

這是探索和吸收許多、許多元素之後，才能慢慢成為技術純熟的「飲料製作者」。到了某個時機點時，這些就變成像騎腳踏車或綁鞋帶一樣自然。那個美妙的時刻就是當你的大腦已經自由、可以開始追求最感興趣的東西之際。

要成為一名調酒師（或甚至只是居家調酒），有一部分是要找到你的個人風格、方法和專長。我不是指要穿什麼顏色的吊帶，或搖雞尾酒時表情要如何，而是你如何表達自己——透過酒譜來傳達你的靈感、想法與喜好。

這可以是某支烈酒或某種類型的酒，也可以是雞尾酒中的科學或歷史，抑或是你知道自古以來所有義大利苦酒製作過程背後的傷痛。不要想太多！你被什麼吸引並不真的那麼重要，重要的是找到心之所向，並持續下去。

對於以下這些人，我一直都懷著敬畏之心：能夠梳理清楚一杯杯珍稀梅茲卡爾之間的細微差異；可以盲測葡萄酒，而且不只知道產區，連葡萄長在山坡的哪一側都知道；啜飲一口威士忌，馬上就知道酒廠。

想變成那樣，你必須專精、專精，再專精。要非常深入地研究，直到你能夠充滿熱忱且不帶任何優越感地解釋你所學到的知識。

如果你能找到一種方法，把你的知識與熱情解釋給五歲小孩，或是講給那些已經喝醉、注意力無法集中的朋友聽，而且還能合理的引起他們好奇心（而不是讓他們覺得無聊到哭），那就太棒了。在這個階段，你已經在拿「碩士」和「博士」學位了。

有個最酷的點，就是當你找到自己的專長時，因為知道某項特定事物的廣大學問，而被賦權。這意味著，你是酒吧中對植物最瞭如指掌的人，或者你還可以開一門課程，專注於此。

每個在暮色時刻工作的人都知道，我無法抗拒甜甜的香草，所以我研發的許多調酒中，都會看得到「里刻 43」和「安提卡古典配方香艾酒」的蹤跡，而不是干型庫拉索酒或多林甜香艾酒（Dolin sweet vermouth）。

在暮色時刻，我發現「個性」是被高度重視的。技巧，打勾。表演能力，打勾。技能、速度和精準度全都至關重要。但我們也被鼓勵做自己，而那對於整體調酒規劃，是有意義且獨特的。

暮色時刻 前調酒師
——珍·洛普（2008 ～ 2011）

我更感興趣的是材料間如何組合。如何把一個食材和其他食材搭配，並秀出這項食材最棒的優點，接著再用適當的技巧，讓這一切變成「有緣來相會」。這就是如何達到 $1 + 1 = 3$（但裡頭的「+」是技巧）。

早期，麥可·盧貝調的雞尾酒裡，一定都會出現威士忌或來自拉丁美洲的未陳釀烈酒。安卓·麥基則喜歡偷偷把帶苦味的材料加進看起來很漂亮的雞尾酒中。漢克（Hank）的口味喜好總是偏甜，但不要讓他知道是我說的，不然我就慘了。

珍喜歡玩「鹽度」（Salinity），而羅比調出來的雞尾酒則總充滿搖滾風格，有高音調也有低音。大衛喜歡進口的修飾劑，泰勒擅於堆疊你覺得不可能行得通的風味（但最後證明他是對的）。史蒂芬·柯爾的思考模式像個主廚，而且會選用合適的苦精或材料，就像做某調味一樣。凱爾調出來的飲料，老是看起來像他在 High 到忘我的時候調的，但我不太清楚那會如何影響調酒。這串名單還很長，族繁不及備載。

整件事對你來說可能非常明顯了。通常，這整段旅程就是自然而然地發生的，你就是會被吸引到一個領域，剩下的就靠與生俱來的好奇心來完成。我再多嘴一下，如果你有自覺地留意整個過程，也許可以早一點抵達終點，可以省下好幾年的時間，不用漫無目的地閒晃或苦苦掙扎找出自己在這個（酒吧）世界裡的定位如何。說真的，有意識地看待調酒，所帶來的最壞結果就是——一不小心就學了好多很酷的玩意。

✳ 儀式 ✳

我對於有組織的宗教所抱持的看法，一直和我看待伏特加一樣：大部分的時候是騙局，但在某些情況下卻非常有用，像是需要隱蔽，或當你手邊有一堆很棒的魚子醬時。

我在餐旅業遇到的同行中，多數人也都沒什麼宗教信仰。也許是週六深夜的班讓他們難以應付（週日的）主日聚會。我遇過許多很重視靈性的人，只是當中沒幾個會脫帽向教宗致意。

直到我遇到比爾神父（Father Bill），情況才開始改變。他是天主教的神父，在聖母院（是南灣那一個，不是在巴黎的）教法律。他長期參加「雞尾酒傳說」（Tales of the Cocktail）[81]，偶爾也會開兩小時的車，從南灣到暮色時刻來喝一杯。

他一直都很健談，常常聊一些已經深思熟慮過的想法，那是一些他在午夜彌撒時，曾清楚表述的想法。但比爾神父與我曾有過一個……沉思的夜晚，我們辯論神聖力量的存在，但他也讓我看到調酒、喝酒，（沒錯）還有宗教之間的相似之處。

雖然這說法對一些不太開明的教徒而言，像是瀆聖，但重疊之處其實很明顯。就像比爾神父相當有說服力地說道：「你去酒吧的原因和上教堂一模一樣，都是想找一個和自己相似的群體。如果我是一名天主教徒，去布拉格玩，我還是會去週日的彌撒，因為即使語言不同，內容還是一樣的。也許我有個朋友剛過世，我去教堂弔念；或有個朋友剛訂婚，我去教堂慶祝；也許我剛只是聽到壞消息，需要有人在身邊，這些理由都和你去酒吧喝一杯一樣。」

如果教堂不是一群人聚在一起找共同點的地方，那它會是什麼？如果出現的是調酒師，而不是神父呢？是某個能傾聽客人的成就與苦難，以及懺悔的人（如果你願意聽的話）。我認為大致上能歸結為，這兩個領域如何提供它們自己的慣例與儀式。

---

81 譯註：一年一度的貿易會議，於2002年創立，每年都會聚集雞尾酒和烈酒行業的專業人士。

調酒師在準備上工時，都有自己一套固定的慣例。在一個不會播放比利・喬（Billy Joel）歌曲的地方，先在尋求慰藉的人潮上門前，做些安靜的事和冥想。把靴子上的鞋帶綁好，把圍裙固定得像聖頸長巾（Epitrachelion）一樣，接著把手電筒、打火機、原子筆和螢光筆，全都收進應該放的口袋裡。站到置物櫃前，那是一個貼滿重金屬搖滾樂貼紙，以及所有威士忌與酒廠出處清單的金屬聖壇。一杯 La Colombe 的咖啡和一份 Big Star 的塔可：那是「聖餐」。

店門一開，就會開始很明顯又清楚的重複動作，能讓例行公事更固定，像是點頭和微笑、比出歡迎的手勢，再加上嘴裡說：「隨便坐。」接著當客人晃蕩地走進夜暮時，大聲喊出：「晚安。」

有些儀式很細微，像是把煙灰缸蓋起來、把吧檯的檯面擦一擦，或是把一疊方形餐巾紙轉成螺旋狀。在暮色時刻，我們有一個稱為「調整態度」（Attitude Adjustments）的員工「會議」。

一群人有策略性地、嘻嘻哈哈地在夜裡乾一杯。那是一個集體的時刻，為了致敬同事，大家會舉起手中的生命之水，輕拍吧檯，然後是一連串的過程：「蓋過牙齒，流過牙齦，肚子請小心，它要來了！」我們的做法很接近「飯前禱告」。

製作賽澤瑞克或馬丁尼可以是充滿莊嚴且賦予靈魂的。從問與答開始，就像天主教的彌撒一樣。「琴酒？倫敦琴酒（London dry）？香艾酒？」等量。「皮捲？」當然可以。「攪拌？」自然就好。

接著當第一批冰塊叮叮噹噹地掉進杯裡，瓶子舉起又放下，就像彌撒時的祈禱者。酒和苦精攪拌的聲音就是聖詠曲，空氣中瀰漫的檸檬氣味，如同沒藥和檀香，一個點頭，一個啜飲，交換幾句溫暖的話。讓一天就這樣過去的解脫感，宛如水槽裡的冰塊，變回了水。從教堂中殿（Nave）看著惡棍（Knave）[82]，從水化為冷卻劑。

我覺得最宗教性、最心靈上的努力，與製作和享用一杯雞尾酒沒什麼不同。它們單純想獲得一些內在平靜。我不是說要藉由喝醉來放下心中的煩惱——我想說的是，施展煉金術：把三個材料變成一個大於三樣加總的東西，能帶來平和。雖然不能把水變成酒，但很接近了。和善的舉動與服務，還有取悅對方、讓他們活得更快樂，並為這個明確的目的來為他們創造些什麼，這是一種高貴又神聖的努力。

我想，在一日尾聲，大家都想得到慰藉。儀式就是為了讓大家感覺到舒適而形成的。人類喜歡熟悉的事情，我們喜歡可以辨識出來的物品和人，當然還有氣味和口味，而且他們不用特別跟我說：「一切都會沒事。」

我們喜歡安全感，是因為能不斷重複熟悉事物，這就是為什麼我們想踏進一間所有人都叫的出自己名字的酒吧，你一味地說著「老樣子、老樣子」。你常點的酒款就會完美地滑過桃花心木（吧檯），抵達你手中。這比在又冷又黑的地方，被老虎當獵物追好太多了。舉杯，喝一小口，然後笑一個。

82　譯註：這裡原文用了一個同音異字梗，其實是在形容冰塊融化。

✦ 款待 ✦

「**款待**」 就是一心一意留意他人的境況，滿足當下的需求，同時準備下
一步，而且下一次仍然會記得這個人的需要。

對全世界的人來說，「款待」在餐旅業中是個比較新穎的詞，也是我們調酒師效力的範疇。
以前這行被稱為「服務業」，但「服務」是提供他人比較具體的東西。你只有從本地修車廠和穿
著溜冰鞋送餐的路邊餐廳侍者那邊得到的，才算是真正的服務，所以我覺得這個改變是有道理的。

款待還包括許多東西，是一種感覺、一個動機、一種基本心態和想要照顧別人的渴望，它是
使人愉快的藝術。

許多調酒師會告訴你，款待必須發自內心深處，從內心發展出具體實踐的方式。就某些方面
而言，這麼說沒有錯。但我認為要做對這件事的真正關鍵很簡單，就像你看到朋友手中那瓶啤酒
快喝完了，先遞給他下一瓶。那就是：預見（Anticipation）。從許多方面來說，這絕對可以被教
導與學習的。

我有個超聰明的朋友曾告訴我（只取其義，沒有原字重現）：「所有在服務業工作的人都只
是在列清單，不管是實際拿筆或是在腦海裡，然後在忙碌的動態中，同時快速修改和確定事項的
優先次序。」

這就是我說的「透過預見」。列出需要完成的事，並合理地排出長期與立即的優先順序，再
依照這個順序進行。

這可套用在所有事物上，從點對的酒到依照細項來準備與提供服務。為了精通吧檯後的預見
藝術，我們會用看待創作雞尾酒的方式來看這套理論：從頭開始，我們把它分成三個類別：各就
各位、換位思考和量身打造。

各就各位

法文 Mise en place 就是「各就各位」的意思。歷史學家說是埃斯科菲耶（Escoffier，就是創造「母醬」的那個人）從普法戰爭回國後，把這個詞應用在料理界。

主廚知道嚴謹且整齊的組織可以讓時間得到有效的利用。他也知道「貪多嚼不爛」的道理，所以在一個有效能的廚房中，一個人能全神灌注是最重要的事，就像在軍隊中一樣。你無法一邊切胡蘿蔔絲，一邊又要把洋蔥炒軟，因為這麼做會讓洋蔥變焦。但你可以一邊熬湯，一邊切胡蘿蔔絲，因為只有其中一個需要立即的關注。

同樣的道理也適用於酒吧。如果你要同時煮糖漿、切裝飾，又要把調好的酒端上桌，一定會搞砸。

我曾在一間酒吧工作，在那裡，酒吧助手的一部分工作就是切檸檬和萊姆。他們在後面一疊堆高、搖搖晃晃的啤酒箱上切檸檬，切的時間是晚上 6 點（剛好是歡樂時光〔Happy Hour〕進行到一半的時候）。這時，這位助手無法洗杯子和檢查廁所，處在「無法正常工作」的狀態。多笨的安排。

「各就各位」是預見的運作機制，因為如果沒有事先思考和組織好，你就會整晚跑來跑去，一下子拿這個、一下子準備那個，而不是把材料組合好，並端上桌。

各就各位包含許多超級無敵小的細節，從你的工作台到你當晚所需材料，再到確認空間已經設定成針對服務生和來解渴的老主顧們，這些都要符合人體工程學。切裝飾、貼標籤和補貨、把工作台準備好、點燃蠟燭再把它們擺好、選擇合適的音樂播放，確定每張桌子的高度都是正確的等等。

各就各位從列清單開始，並依照每個任務的所需時間來排優先順序。如果煮糖漿需要兩個小時才能入味，那就第一個做；摘薄荷這件事則是開店前一分鐘做就好。如果有東西需要冷卻，就必須在榨汁和點蠟燭之前做。良好的調度是多工進行，有些東西在加熱、有些東西在浸漬，同時還有些東西在冰鎮，至於能快速完成的任務，就留到最後再一起對付。

把每天上班時所需物品準備好，是固定的例行公事。透過這些儀式，你有時間好好想想，為接下來開店時的各種忙碌衝撞做好準備。它應該是一個把秩序帶入空間，依照合理性和最大利用性，把東西安排得井然有序。

就像風水遇到駕駛艙裡的人體工學一樣。無論你是在設置一間酒吧、在家中安排一場派對，或只是找幾個好友短暫聚一下，簡單喝點雞尾酒，這些道理都很實用。

換位思考

預見的第二部分發生在有人坐在你面前時，這段非常短暫的時間。大致上就是讓客人感到舒服而已。我們把吸管插在六點鐘方向，直接面對著客人。拿熱飲給他們時，我們會抓馬克杯杯身，這樣他們就能直接抓杯柄（把手指燙傷的事，留給我們吧，當成給「款待」之神的獻祭）。

甚至是在他們還沒有開口要水之前，我們就先問：「要不含氣泡的水，還是氣泡水？」而且在酒杯還沒完全見底之前，就先詢問要不要再來一杯。絕不應該讓顧客先開口要東西。

要把這件事情做好，你必須在適當的時機出現，在他們都還沒察覺到自己需要什麼之前，就先發現他們需要什麼。

把頭抬起來，環顧四周，在心裡列個清單，而不是埋頭苦幹，把注意力全放在調酒上。你不能想著下班後要去找哪個朋友，或快要到的放假日要做什麼事。你必須在工作領域裡，保持最佳狀態——在那個純粹的時空中，肌肉記憶可以接手做一些事，而且你腦海裡要盤算接下來的三步、五步、十一步要做什麼了。

（我猜）這就像音樂家把一首曲子談了上千遍，沒有和弦、沒有副歌－連接段－副歌，只有曲子與感受而已。而這只會在你所需的一切觸手可及時發生。為此，你必須「預見」一切。

不要太嘩眾取寵！款待的行為焦點不在你的身上，它是要在不知不覺中，讓對方感到舒服與自在。如果你和朋友出去，他們的啤酒一直在桌上曬太陽，拿起你的帽子把啤酒蓋住，多保冰一陣子吧！他們或許完全不會察覺到你的舉動，但他們的啤酒會好喝許多。「預見」讓「款待」隱形了。

量身打造

你已經知道一些基本原理了，現在我們要讓它更開枝散葉。接下來要講的都是要特別留意的特殊需求。黃瓜是不是會讓人不由自主地打嗝？或他們是不是討厭生薑？記住這些細節，並避開這些材料。記住客人的名字，記住他們點了什麼，這樣當他們下次再來時，你就可以調一些不同、但在他們可接受範圍內的雞尾酒。強化你的同理心，仔細傾聽他們說什麼，建立融洽的氣氛。

每次遇到第一次見面的客人時，在我遞給他們雞尾酒之後，我一定會做一件事：試著多了解他們喜歡喝哪種類型的酒，而不是只詢問他們喜不喜歡眼前這杯酒。

問他們「調酒OK嗎？」這對到下一輪時，要做個人化調整的所有戰術型資訊，沒有任何幫助。但像是「你覺得酒裡的薑如何？」或「你喜歡那杯『蘭姆酒古典』杯緣上的葡萄柚裝飾嗎？」這類的引導性問題，則可以獲得一些想法，讓你知道下一步要做什麼。

如果覺得月黑風高裡的薑很棒，那我覺得摻了薑的「惡魔的遊樂場」（見 P.228）就可以順理成章成為下一杯，接著我就會記在腦海，等客人準備好要喝下一杯時，推薦給他們。事先想好下一杯要準備什麼給客人，是一個簡單又能展現技巧的時候，讓對方覺得自己「被看到了」。

讓我來說說另一個範例：有個晚上，我們店裡的一位調酒師負責接待一對夫妻，他們開始談起數學和數字，這對夫妻（唐和賈桂琳）出了個考題，希望調酒師根據費氏數列（Fibonacci sequence）設計一杯雞尾酒。

這位調酒師稍微想了一下後，就想到一杯符合這個結構的調酒。唐和賈桂琳很喜愛他的調酒，所以就留下了以費氏數列排出的小費：1 美元、1 美元、2 美元、3 美元、5 美元、5 美元 + 3 美元、10 美元 + 3 美元、20 美元 + 1 美元。

這就是某種「極客型」（Geeky）的調酒，但它可直接說明這個概念，也就是說，當你讓對方覺得他們是遊戲的一部分，知道只有圈內人才懂的笑話時，這樣你就贏得「款待」的究極大賞了。

小細節很重要，即使可能根本沒有人會察覺到。以餐巾紙為例：我們每次在遞出雞尾酒前，都會先在客人面前放一張折成菱形的餐巾紙，再把酒交給他們。幾乎沒有例外，客人都會很焦躁地把紙巾移來移去。我記得我受的訓練是，一定要把餐巾紙調回原來的菱形，尖角朝向客人，但要偷偷做，不要引起任何注意，否則客人可能會覺得自己哪裡做錯了。「款待」說到底就是注意小細節。

暮色時刻 前調酒師
——派翠克·史密斯
（2009 ～ 2019）

第四部分

酒譜

以下是這本書最終一回合的酒譜。即使你略過前面整章的內容，直接要調這 25 杯暮色時刻原創雞尾酒中的其中一款，你應該也會感覺到自己做得比以前好。

但如果你是一步一步跟著書中所學，那麼請在調最後這幾杯酒時，考慮「儀式」與「個人風格」的概念。當你操作時，請好好記住「款待」的核心概念。

幫自己或他人調酒時，先把所有東西準備「各就各位」，放一些好聽的音樂，點一兩根蠟燭，像良好的平衡、質地、溫度和香氣之神祈禱。有時，調酒師會在介紹雞尾酒時，暗示你這杯酒中如何代表他們的個人風格或儀式，所以好好體驗一下吧！

讓他們的見解影響你對那杯酒的看法，你可以提出異議或欣然接受。誠實地想想你正在閱讀和喝的東西，並看看它如何讓整個過程更有趣。

芝加哥蛋蜜酒
CHICAGO FLIP

 約 2007 年

這是一杯有著寬厚肩膀的蛋蜜酒。茶色波特酒（Tawny port）裡有滿滿的核果類果乾、無花果和堅果的風味。里刻 43 大放異采，讓這杯酒成為一杯無罪惡感的享受。波本威士忌在這裡的用意，是為了讓整杯酒不要太像奶酒（Irish Cream）。這杯酒相當濃烈，所以我完全贊成做為睡前飲品，而且和你的最愛枕邊人分著喝。——托比·馬洛尼

各就各位

杯器.......可林杯

冰........無

裝飾.......現刨肉豆蔻、3 滴多香果利口酒

方法.......默劇搖盪、碟型搖盪

配方

2 盎司......水牛足跡波本威士忌

0.75 盎司...泰樂 20 年茶色波特酒（Taylor fladgate 20-year tawny port）

0.75 盎司...里刻 43 利口酒

0.25+ 盎司...簡易糖漿

1 顆.......全蛋

把蛋打入雪克杯中。疊倒簡易糖漿（如果想要甜一點，可用德梅拉拉糖糖漿）和里刻 43，量好波本威士忌和波特酒後倒入。給予完整的**默劇搖盪**，確定蛋與其他材料完全融合。

試喝，如果不甜，可多加一點簡易糖漿。放入 5 顆冰塊，狠狠地**碟型搖盪**，目的是把空氣搖入蛋中，讓它膨到最高點。**雙重過濾後**倒進酒杯，加上裝飾。

要記住現刨肉豆蔻的效果，絕對比現成肉豆蔻粉好上許多，而且裝多香果利口酒的滴管要盡量靠近泡沫那端，因為你會希望利口酒能停留在雞尾酒表面，不會因為滴的力道太大，而沉到底部。

簡易糖漿：第 311 頁　＊　蛋：第 64 頁　肉豆蔻：第 80 頁　＊　疊倒：第 36 頁

蜂鳥
THE HUMMINGBIRD

 約 2008 年

這是第一杯我從頭到尾構想、並放進暮色時刻酒單中的雞尾酒。身為比較新進的調酒師,我當時非常依賴自己的味蕾和直覺,看著龍舌蘭,以此開始想有什麼風味能與它相得益彰。把櫻桃加進來搭配檸檬與龍舌蘭的做法令人耳目一新,而蛋白則能沖淡些甜味,所以不會有甜膩感。——羅比・海恩斯

各就各位

杯器.......碟型杯

冰.........無

裝飾.......檸檬皮,擠壓後丟棄

方法.......默劇搖盪、碟型搖盪

配方

1.5 盎司.....白龍舌蘭

0.75 盎司....檸檬汁

0.75 盎司....希琳櫻桃利口酒

0.5 盎司.....簡易糖漿

9 滴........櫻桃苦精

1 顆........蛋白

把蛋白倒進雪克杯中。加苦精、簡易糖漿、希琳櫻桃利口酒和龍舌蘭。默劇搖盪。蛋白是不是讓雞尾酒不甜了,需要多加一點點簡易糖漿嗎?如果是的話,請現在加入。放入 5 顆冰塊,接著**碟型搖盪**。

一開始先慢慢搖,接著逐漸加速,搖盪出一杯充滿空氣感、有美麗泡沫的雞尾酒。**雙重過濾後**,倒進冰過的碟型杯。把霍桑隔冰器的閘門打開一點點,接著誇張地上下晃動搖杯,這是為了清空杯中所有的泡沫。

至於裝飾,請確實擠出全部的皮油,噴附在雞尾酒表面,讓明亮又清爽的柑橘香氣得以顯現。擠壓後丟棄。

簡易糖漿:第 311 頁 ✳ 默劇搖盪:第 65 頁 ✳ 裝飾:第 73 頁

與卡爾特教團同行
KEEPING UP WITH THE CARTHUSIANS

─── 約 2018 年 ───

這杯雞尾酒的名字是向電視節目《與卡戴珊同行》致敬。它是一杯毫不掩飾（且較成熟複雜）的檸檬糖（Lemon Drop）變化版。明亮又充滿柑橘風味，非常容易入口，但又具有層次與深度，而且是由黃夏翠絲帶出迷人的特質（黃夏翠絲比綠夏翠絲淡一點，也比較溫和）。鼠尾草糖漿則能用愉悅的溫和方式，引出草本特質。──安妮卡·薩克森

各就各位	配方
杯器.......碟型杯	2 盎司......伏特加
冰........無	0.75 盎司....檸檬汁
裝飾.......檸檬豬尾巴皮捲	0.25 盎司....黃夏翠絲
方法.......碟型搖盪	0.5 盎司.....鼠尾草糖漿

這杯酒的做法簡單又直接了當。 先疊倒鼠尾草糖漿和夏翠絲，倒進雪克杯，再加入檸檬汁和伏特加，最後放入 5 顆冰塊。**碟型搖盪**到整體冰鎮。試喝。稀釋度是關鍵；因為這杯酒是加冰搖盪、濾冰倒出，所以你會希望加入正確的融水量，讓味道完美平衡。

另外請注意鼠尾草糖漿和夏翠絲如何搭配──裡頭所有的香草風味應該要像隧道盡頭的閃耀光芒一樣顯露。如果沒有的話，請再多加一丁點鼠尾草糖漿，讓這些元素更為明顯。

濾冰後，倒進碟型杯。裝飾時，用雕刻刀從檸檬蒂頭開始，刨出細長緊密的螺旋狀果皮，要夠細，才能捲成豬尾巴的螺旋狀。刨果皮時，請把水果拿在調飲上方，這樣檸檬皮油就可以優雅地落在雞尾酒表面。把豬尾巴皮捲插入酒中做為裝飾後，即完成。

鼠尾草糖漿：第 314 頁　✳　碟型搖盪：第 45 頁　✳　裝飾：第 77 頁

槍店賽澤瑞克
GUN SHOP SAZERAC

約 2010 年

每個人都有自己獨有的方式，來詮釋經典的紐奧良賽澤瑞克。這是一杯只允許稍微舞弄的雞尾酒——也許是使用不同的威士忌或攪拌方式不同，這邊調整一下、那邊再調整一下。基酒各有白蘭地和威士忌，並用一些德梅拉糖糖漿增加活力感，我用這個方法，調出一杯較濃稠的賽澤瑞克，能吸引對單純威士忌版本沒興趣的人。你可把它想成比經典版水果味更重、更容易入口的版本。——柯克・艾斯托皮納

各就各位

杯器.......雙層古典杯

冰 ....無

裝飾.......檸檬皮，擠壓後丟棄

方法.......碟型攪拌

配方

1 盎司 ......羅素大師珍藏 6 年裸麥威士忌（Russell's reserve 6-year rye whiske）

1 盎司 ......薩倫干邑白蘭地（Maison surrenne cognac）

0.25 盎司 ....德梅拉糖糖漿

23 滴 ......裴喬氏苦精

0.125 盎司 ...草聖，潤杯

如果你以前調過賽澤瑞克，你就知道這杯酒的第一步是要先用草聖潤杯。如果沒調過，現在你知道了！

把草聖（或其他茴香味的利口酒，酒精濃度最好大約 45%）倒入放了碎冰的雙層古典杯中，接著旋轉杯子，讓酒附著在整個杯壁。把冰倒掉，酒杯置於一旁備用。在攪拌杯中，混合苦精、德梅拉糖糖漿、干邑和裸麥威士忌，並加冰塊到攪拌杯的四分之三高，接著**碟型攪拌**。邊攪拌邊試喝，當酒各方面都達到完美時停手。

要知道這杯酒冰鎮後，是倒進不裝冰塊的古典杯，所以在濾冰前要達到百分之百完美，因為它不像倒在冰塊上的古典雞尾酒，之後還會有更多融水量。反之，它的溫度會慢慢上升，會把任何你技術上的缺失顯現出來。

濾冰後，倒進準備好的酒杯。在雞尾酒上方擠壓檸檬皮——如果你只希望有一絲絲、淡淡的檸檬味，那就拿高一點。擠壓完後丟棄，完成。

德梅拉拉糖糖漿：第 311 頁 ＊ 潤杯：第 83 頁 ＊ 碟型攪拌：第 46 頁

尼格羅尼十三
NEGRONI TREDICI

約 2009 年

喔！那是稍微改變一下雞尾酒，就能讓人印象深刻的日子！以傳統上很有名的雞尾酒「小義大利」（Little Italy，材料包括裸麥威士忌、甜香艾酒和吉拿）為出發點，我想要用「吉拿」創造出一杯小義大利和尼格羅尼的綜合版，這杯酒很濃郁，味道幾乎可以用「鮮美」來形容。

我用了味道濃烈明顯的琴酒和細緻的甜香艾酒，所以調出來的雞尾酒充滿著豐富的藥草風味，但同時又讓帶有泥土味的吉拿成為焦點。這杯酒具有清冽，如砂紙般磨口的苦味，是經典雞尾酒的「堅忍克制」版本。——托比·馬洛尼

各就各位

杯器.......碟型杯

冰 ....無

裝飾.......檸檬豬尾巴皮捲

方法.......碟型攪拌

配方

2 盎司 ......英人牌琴酒

1 盎司 ......安提卡古典配方香艾酒

0.25 盎司....金巴利

0.25 盎司....吉拿

13 滴 ....香橙苦精

在攪拌杯中，加冰至杯子的四分之三滿，接著倒入苦精。如果你用超冰的冰塊，那麼加苦精的時候，請沿著杯壁慢慢倒入，而不是灑灑地一口氣全部倒入，這樣才能確定後續的苦精能完全融入酒中，而不是黏在冰塊上。

用量酒器小杯那端疊倒吉拿和金巴利，再一起倒入攪拌杯中。加香艾酒，接著是琴酒。**碟型攪拌**。試喝，此時味道很濃、很重，但應該是可入口且令人討喜的。

濾冰後，倒進冰過的碟型杯。在碟型杯的正上方擠壓檸檬皮，這樣才能噴附許多皮油到雞尾酒的表面。把檸檬皮捲一捲，讓它看起來像豬尾巴，並勾在酒杯的側面，這樣它才不會到處亂漂，彷彿是兒童充氣泳池裡的一具死屍。

疊倒：第 36 頁 ✳ 碟型攪拌：第 46 頁 ✳ 裝飾：第 77 頁

圓點尼格羅尼
POLKA DOT NEGRONI

約 2016 年

這是一杯晶瑩剔透的夏日版尼格羅尼，用「沙勒」（Salers）取代金巴利，並做為苦味劑。沙勒是一種法國開胃酒，對我來說相當迷人。它的泥土味很重，有著類似塵埃微粒的調性——嚐起來不甜，就像你被抓到在公民課傳紙條，結果被罰清理板擦時，粉筆灰掉進嘴裡的味道。

以此為切入點，我需要很濃烈的琴酒來帶出高酒精濃度與杜松子味——金菠蘿（Junipero）的強度比較像磚砌，而非混合健身（CrossFit）。最後，由多林法式白香艾酒為雞尾酒帶來夏日野餐的精髓（但可沒有螞蟻），或是像小指勾著，午夜漫步在充滿花香的鄉間小路上。

——托比・馬洛尼

各就各位

杯器.......尼克諾拉雞尾酒杯
冰 ....無
裝飾.......櫻桃串、檸檬豬尾巴皮捲
方法.......碟型攪拌

配方

1.5 盎司.....沙勒
1 盎司 ......金菠蘿琴酒
　　　　　　　（或其他「海軍強度」琴酒）
1 盎司 ......多林法式白香艾酒

這杯的酒精濃度很接近一般的尼格羅尼，所以你會希望這杯酒能擺盪在「攪拌不足」的臨界點，這樣高酒精濃度的琴酒才能提升其他低酒精濃度的材料。所～～以，在攪拌杯中，混合香艾酒、琴酒和沙勒。加入足量的冰塊到杯子的四分之三滿。**碟型攪拌**。攪了大概十圈後，試喝一下，看看稀釋度如何。一旦所有材料都融合在一起後，就可以濾冰，並倒進尼克諾拉雞尾酒杯。

把串好的圓點（櫻桃）放進酒中，接著一邊哼著「小小的圓點尼格羅尼」（Itsy Bitsy Polka Dot Negroni），一邊拿著雕刻刀，在雞尾酒上方，把檸檬從蒂頭處向水果中央螺旋狀，刨出彎曲豬尾巴狀的果皮，讓檸檬皮油肆無忌憚地噴附在雞尾酒表面。論長度，這條皮捲會有半顆檸檬這麼長。果皮擠壓後丟棄。

尼格羅尼：第 35 頁 ✳ 碟型攪拌：第 46 頁 ✳ 裝飾：第 77 頁

鱷魚的眼淚
CROCODILE TEARS
 約 2019 年

這是一杯舒服、帶著煙燻味，以及淡淡草本味的調酒，酒譜的靈感來自梅茲卡爾在美國的崛起。我對於集苦味、蔬菜味和泥土味於一身的沙勒，有著深深的愛意，而且我想要做一杯梅茲卡爾愛好者也喜歡的白尼格羅尼變化版。

沙勒是關鍵性材料，能增添點苦味，讓你可以名正言順地把這杯酒稱為尼格羅尼變化版。龍舌蘭和白香艾酒則是核心，讓這杯雞尾酒保持平衡。最後，綠夏翠絲能用它所具有的各種香料和藥草風味，融合所有材料。——魯維・比亞戈梅茲（Rubí Villagomez）

各就各位

杯器.......碟型杯

冰 ....無

裝飾.......葡萄柚響尾蛇皮捲

方法.......碟型攪拌

配方

1 盎司 ......灰狼白龍舌蘭

0.5 盎司....小農聯盟 1 號梅茲卡爾
　　　　　　（Mezcal unión uno）

0.5 盎司....綠夏翠絲

1 盎司 ......多林法式白香艾酒

0.25 盎司....沙勒

冰鎮碟型杯。加幾顆冰塊到攪拌杯中，讓溫度稍微下降後，再倒入香艾酒、綠夏翠絲、梅茲卡爾、龍舌蘭和沙勒。試喝，了解這些濃烈的青蔬植物風味之間如何碰撞。

加更多冰塊到攪拌杯中，讓冰塊的高度到攪拌杯的四分之三滿，進行**碟型攪拌**。動作要快！並在雞尾酒快要達到可以端上桌的程度前停手。試喝，現在應該非常冰且充滿濃濃的酒味，但每樣材料都已和平共存了——沒有任何一個選手比其他的更突出。**濾冰後**，倒進冰過的碟型杯，慷慨的把葡萄柚響尾蛇皮捲皮油擠出噴附在雞尾酒的表面，再把皮捲放在杯緣裝飾。

尼格羅尼：第 35 頁 ✻ 碟型攪拌：第 46 頁 ✻ 裝飾：第 77 頁

颶風剪刀腳
HURRICANRANA

—— 約 2014 年 ——

「熾烈之心」（Flaming Heart，見 P.271）是我最愛的暮色時刻經典調酒之一，很適合想要來一杯辣味瑪格麗特的人。現在我想用這杯「颶風剪刀腳」來呈現出類似、但侵略性更強的調酒。我用了綠夏翠絲和梅茲卡爾，讓它變成帶一點鹹鮮、有許多複雜草本氣息，以及美妙煙燻味的雞尾酒。—— 戴米安・凡尼爾（Damien Vanier）

各就各位

杯器.......碟型杯

冰 ....無

裝飾.......黃瓜片

方法.......碟型搖盪

配方

2 盎司 ......梅茲卡爾

0.5 盎司....公雞美國佬

0.75 盎司....萊姆汁

0.125 盎司...簡易糖漿

0.5 盎司.....綠夏翠絲

5 滴.......綠色塔巴斯科辣醬

1 片.......黃瓜，切成兩半後搗碎

1 枝.......帶葉薄荷嫩枝，搗碎

仔細地倒 5 滴塔巴斯科辣醬到雪克杯的小搖杯裡。這個辣醬能帶來許多蔬菜風味，但過量的話會和綠夏翠絲產生競爭效果，所以在測量這類材料時，下手都不可過重，因為你隨時都可以再加。

現在，把黃瓜丟進小搖杯中**搗一搗**，讓它能碎成小塊，流出一點汁水即可。放入薄荷嫩枝，繞圈攪拌就好，輕刷一下就好，主要讓薄荷精油釋放出來。將下列材料依序測量後倒入：綠夏翠絲、簡易糖漿、萊姆汁、公雞美國佬和梅茲卡爾。加 5 顆冰塊，**碟型搖盪**。搖的時候可能需要費一點勁，因為雪克杯中有許多會漂浮、卡住的東西，而且因為你加了一些高酒精濃度的烈酒，所以也需要多一點融水量稀釋。

試喝，你應該能感覺到辣醬帶來的鹹鮮辛香，但又不至於讓你辣到感覺嘴巴要冒火；如果你覺得需要再辣一點，就再加一點辣醬。**雙重過濾後**，倒進冰過的碟型杯，在 11 點鐘方向插入黃瓜片做為裝飾，完成。

簡易糖漿：第 311 頁 ＊ 碟型搖盪：第 45 頁 ＊ 鐘面各方向：第 301 頁

血龍狂舞
DANCE OF DRAGONS

約 2018 年

因為我的義大利血統，以及對所有苦味的偏好，我很少端出一杯沒有合適苦味的雞尾酒。這個酒譜當然也不例外。這杯是為了提基雞尾酒和義大利苦酒的愛好者而調的，我想要把強烈的夏日能量帶進酒中，再加上超明顯的假日氛圍。你會感受到丁香、蜂蜜和發酵果核類水果的風味站在 C 位，背景則是淡淡的苦樹皮味和杏仁味。——羅薩莉亞・卡斯提洛（Rosalia Costello）

各就各位

杯器.......可林杯

冰 ....碎冰

裝飾.......帶葉薄荷嫩枝、
　　　　　柳橙豬尾巴皮捲結

方法.......用攪酒棒快速拌合

配方

1 盎司 ......史密斯克斯牙買加蘭姆酒

1 盎司 ......安格式香料義大利苦酒
　　　　　　（Amaro di angostura）

0.75 盎司....萊姆汁

0.25 盎司...法勒南（Falernum）

0.5 盎司....蜂蜜糖漿

5 ～ 6 片 ....薄荷葉

從準備可林杯開始，最好是從當地古董店購入的 60 年代風格金色印花豪華款。把 5 ～ 6 片生氣勃勃的薄荷葉放到杯底。測量好並倒入蜂蜜糖漿、法勒南、萊姆汁、義大利苦酒和蘭姆酒。先靜置 1 分鐘，讓所有材料融合，接著往杯子裡裝碎冰至四分之三滿。**用攪酒棒快速拌合**。疊上更多碎冰。取出精心挑選的薄荷嫩枝，用手背輕拍後，插入杯中。

為了能讓飲用者有更棒的嗅覺體驗，請從柳橙上刨下一條細細長長的皮捲（刨的時候，把水果拿在雞尾酒上方，這樣皮油才不會四散在雞尾酒周圍）。接著把皮捲繞著香草嫩枝打個結，就像你在幫暗戀對象的生日禮物繫上緞帶，希望對方能夠注意到你的包裝技巧一樣。

蜂蜜糖漿：第 311 頁 ＊ 法勒南：第 314 頁 ＊ 用攪酒拌快速拌合：第 47 頁 ＊ 裝飾：第 76 頁

迄今，一切順利
SO FAR, SO GOOD
——— 約 2015 年 ———

當利得比琴酒（Letherbee gin）上市時，大家都很興奮，因為它是一支用倫敦辛口風格製造，但酒精濃度較一般高的現代琴酒（Modern gin）；在 2015 年時，這並不常見。每個人都把它用在濃烈的攪拌型雞尾酒，再加上一個苦味元素，因此我想做點不同的嘗試，讓雞尾酒清爽但強度依舊存在，再從多林法式白香艾酒與簡易糖漿中取些甜味。——羅薩莉亞‧卡斯提洛

各就各位

杯器........氣旋杯（Cyclone）

冰 ....冰塊

裝飾........橙花水、方糖、
　　　　　　柳橙皮（擠壓後插入杯中）

方法........冰塊搖盪

配方

1 盎司......利得比琴酒

1 盎司......多林法式白香艾酒

0.5 盎司....檸檬汁

0.5 盎司....希琳櫻桃利口酒

0.5 盎司....簡易糖漿

氣泡酒，打底

在雪克杯中，疊倒簡易糖漿和希琳櫻桃利口酒，再加入檸檬汁。接著疊倒琴酒和白香艾酒，如果你沒有利得比琴酒，就改用濃重的倫敦辛口琴酒。把冰塊放入氣旋杯中冰杯，加 1 盎司的氣泡酒到杯中，置於一旁備用。準備裝飾：把方糖浸入橙花水中，以及取下柳橙皮。再回到雪克杯；放入 5 顆冰塊，進行**冰塊搖盪**，試喝。

內心要知道雞尾酒最後還會遇到不甜的氣泡酒，而且會倒在冰塊上端上桌，所以此時是否夠甜呢？調整之後，**濾冰**，倒進準備好的酒杯。裝飾：柳橙皮擠壓後插入杯中。把方糖放在酒吧勺的匙面，淋橙花水讓它吸到飽和。倒掉多餘的橙花水，這樣才不會太濕。輕輕地用酒吧勺把方糖放在雞尾酒表面。

簡易糖漿：第 311 頁 ＊ 打底：第 62 頁 ＊ 敘事弧：第 193 頁 ＊ 橙花水：第 37 頁

熾烈之心
FLAMING HEART

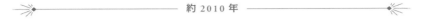

約 2010 年

有很長一段時間，我很苦惱不知道怎麼把「辣味」加入雞尾酒中。用哈拉皮紐辣椒（Jalapeño）或其他乾辣椒做糖漿是步險棋，因為你永遠不知道最後成品會有多辣。因此，我們一開始使用綠色塔巴斯科辣醬，除了喜歡它的味道，也因為可以精準地測量出所需的量，所以能為這杯酒提供一致且可靠的辣度。辣醬中的青辣椒味能引出龍舌蘭中類似的風味，而里刻 43 的香草風味則是充當橋梁，把辛辣和鳳梨汁的甜味串接起來。——托比·馬洛尼

各就各位

杯器.......雙層古典杯
冰 ....冰塊
裝飾.......萊姆圓片
方法.......冰塊搖盪

配方

2 盎司 ......灰狼白龍舌蘭
0.75 盎司...萊姆汁
0.5 盎司....鳳梨汁
0.25 盎司...簡易糖漿
0.5 盎司....里刻 43 利口酒
9 滴.......費氏兄弟老式經典芳香型苦精
　　　　　　（Fee brothers old fashion aromatic bitters）
9 滴.......綠色塔巴斯科辣醬

在雪克杯中，混合塔巴斯科辣醬和苦精。疊倒里刻 43 和簡易糖漿，請精準測量這兩個甜味劑。接著把鳳梨汁和萊姆汁倒入搖杯，最後是龍舌蘭。試喝，分析塔巴斯科的效果和當日鳳梨汁的品質。糖能抵銷辣椒的威力，所以鳳梨汁的甜度會與這杯的辣度成反比。放入 5 顆冰塊，**冰塊搖盪**。

試喝，冰塊帶來的強勁冰涼感在某種程度上，會讓辛辣元素噤聲；如果你需要多加 1～2 滴辣醬來凸顯辣味特質，那就做吧！**濾冰後**，倒進裝了冰塊的雙層古典杯。加上裝飾即完成。

簡易糖漿：第 311 頁 ✳ 鳳梨：第 68 頁 ✳ 疊倒：第 36 頁 ✳ 冰塊搖盪：第 46 頁

李奇-提基-塔威
RIKI TIKI TAVI

———— 約 2019 年 ————

有個晚上，我們大家在意見交流時，想出了這杯酒，我們覺得如果能做杯基於「熾烈之心」（見 P.271）的變化版，並用威士忌和鳳梨蘭姆酒加點秋冬天的變化因素，應該會很有趣。

這杯飲料參考了「提基雞尾酒」和「營火」的概念，在外面冷得要死的時候，會帶給你趣味夏日雞尾酒的滿足感，而裡頭適量的煙燻和香料味，則讓你可以縱情享受一些熱帶風情。

這杯酒有著果味、挑逗、煙燻和香料，本來我們因為這杯含有蘭姆酒，要取名為「斯蒂金的茱莉普」（Stiggins' Julep），但被托比否決，然後我脫口而出「李奇－提基－塔威」（Riki tiki tavi），因為這是杯帶了一點貓鼬特色[83]的「提基」雞尾酒。我本來是要開個玩笑，沒想到就此定案了。——麥克斯‧貝克曼（Max Beckman）和魯維‧比亞戈梅茲

各就各位

杯器.......茱莉普金屬杯
冰 ....碎冰
裝飾.......現刨肉桂、帶葉薄荷嫩枝
方法.......用攪酒棒快速拌合

配方

1 盎司 ......普雷森鳳梨蘭姆酒（Plantation stiggins' fancy pineapple rum）

1 盎司 ......調和蘇格蘭威士忌

0.25– 盎司...聖喬治香料西洋梨利口酒（St. george spiced pear liqueur）

0.5– 盎司 ...法勒南

1 抖振 ......安格仕苦精

2 抖振 ......比特方塊香橙苦精

把苦精倒進茱莉普金屬杯中。疊倒法勒南和西洋梨利口酒——否則隨時都有可能過甜。疊倒蘇格蘭威士忌和蘭姆酒。加入碎冰到杯子的四分之三滿，接著**用攪酒棒快速拌合**。

試喝，看看鳳梨果味與蘇格蘭威士忌的煙燻味間平衡如何？現在應該要有很飽滿圓潤的口感，因為之後加的肉桂和薄荷都是很強烈的元素，所以如果現在質地很虛，或鳳梨味不夠明顯，也許需要多加 0.125– 盎司的西洋梨利口酒，提升這些特性。再次用攪酒棒快速拌合，並疊上更多碎冰，加上裝飾即完成。

---

83 譯註：貓鼬象徵冒險與大膽，知名繪本《叢林奇譚》（*The Jungle Book*）裡有個最廣為人知的故事Rikki-Tikki-Tavi，就是在說英雄貓鼬的冒險故事。這個酒譜的創作者，當初脫口而出的名字就是這個故事的諧音。

法勒南：第 314 頁 ✴ 疊倒：第 36 頁 ✴ 用攪酒棒快速拌合：第 47 頁 ✴ 肉桂：第 80 頁

重要組成
PART AND PARCEL
 約 2008 年

初次出現於暮色時刻酒單上的伏特加雞尾酒是「伏特加酷伯樂」，但因為調的時候，覆盆莓和黑莓籽會不斷卡在隔冰器裡，所以每個人都很討厭調這杯。我想要發明一杯比較容易操作，但依舊能得到大家歡心的伏特加雞尾酒，這樣就不會再有人點伏特加酷伯樂了。聖杰曼在當時是全新的產品，而且那東西對於喝伏特加的人而言，就像貓薄荷一樣，所以我決定要用它來做一杯簡單的海明威版黛綺莉變化版。——特洛伊・西德

各就各位

杯器.......碟型杯

冰 ....無

裝飾.......無

方法.......碟型搖盪

配方

2 盎司......伏特加

0.75 盎司...聖杰曼接骨木花利口酒

0.25 盎司...萊姆汁

0.75 盎司...葡萄柚汁

0.5 盎司....簡易糖漿

5 滴.......比特曼啤酒花葡萄柚苦精
（Bittermens hopped grapefruit bitters）

冰鎮碟型杯。在雪克杯中，混合苦精（啤酒花葡萄柚苦精能為這杯酒帶來非常複雜多元的風味）、簡易糖漿、萊姆汁、葡萄柚汁、聖杰曼和伏特加。丟 5 顆冰塊入搖杯，**碟型搖盪**，讓整體冰鎮和稀釋到適宜飲用的程度——如果葡萄柚汁和苦精相較於其他風味而言，太過突出，可加 0.125 盎司的萊姆汁，好讓它們不要這麼囂張，也有助於讓柑橘和甜味劑融合。**濾冰後**，倒進冰過的碟型杯。

伏特加酷伯樂：第 143 頁 ＊ 簡易糖漿：第 311 頁 ＊ 搶味：第 37 頁 ＊ 碟型搖盪：第 45 頁

巨大的滾錘
ENORMOUS ROLLING MAUL

約 2012 年

這是一杯改編自古典雞尾酒的調酒,帶有蘭姆酒的黑巧克力和菸草香調,也與柳橙果醬的明亮苦橙味並列。蘭姆酒、柳橙果醬、裴喬氏和檸檬汁(柳橙是比較簡單的選擇)四者的激烈並列,讓這杯酒能吸引眾人的注意,使人興奮。如果你有機會取得「聖特蕾莎 1976 蘭姆酒」(Santa Teresa 1796),趕快去!——托比・馬洛尼

各就各位

杯器.......威士忌杯(古典杯)
冰 ....冰磚
裝飾.......17 滴比特方塊香橙苦精、
　　　　　檸檬皮(擠壓後插入杯中)
方法.......冰磚攪拌

配方

2 盎司 ......聖特蕾莎 1976 蘭姆酒
0.25+ 盎司...柳橙果醬糖漿
9 滴 ....裴喬氏苦精

把苦精倒入攪拌杯中,請沿著杯壁滴入,這樣才能立刻與酒體混合。量好糖漿與蘭姆酒後倒入。試喝,視需要調整。加冰到攪拌杯的四分之三滿,穩定地進行**冰磚攪拌**。

柳橙果醬糖漿是個狡猾的傢伙,會讓苦味好像要蓋過酒裡甜味的錯覺,所以在試喝時,要特別留意質地。如果不夠濃郁、未臻完美,稠度也不夠,可再加一點糖漿,但一次微量就好,慢慢加才不會加太多。

濾冰。加上裝飾:把檸檬皮拿在雞尾酒上方,擠壓讓皮油噴附後,把果皮插入杯中,接著小心地把苦精滴在雞尾酒表面,要注意每滴中間的間隔要一致,這樣它們才能盡可能長時間與檸檬皮油共存,發揮良好效用。

柳橙果醬糖漿:第 314 頁 ＊ 冰磚攪拌:第 47 頁 ＊ 漂浮:第 81 頁

解藥
THE ANTIDOTE

 約 2016 年

大概從 2016 年開始，我開始能夠從容應對調酒師這份工作，製作經典雞尾酒範本時，也很拿手，而且可以對其稍做改變，但又不會破壞它的基礎架構。這杯用龍舌蘭調的「解藥」，起源來自用義大利苦酒調的「盤尼西林」（Penicillin），可說是這杯蘇格蘭飲品的夏日版，同時多了點深度。從名字就可以看出來這是改編自「盤尼西林」，但我也很喜歡「人們跟我要『解藥』」的這個概念。——派特・雷

各就各位

杯器.......雙層古典杯
冰 ....碎冰
裝飾.......草莓半顆
方法.......美式軟性搖盪、滾動

配方

1.5 盎司.....白龍舌蘭
0.5 盎司.....索卡大黃義大利苦酒
　　　　　　（Zucca rabarbaro）
0.75 盎司...萊姆汁
0.25+ 盎司...蜂蜜糖漿
0.25+ 盎司...薑味糖漿
1 顆.......草莓，切半，搗碎

在雙層古典杯中裝滿碎冰，冰杯。把草莓放入雪克杯中，輕輕**搗碎**，接著倒入薑味糖漿、蜂蜜糖漿、萊姆汁、索卡義大利苦酒和龍舌蘭。試喝。這裡用了兩種糖漿，所以如果太甜，你可以加 1 抖振的安格仕苦精調整，沒問題。

在搖杯中加約 1 盎司的碎冰，**美式軟性搖盪**。查看一下雙層古典杯中的融水量——將霍桑隔冰器架在杯上，濾掉多餘的水，再把雪克杯裡的內容物**滾進**酒杯。如果液體流動不順暢，可稍微用吸管攪動一下碎冰，讓酒可以順利流過碎冰，到達杯底。

在草莓上劃一刀，這樣它就能安穩地固定在杯緣，而且把草莓內部整面朝向飲用者的鼻子——這樣喝的時候，就能聞到最多香氣。擺好裝飾，完成。

薑味糖漿：第 312 頁 ✳ 蜂蜜糖漿：第 311 頁 ✳ 美式軟性搖盪：第 46 頁

瑞士之吻
SWISS KISS

約 2015 年

這個酒譜是為我的伯恩山犬「檸檬」（牠的品種是 Swiss Kiss，頸背有個白點）而寫。酒譜靈感來自阿爾卑斯山的香氣和風味，可以說介於「亡者復甦二號」（Corpse Reviver No. 2）和「琴酒斯瑪旭」（Gin Smash）之間。

通常，會用夏翠絲來呈現雞尾酒中的高山香氣，但這裡用了高山蒿酒「爵納彼」（Génépy）和一點點的苦艾酒漂浮，呈現出比較淡雅的版本，讓飲用者可以輕易了解此種風格。這雖然不是一款人見人愛的調酒，但我相信用它來當琴酒雞尾酒入門會滿像樣的。——柴克・索倫森

各就各位

杯器.......雙層古典杯

冰 ....冰磚

裝飾.......帶葉薄荷嫩枝

方法.......冰塊搖盪

配方

1.5 盎司.....利得比琴酒

0.5 盎司....多林卡莫伊斯爵納彼
（Dolin génépy le chamois）

0.75 盎司....檸檬汁

0.5+ 盎司....簡易糖漿

11 滴 ......裴喬氏苦精

0.125– 盎司..苦艾酒，漂浮

把所有材料的酒精濃度加總一下，這樣便能有個底，知道要搖盪多久。把苦精、糖漿、爵納彼、檸檬汁和琴酒，依序倒入雪克杯中。試喝。爵納彼很容易搶味，所以要留意此時，味道有多重。經過搖盪之後，它的味道應該會稍微和緩一點。

放入 5 顆冰塊，**冰塊搖盪**。再次試喝。所有成分的風味是否已經融合在一起，味道很連貫，還是依然有所分歧？如果是後者的話，你需要再多搖盪一下，增加融水量，直到所有成分都到位。

濾冰後，倒進裝了一塊大冰塊的雙層古典杯。用量酒器測量苦艾酒，確保不會過量——先從 0.125 盎司開始，使其漂浮在雞尾酒表面，接著聞聞看。苦艾酒的香氣是否已經夠明顯？如果還沒，可再多加一點點。最後加上帶葉薄荷嫩枝裝飾，插入杯中之前，務必先讓精油揮發到苦艾酒上。

簡易糖漿：第 311 頁 ✳ 冰塊搖盪：第 46 頁 ✳ 漂浮：第 81 頁 ✳ 拍打薄荷：第 78 頁

嶄新的拉姆
THE NEW RAHM

— 約 2014 年 —

芝加哥前市長拉姆·伊曼紐（Rahm Emanuel）以前每隔一段時間就會來暮色時刻，而且總是點啤酒——通常是啤酒花味重的西岸 IPA（West Coast IPA）。我自作主張，做了杯具有相似奔放、果味、丹寧和苦味特質的調飲，讓他改喝雞尾酒。

用沙勒裡的苦味龍膽元素來模仿啤酒花，而那些 IPA 裡也常帶有水果味，所以我用草莓來達到那樣效果。這杯調酒在當時是完全創新的，因為它含有相當少量的酒精。在那時，我們還沒踏入低酒精濃度的調飲和高酒精濃度調飲一樣受歡迎的新世代。這杯對於喜歡喝啤酒，且不想要雞尾酒太強勁的人，是個很棒的口袋名單。——奧布里·霍華德

各就各位

杯器.......可林杯
冰 ....冰塊
裝飾.......帶葉薄荷嫩枝、安格仕苦精
方法.......可林斯搖盪

配方

1.5 盎司.....沙勒
1.5 盎司.....公雞美國佬
0.5 盎司.....檸檬汁
0.5 盎司.....簡易糖漿
3 顆.......草莓，搗碎
1 枝.......帶葉薄荷嫩枝，搗碎
蘇打水，打底

把冰塊和蘇打水倒入可林杯中冰鎮。把帶葉薄荷嫩枝放入雪克杯中，在杯壁上下刷一刷，來喚醒薄荷精油。放入草莓，**搗碎**。加簡易糖漿、檸檬汁、公雞美國佬和沙勒。投入 3 顆冰塊，**可林斯搖盪**。

試喝。沙勒中的苦味應該已經淡化，和公雞美國佬的甜味融合在一起。如果還沒，可多加一點簡易糖漿。**濾冰**後倒進可林杯。像這樣用帶葉薄荷嫩枝當裝飾時，若加上一個如安格仕苦精之類的香氣元素，能創造出完全不同的香味束，會比傳統的薄荷裝飾更複雜多元。拍打薄荷束，讓精油揮發出來，再滴幾滴安格仕苦精到葉片上。

簡易糖漿：第 311 頁 ✳ 打底：第 62 頁 ✳ 可林斯搖盪：第 46 頁

氣閘艙之外
OUT OF THE AIRLOCK

—— 約 2016 年 ——

我喜歡把這杯雞尾酒想成賽澤瑞克遇上「花花公子」（Boulevardier）。花花公子是一杯攪拌型威士忌雞尾酒，當外頭天氣炎熱時，喝這杯正好。使用公雞美國佬而不是甜香艾酒，會讓酒體和個性都比那些經典款輕盈，但也因為這樣，適合天氣變熱的時候喝。我想每個熟悉經典紐奧良雞尾酒的人，都會覺得這杯「正中下懷」。——柴克·索倫森

各就各位

杯器......雙層古典杯

冰........無

裝飾......柳橙皮，輕輕擠壓後丟棄

方法......碟型攪拌

配方

2 盎司......野火雞 101 裸麥威士忌

0.75 盎司....公雞美國佬

0.5 盎司....金巴利

0.125 盎司...德梅拉糖糖漿

2 抖振......裴喬氏苦精

草聖，潤杯

照賽澤瑞克的調法，**把雙層古典杯準備好：** 在裡面加一些碎冰，接著用草聖潤杯。把冰倒掉後，聞一聞——這杯酒中的潤杯步驟，應該只是加上一層淡淡的香味，而不是一個會搶了其他風味鋒頭的元素，所以在這個時候，請克制住想加更多的衝動。

你應該能聞到草聖的味道，但不是濃到嗆鼻子、打噴嚏的程度。在攪拌杯中，混合苦精、德梅拉糖糖漿、金巴利、公雞美國佬和裸麥威士忌。加冰到攪拌杯的四分之三滿，**碟型攪拌**。試喝。金巴利的味道是否已經軟化融入裸麥威士忌中，所以兩者間應該沒有互搶風頭的問題？如果不是的話，請再多攪拌一陣子。

濾冰後， 倒進準備好的雙層古典杯。讓柳橙皮油噴附在雞尾酒表面，擠壓時，果皮請拿得相對高一點，因為這些潤杯的味道也是很淡雅的，果皮擠壓後丟棄。若隱若現的柳橙皮油和草聖香氣組合在一起，應該可用極為美好來形容。

德梅拉拉糖糖漿：第 311 頁　✳　潤杯：第 83 頁　✳　碟型攪拌：第 46 頁

威克公園酸酒
THE WICKER PARK SOUR
約 2011 年

有人曾告訴我瑞典蒸餾酒「馬洛」（Malört）的味道，像大垃圾桶底部正在燃燒的 OK 繃。馬洛像是苦艾（Wormwood）地獄，但我很喜歡！使用恰當的話，它能雞尾酒中表現出色。

為了把它從快速摑倒別人的世界，帶到雞尾酒世界來，我用了整整一盎司——一個很合理的分量，來製作這杯奇怪又驚人的調飲。葡萄柚汁和蜂蜜能柔化經典馬洛的尾韻，且有助於稍微減少它的存在感。這杯酒絕對比看起來更容易入口，特別是如果你喜歡苦味的話。

——安卓·麥基

各就各位

杯器.......碟型杯

冰........無

裝飾.......3 滴裴喬氏苦精

方法.......默劇搖盪、碟型搖盪

配方

1 盎司......傑普森馬洛（Jeppson's malört）

1 盎司......塔貝羅義大利皮斯科
　　　　　　　（Tabernero pisco italia）

0.75 盎司....檸檬汁

0.5 盎司....葡萄柚汁

0.25 盎司....簡易糖漿

0.5 盎司....蜂蜜糖漿

1 抖振......安格仕苦精

1 顆.......蛋白

冰鎮碟型杯。在雪克杯的大搖杯中，混合苦精、簡易糖漿、蜂蜜糖漿、檸檬汁、葡萄柚汁、皮斯科和馬洛。把蛋白滑進小搖杯。**默劇搖盪**。試喝，並稍微思考一下，分析馬洛與葡萄柚汁苦味之間的互動。它們很搭，對吧！加 5 顆冰塊，**碟型搖盪**。

雞尾酒**雙重過濾後**，倒進冰過的碟型杯，這邊使用雙重過濾技巧，能確保你不會喝到任何蛋殼碎片或冰晶顆粒（雖然你應該早確認過蛋殼了，所以就只是提醒你，不要跳過此步驟）。用裴喬氏苦精裝飾，應該要讓它舒服地黏在蛋白形成的泡泡床上。

蜂蜜糖漿：第 311 頁 ✱ 簡易糖漿：第 311 頁 ✱ 蛋：第 64 頁 ✱ 蛋白上的苦精：第 79 頁

日行者
DAYWALKER
 約 2019 年

在我當班的時候,常常有人要我調「髒馬丁尼」(Dirty martini),但我真的沒有很愛這款酒,所以我想試著調出一杯不使用橄欖醃汁(反正我們店裡本來就沒有橄欖)的變化版。結果,演變出一杯和我的出發點大不相同的結果。「日行者」有著明顯的葛縷籽、佛手柑、龍膽、金雞納和苦葡萄柚皮的風味,意外地適合在「我今天就是需要這個」的日子,當成工作後小酌的選項。——阿貝·武切科維奇

各就各位

杯器.......碟型杯

冰 ....無

裝飾.......檸檬豬尾巴皮捲

方法.......碟型攪拌

配方

1.5 盎司.....奧爾堡塔夫費爾阿夸維特
　　　　　　(Aalborg taffel akvavit)

0.5 盎司.....義大利庫斯佛手柑利口酒
　　　　　　(Italicus bergamot liqueur)

0.5 盎司.....多林法式純香艾酒

0.5 盎司.....博納爾龍膽奎寧酒

2 抖振 .....葡萄柚苦精

冰鎮碟型杯。測量苦精、博納爾、香艾酒、義大利庫斯和阿夸維特,倒進攪拌杯。試喝,這杯酒中有三種帶甜味的材料,所以請確認在甜調與阿夸維特的濃郁草本香料且偏不甜的調性之間,有著細緻的平衡。加冰塊至攪拌杯的四分之三滿,接著**碟型攪拌**。邊攪拌、邊試喝,在覺得雞尾酒要變太稀之前停止。

濾冰後,倒進冰過的碟型杯。裝飾,當你在雞尾酒上方刨果皮時,豬尾巴皮捲上的皮油會在此時迸放出來,應能為整體飲用體驗帶來許多清新乾淨的柑橘明亮香氣。以 11 點鐘方向將豬尾巴皮捲掛在杯緣,馬上飲用。

疊倒:第 36 頁 ✳ 碟型攪拌:第 46 頁 ✳ 裝飾:第 77 頁

屹耳的安魂曲
EEYORE'S REQUIEM
 約 2009 年

這是一杯典型的暮色時刻調飲，因為它是參考一款標準的母雞尾酒，此處為尼格羅尼，經過再造後，來吸引新的受眾。這杯雞尾酒有 6 種材料，如果再加上原版的複雜度、苦味和質地，最多可達到 11 個重點。這樣不會太複雜嗎？好像有一點，但因為實在太好喝了，所以你在喝的時候，就會像「跳跳虎」一樣跳上跳下。它的風味完整又飽滿嗎？是的，沒錯。我也許應該把它命名為「考爾菲德 [84] 的安魂曲」（Caulfield's Requiem），但如果是這樣的話，就必須用裸麥威士忌來調了。——托比．馬洛尼

各就各位

杯器........碟型杯

冰 ....無

裝飾........柳橙豬尾巴皮捲

方法........碟型攪拌

配方

1.5 盎司.....金巴利

1 盎司......多林法式白香艾酒

0.5 盎司.....金菠蘿琴酒
　　　　　　（或其他「海軍強度」琴酒）

0.25 盎司....吉拿

0.25– 盎司...芙內布蘭卡

1 抖振......安格仕香橙苦精

1 抖振......雷根香橙苦精

冰鎮碟型杯。把苦精、弗內、吉拿、香艾酒、琴酒和金巴利倒入攪拌杯，接著加足量冰塊至杯子的四分之三滿，**碟型攪拌**。在攪拌過程的一開始就試喝，而且是高頻率的試喝（就像我們在芝加哥投票一樣 [85]）。質地應該要愈來愈圓融，但芙內猛攻過來的薄荷醇，又稍微帶來一點刺激。

在攪拌過程中，一旦覺得雞尾酒的豐厚甜度要開始流失時，就立即停止。**濾冰後**，倒進冰過的碟型杯，並加上裝飾。當你拉扯和整理皮捲時，請務必在雞尾酒上方附近操作，這樣柑橘的皮油才會噴附在雞尾酒的表面。接著把皮捲掛在杯緣，並開始享受雞尾酒的各種風味在口中炸開的樂趣。

---

84 譯註：《麥田捕手》裡的主人翁。

85 譯註：原文為 Taste early and often，而有個口號為：Vote Early and Vote Often。

尼格羅尼：第 35 頁 ＊ 疊倒：第 36 頁 ＊ 碟型攪拌：第 46 頁 ＊ 裝飾：第 76 頁

釉亮與浸注
GLAZED & INFUSED
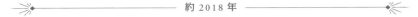
約 2018 年

當芬蘭品牌「科洛」（Kyrö）進駐芝加哥市場時，我用這個品牌的琴酒調了幾杯經典款雞尾酒，也就是馬丁尼、馬丁尼茲和尼格羅尼，來看看琴酒與其他材料之間的互動如何。最後，這杯酒可說是上述三款混搭，在明亮風味與深沉調性之間，達到很棒的平衡。科洛的旗艦款琴酒（之前稱：娜普威〔Napue〕）嚐起來有夏日風情，但經過橡木桶陳釀的版本則有比較多的秋冬風味，這樣的變動性為這杯雞尾酒帶來許多趣味。——麥克斯・貝克曼

各就各位

杯器.......碟型杯

冰 ....無

裝飾.......柳橙圓片，用火燒過

方法.......碟型攪拌

配方

1 盎司......科洛琴酒（娜普威）

0.5 盎司....科洛黑裸麥橡木桶琴酒
　　　　　　（Kyrö dark gin）

0.5 盎司....卡達瑪洛義大利苦酒
　　　　　　（Cardamaro）

0.25 盎司...吉拿

0.75 盎司...多林法式白香艾酒

3 抖振......比特方塊香橙苦精

1 抖振......裴喬氏苦精

冰鎮碟型杯。沿著杯壁，慢慢將裴喬氏和香橙苦精倒入攪拌杯中。倒入香艾酒，疊倒吉拿和卡達瑪洛，避免過量。基於同樣理由，也疊倒兩種琴酒。因為娜普威的酒精濃度有 46.3％，另一支黑裸麥橡木桶琴酒有 42.6％，所以當這個蒸餾酒組合的酒精濃度很高時，我們在酒裡放入等比的低酒精濃度芳香型材料來平衡。

在攪拌杯裡放入足量的冰塊，到達杯子的四分之三滿。**碟型攪拌**。試喝，琴酒、香艾酒和兩種義大利苦酒應該開始好好融合了。再試喝一次，這次確認一下融水量；琴酒多變的特性需要被軟化，而且不著痕跡地融入雞尾酒中。如果還沒感覺到，就繼續攪拌。**濾冰後**，倒進冰過的碟型杯。火燒柳橙圓片，裝飾即完成。

疊倒：第 36 頁 ＊ 碟型攪拌：第 46 頁 ＊ 火燒柳橙圓片：第 75 頁

六角司令
SIX CORNER SLING
 約 2008 年

這杯雞尾酒可做為一個橋梁，讓飲用者從威士忌酸酒引導到賽澤瑞克，或進入威士忌加上香艾酒的世界中嚐鮮。這個酒譜清爽但有層次感，有著可以平衡檸檬汁和威士忌的草本特質。在所有我創作的雞尾酒中，這杯裡各種材料的互動，會讓我大為驚嘆。你心裡大概知道這杯酒的味道，但裡頭卻莫名有種神奇，難以辨別的風味，讓你忍不住再喝一口。

——伊拉・科波羅維茨（Ira Koplowitz）

各就各位

杯器.......可林杯
冰 ....冰片
裝飾.......缺口檸檬皮、缺口柳橙皮
方法.......可林斯搖盪

配方

1.5 盎司....歐豪特純裸麥威士忌
　　　　　（Old overholt straight rye whiskey）
0.75 盎司...美思苦艾酒
0.75 盎司...檸檬汁
0.75 盎司...簡易糖漿
7 滴.......比特方塊玻利維亞苦精
7 滴.......比特方塊香橙苦精
1 盎司......蘇打水，打底
0.125 盎司...祖傳爵納彼
　　　　　（Heirloom génépy），漂浮

在可林杯中裝滿冰片，並倒入蘇打水冰鎮。這杯雞尾酒中，風味間的差異細緻入微，所以量一定要精準！將苦精、簡易糖漿、檸檬汁、美思和裸麥威士忌依序倒入雪克杯中。放入 3 顆冰塊，**可林斯搖盪**。試喝，確定稀釋度已經足夠。

雙重過濾後，倒進準備好的可林杯。加上爵納彼漂浮。裝飾時，一次一個，分別把兩種柑橘果皮的皮油，擠壓噴附在雞尾酒表面，接著把果皮並排插入杯中，把缺口塞進杯緣，讓果皮保持突出杯外。

簡易糖漿：第 311 頁 ＊ 可林斯搖盪：第 46 頁 ＊ 裝飾：第 76 頁

從北風吹起處
FROM THE NORTH WIND BLOWS
 約 2014 年

這杯甜點型雞尾酒的靈感來自杯器。剛開始調酒時，我覺得如果能在鬱金香造型的杯子裡裝滿液體，一定超酷！大部分用這個杯器盛裝的調飲都會加碎冰，但我想做點不一樣的，玩弄一下人們的期望。干邑白蘭地搭配香艾酒搭配，能創造超棒的甜味，把這杯雞尾酒導向「喝的甜點」的概念。雖然它是冰冰的喝，但卻有種窩在火爐邊，小口慢慢喝著大人版熱巧克力的感覺。──史賓賽·拉特利奇（Spencer Rutledge）

各就各位

杯器.......鬱金香杯或颶風杯
冰 ....無
裝飾.......現刨肉豆蔻
方法.......默劇搖盪、可林斯搖盪

配方

2 盎司 ......皮耶費朗 1840 干邑白蘭地
0.75 盎司...義大利教授紅香艾酒（Del professore rosso vermouth）
0.5+ 盎司...德梅拉拉糖糖漿
1 抖振 ......安格仕苦精
1 顆 ....全蛋
4 盎司 ......紅裸麥愛爾啤酒（Red rye ale），打底

冰鎮鬱金香杯，接著倒入啤酒。把蛋投入雪克杯的小搖杯。把苦精、德梅拉糖糖漿、紅香艾酒和干邑白蘭地依序倒進大搖杯。快速**默劇搖盪**幾秒鐘。放入 3 顆冰塊，**可林斯搖盪**，讓搖杯中的所有材料都變得超冰。

試喝：雞尾酒應該偏向濃厚、酒味重的一端，因為之後倒入杯中與紅裸麥愛爾啤酒混合在一起時，還會再度稀釋。**雙重過濾**後，倒進準備好的酒杯，接著盡情地刨一些肉豆蔻在雞尾酒表面，增加令人愉悅的香氣。

德梅拉拉糖糖漿：第 311 頁 ✳ 可林斯搖盪：第 46 頁 ✳ 打底：第 62 頁 ✳ 蛋：第 64 頁 ✳ 肉豆蔻：第 80 頁

銅匕首
COPPER DAGGER

約 2008 年

當我在構思這杯雞尾酒時，我腦中想的是，在酒譜中用義大利苦酒和其他非典型烈酒來當基酒，而不是用威士忌、琴酒或蘭姆酒之類的酒。亞維納義大利苦酒（Averna）是我當時的最愛——現在也還是。它會讓我一直想起可口可樂裡各種美妙的風味，如薰衣草和柑橘。蘭姆酒則能建立一個平衡的基底，而聖杰曼則是把雞尾酒帶到一個真正令人感到好奇的領域。我很喜歡苦精裡的肉桂能充分展現香氣。——伊拉‧科波羅維茨

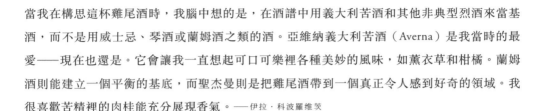

各就各位

杯器.......尼克諾拉雞尾酒杯+側車杯
冰 ....無
裝飾.......7 滴比特方塊黑帶苦精
　　　　　（BIttercube blackstrap bitters）
方法.......默劇搖盪、碟型搖盪

配方

1.75 盎司....亞維納義大利苦酒
0.25 盎司....普雷森 OFTD 蘭姆酒
　　　　　　（Plantation o.f.t.d. rum）
0.75 盎司....檸檬汁
0.25 盎司....聖杰曼接骨木花利口酒
0.75 盎司....簡易糖漿
1 滴 ....比特方塊黑帶苦精
1 顆 ....蛋白

分離蛋白，倒進雪克杯的小搖杯中。在大搖杯側，倒入苦精，疊倒簡易糖漿和聖杰曼，倒進搖杯，接著測量檸檬汁後，也倒進搖杯。最後疊倒義大利苦酒和蘭姆酒，倒入。**默劇搖盪**，接著放入 5 顆冰塊，再**碟型搖盪**。

試喝，看看深沉的蘭姆酒、有底蘊的義大利苦酒與花香聖杰曼並列在一起，是否有點不和諧。這現象是對的。**雙重過濾**後，倒進尼克諾拉雞尾酒杯，接著把搖杯裡剩下的酒液倒入側車杯。加上苦精裝飾，在雞尾酒表面加 4 滴，另外 3 滴加在側車杯裡。

簡易糖漿：第 311 頁 ✳ 蛋：第 64 頁 ✳ 疊倒：第 36 頁 ✳ 漂浮：第 81 頁

PART V

創作過程

全程自創酒譜

人們總說「通識教育學位」是給不知道人生志向的孩子拿的，但我卻把它當成你可以從中學到如何看這個世界的一門教育，不只透過黑白鏡頭，或透過顯微鏡，而是從太空站透過生動的特藝七彩（Technicolor）來觀看。通識教育領域涵蓋的內容相當全面，有各種學科包括：經濟、歷史、政治、哲學、英語、外語、社會、心理學和藝術。透過這門教育，你能以**批判性思考來學習許多不同的學科**，而不是只專精於某一科。唯有這樣，你才能看到所有事物中的關聯性。

如今，你知道我們在暮色時刻訓練調酒師的方式很相似。在本書的其他篇章，我曾提過「格式塔理論」（Gestalt，或譯為「完形」）的概念——一件事物是由許多部分組成，但這個整體又不同於或大於個別的總和。通常會用數學算式 1 + 1 = 3 來表示。格式塔是我們在暮色時刻建構各種規劃時的心臟與靈魂。

格式塔作用於雞尾酒本身，以及有多少材料構成一杯雞尾酒，沒錯，但到現在，你應該了解這也和你如何創作和組合雞尾酒有關。背景故事、意圖、你建構複雜度的方式，以及你使用的比例和方法，都會把那些成分從互不相同的個體轉變成一體。對於調酒時的工具，只要連**螞蟻大的事**你都知道，注意材料如何混合，以及它們之間如何互相影響。

這些都是顯而易見的事，就像酒精純度 80 的蘭姆酒和酒精純度 151 的蘭姆酒，會給出兩杯不一樣的黛綺莉，因為你會因此調整配方或搖盪久一點。要尋找萊姆汁中的糖以及金巴利中的柑橘元素，這樣你才能調整其他材料，讓整體達到平衡。

你需要知道對比性和和諧，以及如何變動與搖擺，和在電光石火下**調整**，以創造出一杯美妙的雞尾酒。現在到了你單憑直覺就能做出決策的時候了。你會因為雪克杯中加入「原桶強度」[86] 的威士忌，而多丟一顆冰塊進去，或在拿起苦精的瓶子的瞬間，就馬上知道瓶中沒剩多少，根本不夠酒譜所需的 3 抖振。

要達到這種境界，需要經過成千上萬個小時的練習與飲料調製。這也是為什麼調酒這麼有趣的原因。所有組成環環相扣：這就是調酒工作與混製飲料的創作過程。

而且別忘了，創作過程不只是你待在酒吧裡的時間、未經太多思考就做出「莊家選擇」，或大家一起集思廣益，研討酒單上的雞尾酒而已。你需要隨時繃緊那些「創作肌肉」、持續閱讀和寫作、討論文學，以及上週吃過的塔可餅餐車。創意力是從分析事情為何對你管用（或不管用）而來。

當一個脾氣乖戾或自以為是的人，不等於「批判性思考」；**充滿熱忱地**跟朋友說明 Espadin 品種龍舌蘭草釀成的梅茲卡爾，好讓他們大吃一驚的做法，才比較酷！

把所有風味、顏色和質地放在一起是我們的工作，和畫家與雕塑家的工作其實沒太大差別。所以你需要親身體驗，吸乾骨髓、肥肝和果凍酒（Jell-O shots）。

本著這一切的精神，我們要用幾個大框架來總結這本書。首先，透過審視我們在酒吧集思廣義和研討的過程，用更簡化的範例來說明如何開始創作飲料。接著我們會細看店裡最有名的雞尾酒之一——茱麗葉與羅密歐，來看看書中的每一個課程如何與單一酒譜融合。

---

86 譯註：Cask-strength，意指沒經過加水稀釋，就直接裝瓶的酒，因此其酒精濃度會較高。

草擬和潤飾酒譜

如果你沒有經過數十個小時的練習，就想建立原創雞尾酒，會感覺好像把一顆巨石往山坡上推，或在夏天暴雨過後，在馬糞堆中跋涉一樣。

第一次拿紙筆出來書寫，希望所有充滿創意的內容會突然跑出來是一件很難的事。許多調酒師要開始寫酒譜時，大多都是盯著筆記本的白紙發呆，想著到底要從哪裡開始。

希望我們在前幾章論述的課程，已經不再讓你害怕下筆，但在本書最後部分，還有件事值得一提，那就是沒有作家一開始就拿普立茲獎的！從搖盪第一杯「黛綺莉」到創作出新版的「老古巴人」，還需要許多練習。愛迪生也不是某天起床就發明出燈泡的！為了達到目的，他做過許多努力，借取別人的想法，重新調整成自己的，而你在練習製作與創作雞尾酒時，也要像他這樣。

會有許多、許多杯的糟糕液體，本來帶著很好的想法組合，但最後因未達到你預期的效果，而結束在廚房水槽深處，那都是自然且正常的。不要苛責自己！憑自己的力量振作起來，把那杯最糟糕的混合物拋在腦後，走出陰霾，並把目光放在下次能夠改進之處。

我們在本書中能教你的有限，但最後，我們試著再推你一把，讓你多靠近成功一點點。我們要給你幾個指引、準則和小提點，讓我們再往前衝一次吧！

把想法寫下來

首先，我們開始從人／事／時／地／原因、你心中想要的風格、這杯酒端上桌時的模樣，以及你覺得雞尾酒如何開枝散葉算合理等。用鉛筆寫下你對下列問題的答案，這樣在你之後需要時，就可以翻一翻這些想法和量值。

你的靈感是什麼？

你的意圖為何？受眾是誰？起因和情境為何？

要用什麼基底材料？

什麼材料要站在基底材料旁邊陪襯？

這杯調飲是搖盪型還是攪拌型（例如：裡面有沒有柑橘，還是只有酒？）

是加冰搖盪，濾冰後倒出，還是倒在冰塊上端上桌？

你要使用哪一個母雞尾酒範本？

你會施展什麼芳香型魔法，把所有材料兜攏在一起？

草擬配方

現在，開始使用我們給調酒師的酒譜格式，來具體填寫你的配方。請再次借重 2 號鉛筆的力量，這樣你才能在直覺引領你朝向能達到正確平衡、複雜度和令人著迷的量值時，可隨時擦掉和重寫配方。

雞尾酒名稱

名字的由來，以及雞尾酒的靈感來源

日期

各就各位

杯器類型：

冰的類型：

裝飾類型：

配方

盎司
主要烈酒

盎司
輔助烈酒

盎司
加烈葡萄酒／義大利苦酒／利口酒

盎司
果汁（檸檬或萊姆）

盎司
延長風味用果汁（葡萄柚、鳳梨）酒

盎司
風味糖漿

盎司
簡易糖漿／德梅拉拉糖糖漿

抖振
苦精（若使用）

水果、香草

蛋（蛋黃、蛋白、全蛋）

潤杯：
利口酒

打底：
蘇打水／香檳／啤酒

漂浮：
利口酒或苦精

花邊：
糖漿或利口酒

方法：
攪拌／搖盪／滾動／直調

簡述做法：

實作研討會

草擬完酒譜後，就要開始實作這杯酒，讓它從粗略的草稿變成最終手稿。在酒吧裡，我們會把這當成員工作業，這樣每個人都能參與決定哪些酒可以登上酒單。這整個過程累積了有點嚇人的時長，我曾大略計算過一次，結果很驚人。

因為我們每年會推出四套酒單，所以調酒師幾乎一直在發想提交的新作品、調整正在進行中的酒款，或參加酒單定案試飲會，來準備他們的最後定案雞尾酒筆記。雖然這份酒單只會供應短短三個月，但背後要做的事真的**非常多**。

流程如下：調酒師先打磨自己的作品，然後提交到第一次實作研討會，在那裡每一杯飲料都是依創作者的想法呈現。

在這些會議中，雞尾酒的創作者會簡單說明名稱背後的意涵（靈感）、調飲的風格、想要表達的主題，以及雞尾酒的受眾類型（意圖）。接著每個人會試喝。看到自己的作品突然要被味覺靈敏的殺手評比時，當然會有些緊張不安。我們堅持只給有建設性的批評，但即使是有人做了不引人注意的微微歪頭動作，那其中的含義就會複雜許多。

我們會一起討論平衡、質地、稀釋和香氣。接著把雞尾酒靜置一下子，繼續試喝其他飲品，5 分鐘後回來看看這杯酒是否依舊保持美好的風味（這就是敘事弧）。

有些雞尾酒進到這個研討空間時，就相當到位了，我們很樂於看到這種情況發生。但大部分的時候，我們都需要在會議中加以修改。要組合一套雅緻時髦的服裝、做一道菜或創造一杯雞尾酒時，我始終相信「少即是多」的道理，因此我們發現，要修正大部分調飲的方法就是拿掉某樣東西，而不是添加更多元素。造成問題的罪魁禍首往往非常顯眼，與周圍格格不入。

最後我們會得到 25 ～ 30 杯都很棒、都值得放在新酒單上的雞尾酒。但我們只有 20 個空格可以填，所以我們來到了「殺死所愛」（Kill Your Darlings）回合，帶著報紙編輯在截稿前的激情，大力刪減。

看著那些你投入許多心力的成果，某些好喝又正當的作品，因為非本身的過錯而被刪掉，實在令人心痛。所以會聽到許多「F**K，這杯真的很威，下一季一定還要提報上來……」之類的話。

在過程的最後，我們會把所有雞尾酒排成一列，看看是否有太多同樣是倒在大冰塊上呈現的，或是有太多加碎冰、用高身杯盛裝的，是不是每一杯都是粉紅色或橘色，或者是不是

每一杯都以薄荷當裝飾等。

我們會稍稍做些小調整，確保每一杯即使放在托盤上快速取走，還是可辨別出來。有時我們必須重製一杯雞尾酒，讓它能用另一種酒杯盛裝，這表示需要不一樣的冰或需要加蘇打水，因此配方也需要跟著調整。這只是「第一階段」。

過了幾天，所有的員工（常常還會有同屬一次性款待集團的其他酒吧和餐廳員工）會集合，一起試喝整份酒單上的 20 款雞尾酒，這樣我們可以單獨審視每一杯酒，也可以討論整個酒單的脈絡。每位調酒師都會再次完整地呈現作品（包含背後的故事），接著我們會討論如何描述這杯酒、賣點在哪裡，以及在這杯酒的之前與之後，會有什麼樣的酒款建議。

因為我們的員工常碰到客人問：「我接下來該嘗試什麼？」所以他們必須找出能貫穿前後兩、三、四杯的脈絡，並有辦法解釋這些雞尾酒之間的關係為何，以及為什麼要照特定的順序飲用。這就是為什麼我們在這一回合，一口氣把全部酒款拿出來討論的原因。

你聽過這句話嗎：如果想知道一件事的真相，就去問小孩。依我看來，如果你需要一個不加掩飾的意見，就問一名常常和一大群朋友白天來喝免費酒的餐旅業員工。大概七杯雞尾酒下肚後，有些事情就會開始走鐘，接著我不得不用「教育班長」的聲音，來處理這些難搞的情況。

到了第 20 杯，我喉嚨已經乾掉了，聲音也啞了。但到那個時候，我就知道搖盪型第三格那杯輕鬆活潑的琴酒雞尾酒，和攪拌型第九格的棕色帶苦味雞尾酒有很多共同點，以及整張酒單的氛圍如何。

這個過程對於暮色時刻的員工來說非常重要，因為它讓每個人都參與其中。甚至是管門口的人和服務生。我們透過幾十個品味非常不同的人，從他們的眼中和味蕾，來審視個別雞尾酒以及整份酒單。

有些人已經在酒吧工作超過十年，有些人則是第一次參加試喝會議。這就是我們如何建立一份種類繁多，同時包含平易近人與大膽冒險風格的雞尾酒酒單。

對居家調酒者而言，這個過程很難做到，但你應該試著把你的雞尾酒創作，交給願意給

我最喜歡的暮色時刻傳統，是大家一起試喝新酒單的過程——可以同時和所有才華洋溢、可愛的同事聚在一個房間裡，了解每個人的怪僻、取向與偏好，在喝著每個人在每一季的創作時，沉浸在雞尾酒的訓練中。

暮色時刻 前調酒師
——羅薩莉亞・卡斯提洛
（2014～2019）

予鼓勵、讚揚，也願意誠實以對的朋友。他們的誠實反饋會幫助你進步。

最棒的是，你永遠不會停止學習和追求創作更好的雞尾酒，不會有哪一天突然說：「好吧，我已經夠好了，我畢業了。」每一天、每一月和每一年，你都能變得更好，不過還好，人永遠不完美，這也讓一切變得值得。

對於那些獨自在家裡調酒，沒有「戰俘」可以試喝其創作的人：別擔心！把酒調好，然後問自己幾個問題來判斷哪些地方可能需要調整。

這杯酒的平衡如何？太甜？太酸？剛剛好？

————

質地呢？如果太稀，可多加一點點甜味劑，讓它回到正軌。

————

這杯酒的風格與個性適合你選用的酒杯與冰塊嗎？

————

雞尾酒中的複雜度夠嗎？或它是否能從呼應、相得益彰或並列中加分呢？

————

會不會太複雜？從酒譜中拿掉一樣材料，再試一次看看。

————

敘事弧是否依照令人愉悅的方式演變，還是需要調整？

————

試著找到其他人試喝，並問問他們同樣的問題！
依照我們在暮色時刻實作研討會上的做法，來呈現你的作品。

————

別忘了雞尾酒的最後潤飾。
如果飲用者是右撇子，柑橘裝飾和鳳梨葉要放在 11 點鐘方向，
如果是左撇子，就插在 1 點鐘方向。
薄荷和吸管則擺在 6 點鐘方向。

最終章
案例研究

茱麗葉與羅密歐
JULIET & ROMEO

約 2007 年

這是杯能讓人卸下武裝的簡單雞尾酒，沒有什麼太花費心思的比例，但還是具有驚人的複雜度。雞尾酒粉絲們，一想到帶有玫瑰花香的安格仕苦精碰上黃瓜＋鹽的組合，很容易就興奮不已。無論喝的人是誰，這杯酒總是能夠激起一個暫停、一個歪頭和一個微笑。因為這些原因，「茱麗葉」從進入酒單以來，就一直是最暢銷的酒款之一。——托比・馬洛尼

各就各位	配方
杯器.......碟型杯	2 盎司 ......英人牌琴酒
冰 ....無	0.75 盎司 ...萊姆汁
裝飾.......薄荷葉、1 滴玫瑰水、	0.75 盎司 ...簡易糖漿
3 滴安格仕苦精	5 滴 ....安格仕苦精
方法.......碟型搖盪	5 滴 ....玫瑰水
	2 枝 ....帶葉薄荷嫩枝
	3 片 ....黃瓜片，搗碎
	1 小撮 .....鹽

冰鎮碟型杯。在 3 片黃瓜片上蘸非常薄的一層鹽，或是撒上些許的鹽。把黃瓜片丟進搖杯，**搗碎**。取帶葉薄荷嫩枝，把它們小心地塞進搗碎的黃瓜裡，讓兩者一起發揮效用。

倒入安格仕苦精和玫瑰水。玫瑰水因為很搶味，所以量要精準。用量酒器量出簡易糖漿、萊姆汁和琴酒後，也倒進搖杯。取出冰好的碟型杯（如果你的碟型杯容量不到 5 盎司的話，另外要準備冰過的側車杯），將它放在飲用者伸手也拿不到的地方。

加 5 顆冰塊入搖杯，**碟型搖盪**。黃瓜和薄荷像是冰塊的緩衝墊，所以搖盪的時間要比平常搖盪一杯沒有「垃圾」[87] 在裡頭的雞尾酒再久一點。鹽的量剛好能讓黃瓜風味顯現出來就好；這不是一杯帶有鹹味的雞尾酒。

除非你喜歡有些薄荷渣渣在你的雞尾酒裡胡鬧，否則把雞尾酒**雙重過濾後**倒進碟型杯（搖杯中剩下的酒液倒進側車杯）。挑一片形狀看起來適合出海的薄荷葉，輕輕地丟在雞尾酒表面，讓它漂浮。

放 1 滴玫瑰水在「薄荷小船」上，就像是有人坐在某個座位上。用安格仕苦精的滴瓶，快速滴 3 滴苦精到雞尾酒表面，且要靠近薄荷葉，這樣才能讓雞尾酒有許多層次的複雜香氣。

---

87 留在杯子或搖杯底部的水果碎/香草/冰。

簡易糖漿：第 311 頁 ＊ 碟型搖盪：第 45 頁 ＊ 裝飾：第 78 頁

茱麗葉與羅密歐
現實生活中的課程

靈感： 這是一杯「南方」，但是一杯升級版。或可以說是一杯加了玫瑰花水、安格仕苦精和鹽的「老姑婆」（Old Maid）。這杯酒中的風味注定要讓你想起英式花園裡的奇觀。

意圖： 我為了那些說自己討厭琴酒的人，創造這杯雞尾酒。我們剛營業暮色時刻時，抱持這樣看法的人竟然嚇人地多。調這杯酒的關鍵是把注意力從琴酒本身移開，用熟悉的風味，如黃瓜和玫瑰來覆蓋琴酒的藥草特質。來自四面八方的伏特加愛好者，喝一口就會變心了。

寬慰： 對於想要探索琴酒雞尾酒優點的人，這杯雞尾酒是入門款，它很好親近，就像夏日微風一樣隨和。它用淡淡的玫瑰味和一股香料的泥土味向你招手，酒中各部分所形成的張力，就如同讓青少年觸動心弦的感情。

好奇心： 這杯雞尾酒中讓人感到意外的元素是「鹽」，它偷偷躲在許多明顯的風味後面，使黃瓜和萊姆的風味更突出，彷彿越過私人花園的圍牆，進入鮮美的仙境。

平衡： 加鹽會減少安格仕的苦味，並讓黃瓜的味道膨脹到像個過大的氣球。這杯飲料最棘手的部分是掌控正確的鹽量：不能讓酒變鹹；它應該是剛剛好能提出黃瓜鮮味的量。如果你是第一次調這杯酒，一開始加鹽時，請非常節制，因為搖盪後覺得不夠的話，還可以再加。

溫度： 你必須非常用心，才能達到這杯酒需要的冰鎮度與融水量，因為卡在雪克杯底部的黃瓜會吸收掉相當程度的冷度。你有幾個選項：搖盪時多加幾顆冰塊、加 1 盎司冷水到雪克杯中，或單純比平常的碟型搖盪，搖得更久、更大力。

質地： 這杯雞尾酒在嘴中的口感，應該比傳統搖盪型酸酒更有分量，因為黃瓜的瓜果肉強化了烈酒、糖和柑橘形成的質地。雞尾酒在口腔裡開心流竄的感覺，應該會讓你覺得很健康。

香氣：當一杯雞尾酒中同時有三種裝飾元素在線時，香氣的潛力就會衝上雲霄。在這杯酒中，我們讓玫瑰花的花香遇到安格仕的溫暖肉豆蔻和肉桂香氣，再加上薄荷嵌入其中，帶出深深的草本調性。

呼應：琴酒是一個很好呼應的材料，因為根據蒸餾酒的藥草檔案，裡頭可能有 10、20、30 種不同的香草、香料、果皮和其他藥草材料可以讓我們有所依據。在這杯雞尾酒中，萊姆汁能引出琴酒的柑橘元素。如果你有一支琴酒使用比別支琴酒多的檸檬與柳橙皮所蒸餾而成，這項從萊姆汁帶出的特質就會更加明顯。

相得益彰：黃瓜和薄荷是很棒的組合，如果你不相信我說的，就看看「希臘黃瓜優格醬」（Tzatziki）[88] 吧！琴酒和安格仕苦精也是很著名的搭配，如同我們先前在美味的粉紅琴酒（Pink Gin；真的就只有琴酒和安格仕苦精）中看到的一樣。

並列：安格仕苦精和玫瑰花水幾乎可說是兩種相反的元素。超凡縹緲的花香會被苦精中深沉的乾燥香料風味，如丁香、肉豆蔻和肉桂味而調和。事實上，這杯酒中的所有元素幾乎都和安格仕苦精並列，所以才能創造出如此驚人的效果。單一的對比！多即是少！真是妙招。

敘事弧：這是一杯不斷付出的雞尾酒。它的確呈現出不屈不撓的心境。因此，我會把它形容成：「我願意付出的心意如同海一樣寬廣無垠，我的情意也如同海一樣深；給你的愈多，我擁有的也愈多，因為兩者都是無窮無盡的。」（My bounty is as boundless as the sea, / My love as deep; the more I give to thee, / The more I have, for both are infinite；威廉 · 莎士比亞《羅密歐與茱麗葉》第二幕、第二景）。

你付出愈多關注，就能從它身上得到愈多。在嗅覺上，它聞起來有甜甜的花香，不過花名不重要。它一開始很酷、不魯莽，而中段風味複雜，但卻不過度煩亂或痛苦糾結。

隨著雞尾酒靜置，薄荷和祕方讓它活潑了起來。最後一口是件悲傷之事，如同故事的悲劇結局。「從來沒有一個故事像茱麗葉和羅密歐這樣，滿是悲傷。」（For never was a story of more woe, / Than this of Juliet and her Romeo.）

---

88 譯註：原料有黃瓜、薄荷、優格、大蒜、橄欖油和檸檬汁等。

⟫ 自製材料 ⟪

在酒吧，我們會超大量製作糖漿、風味糖漿和其他特色材料，這麼做單純就是為了滿足營業時所需。在這本書中，我們縮減了食譜的分量，因為大部分的家庭都不會一次需要 22 公升的簡易糖漿，或 8 公升的薑味糖漿。我們也納入一些無論製作分量多寡都管用的小提點，以及一些更具體的情報，若在特殊情況下，增加食譜分量時，但香料或其他無法單純倍增之材料時，該如何處理。

在開始之前，請先把所有工具一字排開：也就是測量用的磅秤、過濾用的圓錐形細目網篩、需用力過濾食材時（如製作杏仁糖漿時要過濾杏仁糊）會使用的超級濾袋、香料研磨器——**不要拿你用來磨咖啡豆那一個**，否則會交叉汙染風味、一隻防水的烹飪用溫度計、各種大小的食品儲存容器、梅森罐和小瓶子，或其他有密實蓋子，可以讓你把容器蓋起來大力搖晃的容器，另外還需要一台果汁機（如果有 Vitamix，就拿出來用吧）！

在製作我們的糖漿時，絕多數都不需要加熱，主要是因為純的糖、生薑和香料的味道都是非常清新又純粹的，所以我們想保留這個特性。我喜歡把糖漿放入果汁機攪打大約一分鐘，因為這樣可以讓所有食材融合得快一點、容易一些。

即便是 2：1 的糖漿，經過攪打後也不會分層。如果你跳過果汁機攪打的步驟，就要把所有糖漿搖勻，而且要持續搖到最後一顆糖粒都溶解，否則舌頭會感覺到不討喜的微小顆粒。

若要測試，可滴一、兩滴你正在製作的糖漿到未塗抹任何東西的食指上，然後用拇指繞圈摩擦液體，感覺是否有糖粒。**如果有任何顆粒**，就繼續搖、繼續攪拌、用果汁機打、用打蛋器攪拌，直到所有糖完全溶解。糖漿應該要很光滑才對。

至於煮過的糖漿，請儘早提前製作，這樣才有時間在使用前冷卻。並請把做好的糖漿放冰箱冷藏！一定要冷藏保存！糖可充當防腐劑，所以糖漿裡的含糖量愈高，代表保存期限愈長——普遍認為 1：1 的冷藏大約可保存 1 個月，2：1 則可存放長達 6 個月。

時間和溫度**並不是**你的朋友。如果糖漿開始變混濁，或出現發霉的跡象，就請丟掉糖漿。若想延長糖漿的期限，可加一點點烈酒進行保鮮處理。但要清楚加入的酒精的風味。最後，試著可用套上快速酒嘴（Speed pourer）的容器來盛裝糖漿，這樣你需要倒多杯雞尾酒時，會比較輕鬆。

---------- 簡易糖漿 ----------

分別量出 1 杯糖和 1 杯水（也就是分開用兩個量杯測量），以確保比例正確。如果你不使用果汁機，就把水倒進食品儲存容器，然後再倒糖（不要把水倒進糖中，否則糖會結塊，凝結在容器底部，這樣就需要多花 10 倍的時間才能調勻）。

把容器的蓋子緊緊蓋上，接著大力搖勻。測試一下質地，應該要感覺絲滑有光澤。如果沒有，就繼續搖、繼續測試，重複這些步驟直到液體完全沒有顆粒為止。**分量：約 1 杯**

---------- 德梅拉拉糖糖漿 ----------

在小鍋中，倒進 ½ 杯水，用非常、非常小的火加熱。水一旦變熱，但尚未滾沸時（你會知道時間點，因為會開始有一點蒸氣），就加入 1 杯德梅拉拉糖。關火，用打蛋器攪拌到糖完全溶解。

因為水還是熱的，所以請加蓋，避免水氣蒸發（也可以用果汁機加上常溫水來製作這個糖漿。只是一定要記住：乾料倒進液體中）。用漏斗把糖漿裝瓶，加蓋並放涼。小提點：這個糖漿有替代品，可用暮色時刻外販售的 TVH+ Batch No. 1 糖漿取代（你可直接跟我們購買）。**分量：約 1 杯**

---------- 蜂蜜糖漿 ----------

蜂蜜天生質地就驚人地濃稠，所以我們會用溫水稀釋它，讓它變成是可以輕鬆流過快速酒嘴的黏稠度。我們用的比例是溫水：蜂蜜 = 1：3。若要做出總量 1 杯的蜂蜜糖漿，請將 ¾ 杯的蜂蜜和 ¼ 杯的水搖勻。**分量：約 1 杯**

居家小提點：必要時，你可以直接把蜂蜜從塑膠小熊瓶擠到酒吧勺上，再倒進飲料中——只是無論酒譜需要的量多寡，都要「瘦倒」，以確保你不會加入過多甜味劑。你可能還需要先**默劇搖盪**或**攪拌**雞尾酒，讓綿密濃稠的蜂蜜先溶解在飲料中，接著再冰鎮，這也許需要多費一點力。從長遠看，如果你時常調酒，一次溶解多一點的蜂蜜，可能比較簡單。

---------- 紅石榴糖漿 ----------

將 1 杯無糖石榴汁倒進醬汁鍋，放到爐子上。再量出 1 杯石榴汁，置於一旁備用。剝一顆柳橙，把果皮放入裝有石榴汁的醬汁鍋，用非常小的火加熱到鍋中液體量剩下一半（約 ½ 杯）。取出柳橙皮。

把先前備好的 1 杯石榴汁倒入醬汁鍋。測量一下鍋中液體量，現在應該有 1½ 杯。加入等量的糖，以及各 5 抖振的安格仕苦精和裴喬氏苦精。攪拌到糖完全溶解。**不能有顆粒！**小提點：如果你有辦法取得石榴糖蜜（Pomegranate molasses），可以用它來取代此食譜中，加熱濃縮的石榴汁。**分量：約 2¼ 杯**

莓果糖漿

我們製作莓果糖漿的基礎食譜如下：在梅森罐或容量 1 夸脫的食品儲存容器中，倒入量好的 1 杯糖和莓果（在酒吧，我們一定用新鮮的莓果，但在家裡，你可以使用冷凍莓果，但要確定已經百分百解凍，而不是剛從微波爐快速解凍取出，還是熱的狀態）。

稍微搗碎莓果，接著倒入苦精，靜置約 15 分鐘，時間要夠，才能讓苦精滲透到莓果和糖的混合物中。接著倒入 1 杯水，加蓋，搖到糖溶解。用細目網篩過濾，需要用湯匙或攪棒出點力壓一下網篩上的莓果，盡量壓出果肉中的液體。有些果肉可能會穿過網目流進糖漿裡，這是好事，因為它能讓糖漿有圓融豐厚的質地。分量：約 1 杯

黑莓糖漿：10 ～ 15 顆黑莓和 5 抖振安格仕苦精

草莓糖漿：5 ～ 7 顆草莓、2 抖振安格仕苦精和 3 抖振裴喬氏苦精

覆盆莓糖漿：12 ～ 15 顆覆盆莓和 5 抖振裴喬氏苦精

肉桂糖漿

遵照第 311 頁的解說，用 1 杯糖與 1 杯水先製作簡易糖漿，做好後置於一旁備用。把 23 克的肉桂皮拍裂，不需要裂得很均勻，只要稍微裂開成之後能用網篩濾掉的小塊即可。

把肉桂放進平底煎鍋，用中小火烘，溫度夠讓肉桂釋出精油即可，不要燒焦。當你開始聞到烘肉桂傳來縷縷香氣時（不是大冒煙，那表示過熱了！）即關火，把肉桂放入糖漿。

靜置入味 15 ～ 20 分鐘，每隔幾分鐘就確認一下味道。當液體開始稍微變色，且風味嚐起來飽和時，就表示你做對了。這時，你能夠輕易掰開的肉桂，糖漿也能快速浸透肉桂，所以隨時注意，不要浸過頭了。

15 ～ 20 分鐘後（如果你覺得味道夠濃了，可縮短時間），過濾並丟棄肉桂皮。如果你太早取出肉桂，導致覺得糖漿味道有些薄弱，可以多加一些肉桂，再浸泡一次。分量：約 1 杯

薑味糖漿

榨出 1 杯量的薑汁，接著倒進果汁機、容量 1 夸脫的食品儲存容器，或有蓋子的梅森罐中。加入 ½ 杯糖，攪打（或搖盪）均勻。再倒入 ½ 杯糖，繼續攪打（或搖盪），直到糖漿變成光滑濃稠，沒有半點顆粒感（我們分兩階段加糖，因為這樣比較好融合）。薑味糖漿放冰箱保存的話，可以長時間使用，但過了幾週後，強度（辛辣度）就會減弱，反而是花香味比較濃，所以在規劃雞尾酒酒譜時，請記住這一點。分量：約 1 杯

香料商人糖漿（Spice trader syrup）

這是一個好方法，可以使用任何你喜歡的香料。一開始，請遵照第 311 頁的解說，用 2 杯糖和 1 杯水製作德梅拉拉糖糖漿；做好後置於一旁備用。用量酒器量出 1 盎司的小荳蔻豆莢，拍裂（我個人喜歡用綠荳蔻）。接著同樣用量酒器量出 1 盎司壓碎（非磨成粉）的肉豆蔻乾皮（Mace）。香料不需要裂得很均勻，只要稍微裂開之後，能用網篩濾掉的小塊即可。

把香料放進量酒器 1 盎司那側，再倒進平底煎鍋，用中小火烘，溫度夠讓香料釋出精油即可，不要燒焦。當你開始聞到香料傳來的縷縷香氣後，即關火，把香料倒入糖漿。加 2 吋（約 5 公分）長的香草莢，靜置入味 15 ～ 20 分鐘，每隔幾分鐘就確認一下味道。

當液體開始稍微變色，而且風味嚐起來飽和時，就表示你做對了。你能夠輕易掰開的食材，糖漿也很快浸透食材，所以不要靜置過久。15 ～ 20 分鐘後，過濾掉所有渣滓。如果你太早取出香料，導致覺得糖漿味道有些薄弱，可以多烘一些香料，再浸泡一次。**分量：約 1 杯**

伯爵茶糖漿

把 1 杯水加熱到最適合泡紅茶的溫度（88°C ～ 98°C）。將 2 個最合你口味的伯爵茶茶包放入水中，浸泡大約 5 分鐘。取出茶包，丟掉。把 1 杯糖倒入泡好的茶中，搖盪或攪拌到糖完全溶解。放涼後再使用。**分量：約 1 杯**

薄荷綠茶糖漿

把 1 杯水煮滾後，放涼至大約 82°C（對於手邊沒有溫度計的人，這個過程可能需要幾分鐘）。把水倒進食品儲存容器或梅森罐，加入 1 杯糖，攪拌至糖完全溶解。放入 2 個綠茶茶包，以及 5 枝帶葉薄荷嫩枝。加蓋，放入冰箱冷藏 20 分鐘。時間到後取出，用細目網篩過濾，避免有任何茶葉渣或薄荷葉掉入糖漿。再把糖漿放回冰箱，等完全冷卻後再使用。**分量：約 1 杯**

木槿糖漿

把 1 杯水煮沸後，放涼至大約 82°C（這個過程可能需要幾分鐘）。把水倒進食品儲存容器或梅森罐中，加入 1 杯糖，攪拌至糖完全溶解。用量酒器量出 1 盎司壓碎的木槿，放入糖水中，蓋上蓋子，靜置 5 分鐘，中間偶爾攪拌一下。

時間到後，用細目網篩過濾。如果不在家自行製作，有個替代方案——可以訂購我們的「香料紅石榴＆木槿糖漿」（Spiced Pomegranate & Hibiscus Syrup）來代替木槿糖漿。但這個市售暮色時刻的糖漿稍微甜一點，所以如果你要用它來取代木槿糖漿調酒，記得量要少 ¼ 盎司左右。**分量：約 1 杯**

鼠尾草糖漿

在醬汁鍋中，混合 ¼ 杯新鮮鼠尾草葉，或 ⅛ 杯乾燥鼠尾草（絕對、絕對不要用鼠尾草粉）和 1 杯水。用小火加熱到約 88°C，然後加蓋燜 5 分鐘。倒入 1 杯糖，並攪拌到糖完全溶解。用細目網篩過濾鍋中物，把糖漿放入冰箱冷藏到完全涼透再使用。**分量：約 1 杯**

柳橙果醬糖漿

混合 4 盎司柳橙果醬和 4 盎司簡易糖漿。加 5 抖振雷根香橙苦精和 2 抖振安格仕香橙苦精（可省略）。把所有液體搖勻後，用細目網篩濾出。**分量；1 杯**

西芹油糖糖漿

把 200 克西芹末和 190 克糖，以及微量的鹽放入夾鏈袋中混合均勻，並擠出所有空氣。靜置於室溫下，大約一個小時就檢查一次味道，直到有非常鮮明的西芹風味。不要放置超過 12 小時。把西芹倒在細目網篩上，稍微施力壓一下（可徒手或使用湯匙），把裡頭最後幾滴汁水都榨出來。**分量：1 杯**

法勒南

在容量 8 ～ 10 盎司的容器中，混合 2 盎司「漢彌爾頓 151 高度數蘭姆酒」（Ed Hamilton 151 overproof rum）、2 盎司「雷根姪子白蘭姆酒」（Wray & Nephew overproof white rum）和 2 盎司「史密斯克斯牙買加蘭姆酒」。

加入 2 盎司薑味糖漿（見 P.312）、5 抖振安格仕糖漿、3 抖振裴喬氏糖漿和 3 盎司比特方塊香橙苦精。如果你手邊有聖伊莉莎白多香果利口酒，也可以加 ½ 盎司。刨出 3 顆萊姆的皮屑，混合進酒中。在室溫下靜置 15 分鐘。用圓錐形濾網過濾到瓶子或附蓋容器裡。測量容量後，加入等量的紅糖。加蓋，搖盪到糖完全溶解。**分量：約 1 杯**

杏仁糖漿

把 33 克的杏仁攤在有邊緣的烤盤上，用 200°C 烤 25 分鐘，中間每隔 5 分鐘就取出搖晃一下烤盤，避免堅果烤焦。把烤好的杏仁壓碎，有兩種方法：直接把杏仁丟進雪克杯，然後搗碎，或放在砧板上，用平底煎鍋底部敲碎。把 1 杯水倒進中型碗裡，加入 2 杯糖和杏仁碎片，讓混合物靜置一晚。把混合物倒入超級濾袋或細目網篩過濾。測量濾出的液體量，接著每杯液體加 13 滴橙花水。**分量：約 1 杯**

惡魔果汁

混合 ¼ 杯是拉差辣醬與 ¼ 杯墨西哥「嬌露辣」辣醬（Cholula），或你喜歡的辣椒醬（最好是來自墨西哥，如塔帕迪歐〔Tapatío〕和嬌露辣。不要用醋味很重的，如塔巴斯科、德克薩斯彼得〔Texas Pete〕或路易西安那〔Louisiana〕，因為會帶來太多酸味）。加 2 大匙（或用量酒器量出 1 盎司）伍斯特醬（Worcestershire），試試味道，視需要最多再加 1 抖振。**分量：約 ½ 杯**

海岸預調

在果汁機中，混合 2 杯琴酒（我們喜歡用英人牌或其他強勁的倫敦辛口琴酒），1 杯金巴利和 ½ 杯瑪拉斯奇諾櫻桃利口酒。再加入 1 盎司香橙苦精和 1 杯切碎的鳳梨。接著把食材打成泥，放入冰箱靜置一晚，期間取出攪拌 2 ～ 3 次，以確定所有鳳梨都均勻浸在酒中。用細目網篩過濾，確保沒有任何不受歡迎的果肉成為漏網之魚。壓一壓濾網上的固體，盡量榨出裡頭的汁，最後裝瓶即完成。應該可保存約 1 個月。**分量：約 4 杯**

草莓鳳梨果醋糖漿

把 ¼ 杯草莓切大塊、¼ 杯鳳梨塊改切成約樂高積木的大小。把兩種水果倒入醬汁鍋，加 1 杯簡易糖漿。用小火煮約 15 分鐘，中間偶爾攪拌一下，以免有東西燒焦。如果火太大，水果會導致糖漿冒出許多白沫，這並不是我們想要的，因為這會讓太多糖漿蒸發掉，所以請用小火慢慢煮。測試一下濃稠度：如果可以像做得好的貝夏美醬附著在湯匙上，而且草莓已經把它漂亮的顏色染到糖漿裡，就可以整鍋離火，過濾後放涼。

試試味道。如果水果味嚐起來有點薄弱，可以再搗一些水果放入糖漿，然後再過濾一次。接著加 1 大匙巴薩米克醋，試試味道，感受它如何和水果融合。再另外加 1 大匙巴薩米克醋，醋味要明顯但不是過強。如果你想要更強烈的酸度，可以視個人口味加更多醋。裝瓶，貼上標籤和日期，放入冰箱冷藏保存。**分量：約 1 杯**

⇒• 作者群&致謝辭 •⇐

達門路上有個派對，邀請你們全部一起前往同樂。

這是我們在酒吧要打烊前所說的話，當燈要重新打開，我們要引導尊貴的客人回到混亂的威克公園，好讓我們結束一天的營業。本著同樣的精神，在我們送你離開並走入夜色時（希望你已經解渴，而且因為和我們一起共度時光而更開心），我們要向幾位當之無愧的人士致上謝意。

托比·馬洛尼是到處流浪的享樂主義者，只要是新體驗，他會到各種不同的場合、不同的地點調酒。他不知道已經站著吃 Slim Jim[89] 當一餐幾次了。他可以不用托盤，一次拿七個玻璃杯，也可以在不到 3 分鐘的時間，就榨出 1 公升的萊姆汁。身為暮色時刻的創始合夥人之一，他從酒吧 2007 年開業以來，就一直是首席調酒師。他曾開過許多間酒吧，也關掉過好幾間。他住在芝加哥和紐約，目前的希望是能在加勒比海附近航行，喝著農業型蘭姆酒。

首先，我要謝謝我爸媽，他們讓我追求所有好吃和刺激的東西。也謝謝潔西卡（Jessica）讓我能夠持續走這條路，尤其是過去這一年來，一直陪在我身邊——所有和妳一起做的事都是一場冒險。

也要跟泰瑞（Terry）、唐尼（Donny）和彼得（Peter）致上最深的謝意，謝謝你們這些年來讓我們有火有水（各種資源）可以用，也持續讓酒吧保持為一個美麗的地方。

謝謝凱倫（Karen，黛西 17）幫我處理最初版的教學大綱。謝謝這本書的合著者艾瑪（Emma），對我來說，妳是個聖人，謝謝妳即使在我一開始陷於井底之蛙的泥淖，錯亂的不知所措時，依舊堅持下去。

謝謝伊登（Eden），為這本書做出這麼棒的視覺效果，這是一份比我想像中還龐大的工作，也謝謝你在這整個該死的過程中都沒有缺席。謝謝奧布芮（Aubrey）扛下重擔，銷售這本書的概念，我真的很感激。

如果我沒提札克里和齊蘇一定是我的疏忽，他們把我狂野的提議和潦草的飲料草圖，變成很美麗的成果。另外還要衷心謝謝琴（Jenn）、米雅（Mia）和畢昂卡（Bianca），以及其他 CP 團隊的成員，謝謝你們讓這個案子變成一本書吧！喔！還要謝謝麥可·崔芬恩（Mike Treffehn），在我真的需要一隻小馬的時候，給了我一隻，謝謝！但最重要的是，謝謝每一位曾在暮色時刻工作過的夥伴，謝謝你們教導我。你們全都是知識淵博又和藹的好人。

艾瑪·簡森是一名記者、編輯與攝影師。她的第一本書 *Mezcal: TheHistory, Craft & Cocktails of the World's Ultimate Artisanal Spirit* 曾在 2018 年獲得詹姆斯比爾德獎（James Beard Foundation Award）提名。2021 年，她曾與組子酒吧（Kumiko）的茱莉亞·百瀨（Julia Momosé）合著 *The Way of the Cocktail*。她和丈夫還有兩隻賓士貓都在位於中西部的家中工作。她喜歡純飲梅茲卡爾，用琴酒調的馬丁尼，而香檳則要用碟型杯裝。

托比和伊登，謝謝你們讓我加入這趟旅程。能和你們兩位一起工作，我覺得很榮幸也很光榮。給所有現在和曾在暮色時刻工作的調酒師們，謝謝你們這麼有耐心，接受我不斷地提問，謝謝你們撥冗以及無私地替我解答。

另外要特別感謝阿貝·武切科維奇和艾薇·阿維拉（Evie Avila）接手最困難的部分。謝謝麥可·魯比爾、羅素·迪倫（Russell Dillon）和歐提斯·佛羅倫斯（Otis Florence）的解析與建議，讓我們可以走在正確的道路上。

給我們的編輯珍妮佛·史地（Jennifer Sit）、米亞·強森（Mia Johnson）、艾維·麥費登（Ivy McFadden）和其他卡爾森波特（Clarkson Potter）團隊的成員，謝謝你們充滿創造力的堅毅決心與優雅風度。

給美術團隊的札克里和齊蘇，這本書如果沒有你們的貢獻，不會如此美麗，真的是萬分感謝！最後，我要大大感謝我的家人，還有最重要的柴克，謝謝你讓我保持頭腦清醒，且當我需要測試這麼多的雞尾酒時，願意當我的白老鼠。

---

89 譯註：美國一種肉類零食。

索引

調酒的技藝：調製技巧 × 風味入門 ×100 道創意酒譜，調酒師的職業養成全書
THE BARTENDER'S MANIFESTO: How to Think, Drink, and Create Cocktails Like a Pro

作者	托比·馬洛尼（Toby Maloney）& 暮色時刻（The Violet Hour）酒吧的眾調酒師及艾瑪·簡森（Emma Janzen）合著
譯者	方玥雯
責任編輯	Victoria Liao
封面設計	Bianco Tsai
美術設計	郭家振
內頁排版	吳侑珊
發行人	何飛鵬
事業群總經理	李淑霞
社長	饒素芬
主編	葉承享
出版	城邦文化事業股份有限公司 麥浩斯出版
E-mail	cs@myhomelife.com.tw
地址	115 台北市南港區昆陽街16號5樓
電話	02-2500-7578
發行	英屬蓋曼群島商家庭傳媒股份有限公司城邦分公司
地址	115 台北市南港區昆陽街16號5樓
讀者服務專線	0800-020-299（09:30～12:00；13:30～17:00）
讀者服務傳真	02-2517-0999
讀者服務信箱	Email:csc@cite.com.tw
劃撥帳號	1983-3516
劃撥戶名	英屬蓋曼群島商家庭傳媒股份有限公司城邦分公司
香港發行	城邦（香港）出版集團有限公司
地址	香港灣仔駱克道193號東超商業中心1樓
電話	852-2508-6231
傳真	852-2578-9337
馬新發行	城邦（馬新）出版集團Cite（M）Sdn.Bhd.
地址	41,Jalan Radin Anum,Bandar Baru Sri Petaling,57000 Kuala Lumpur,Malaysia.
電話	603-90578822
傳真	603-90576622
總經銷	聯合發行股份有限公司
電話	02-29178022
傳真	02-29156275
製版印刷	凱林印刷事業股份有限公司
定價	新台幣850元／港幣283元
ISBN	978-626-7558-43-0（平裝）

2024年11月1版1刷 · Printed In Taiwan
版權所有 · 翻印必究（缺頁或破損請寄回更換）

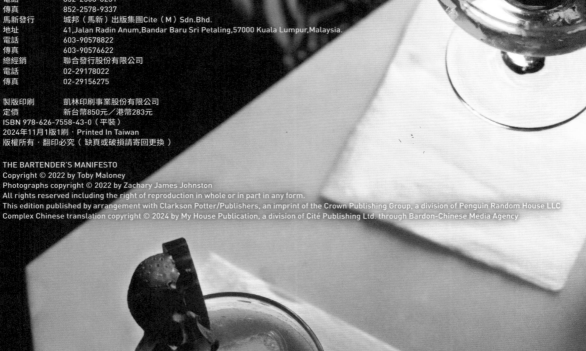

國家圖書館出版品預行編目(CIP)資料

調酒的技藝：調製技巧×風味入門×100道創意酒譜，調酒師的職業養成全書/托比·馬洛尼(Toby Maloney)，艾瑪·簡森(Emma Janzen)作；方玥雯譯. -- 初版. -- 臺北市：城邦文化事業股份有限公司麥浩斯出版：英屬蓋曼群島商家庭傳媒股份有限公司城邦分公司發行, 2024.11

面； 公分
譯自：The Bartender's Manifesto: How to Think, Drink, and Create Cocktails Like a Pro
ISBN 978-626-7558-43-0(平裝)

1.CST: 調酒

427.43   113016413